LE
MERLERAULT

SES HERBAGES, SES ÉLEVEURS, SES CHEVAUX

ET LE HARAS DU PIN

LA PLAINE D'ALENÇON — LE MESLE-SUR-SARTHE

PAR

CHARLES DU HAYS

PARIS

LIBRAIRIE AGRICOLE DE LA MAISON RUSTIQUE

26, RUE JACOB, 26

LE MERLERAULT

MONTEREAU. — IMPR. DE LÉON ZANOTE.

LE
MERLERAULT

SES HERBAGES, SES ÉLEVEURS, SES CHEVAUX

ET LE HARAS DU PIN

LA PLAINE D'ALENÇON — LE MESLE-SUR-SARTHE

PAR

CHARLES DU HAŸS

PARIS

LIBRAIRIE AGRICOLE DE LA MAISON RUSTIQUE

26, RUE JACOB, 26

1866

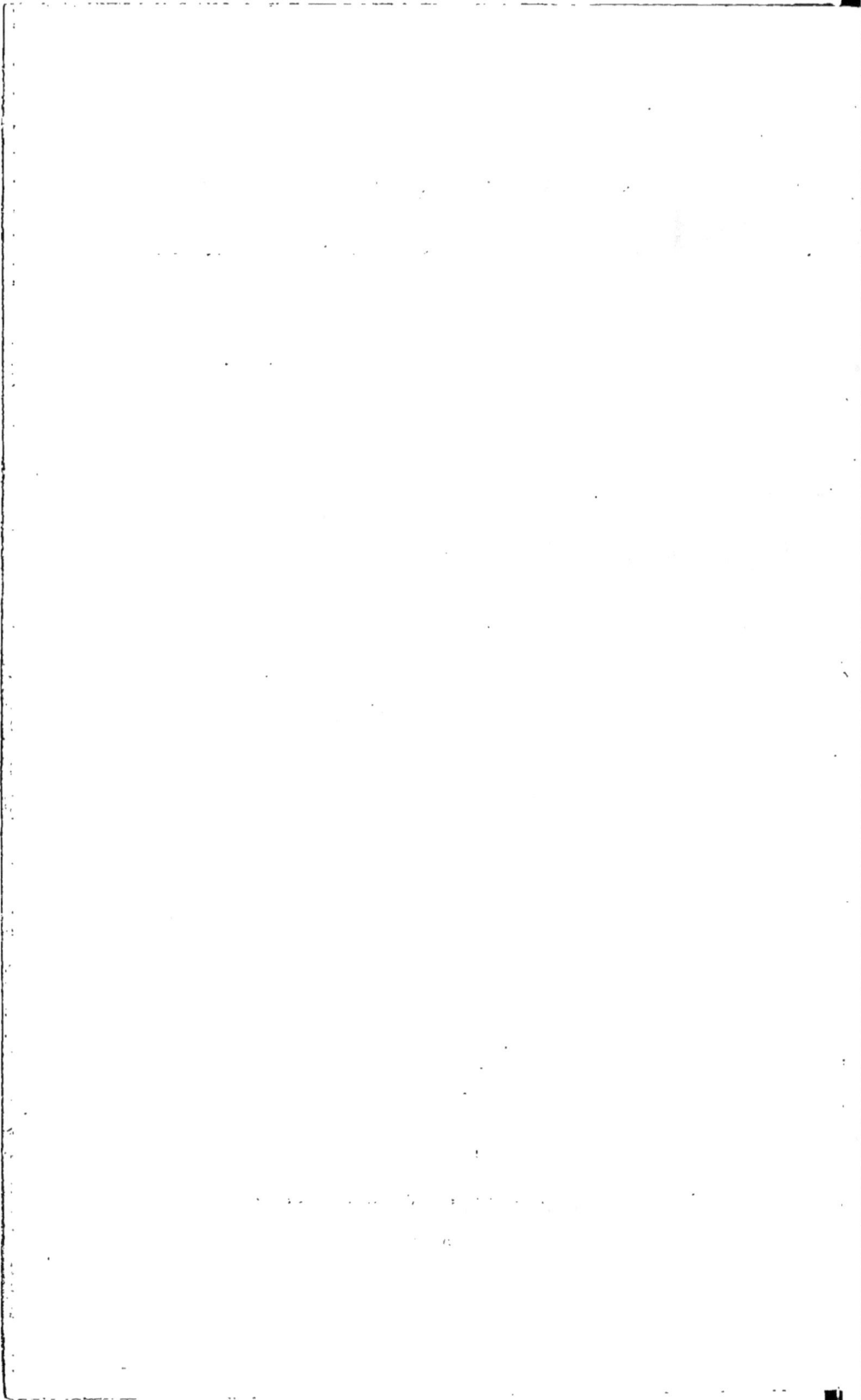

AVANT-PROPOS

La célébrité du Merlerault est un fait acquis, incontestable; elle remonte à des temps si reculés que l'on ne saurait découvrir l'époque à laquelle elle commence. Ses chevaux, et les herbages qui les nourrissent, ont toujours joui d'une réputation légitimée par la supériorité. Et si la toute-puissante anglomanie a détourné un instant l'attention de ce riche berceau, qui avait eu, à tous les âges, le privilége de remonter la Cour, elle n'est jamais parvenue à le faire oublier. La mode s'est quelquefois assoupie, mais la raison a toujours provoqué son réveil.

Des achats importants, opérés en 1854, à l'une de ces heures, par M. de La Rochefoucauld, et d'autres pour la Cour, ont fait sensation dans le monde élégant. Tous les yeux se sont retournés vers le Merlerault et chacun a voulu savoir quelque chose de ce petit coin de terre, buriné en relief sur toutes les cartes hippiques du globe.

Depuis cette époque, il ne s'est plus passé d'année sans que l'étranger ne soit venu y puiser des reproducteurs d'élite, et, au milieu de ce mouvement incontestablement progressif, une nouvelle gloire, celle de l'hippodrome, a brillé dans le Merlerault. Les herbages qui viennent, coup sur coup, de produire Capucine, Palestro, l'Africain, Surprise, Vermout, Bois-Roussel, Fille-de-l'Air, Éclipse, Magenta, Bayadère, sont désormais trop en vue, pour n'être pas sérieusement étudiés, et ils sont trop rapprochés de Paris pour laisser à l'indiéff-

1

rence le droit de se retrancher derrière l'objection d'un déplacement coûteux ou difficile.

Quelques heures seulement nous en séparent. Prenons rendez-vous à la gare d'Almenêches, sur la ligne de l'Ouest, et de là, le bâton de frêne en main, munis d'une longue-vue, ces deux compagnons indispensables de tout excursioniste, nous commencerons notre pèlerinage au milieu de ce labyrinthe de verdure. Nous entrerons dans chaque herbage qui se recommande par un mérite réel, nous étudierons sa nature et sa spécialité, et nous redirons les noms des bons chevaux que ses sucs ont nourris.

Nous visiterons aussi ces fermes-manoirs, que le langage de cette contrée qualifie du nom de Logis, et dans lesquels le culte du cheval s'est, depuis des siècles, pratiqué sans trêve ni relâche. Nous évoquerons en passant les ombres des patriarches de l'élevage, qui rêvent encore la gloire des brillants nourrissons façonnés par leurs mains.

Nous ne passerons pas devant le Haras du Pin, sans saluer ce grandiose établissement, dont la création se lie à la régénération de notre race de chevaux, et dont le concours seul la conserve. Souhaitons-lui durée et prospérité, car l'heure de sa chute, si jamais elle sonnait, serait celle de la décadence et de la ruine de notre industrie.

· Le Merlerault parcouru, nous étudierons à leur tour la plaine d'Alençon et le Mesle-sur-Sarthe, ces deux satellites du Merlerault, qui réclament également leur chapitre.

La façon la plus prompte et la plus commode de visiter ces trois contrées est de décrire une spirale en partant du centre. C'est la méthode que j'ai toujours pratiquée moi-même, quand je les étudiais. Pour ne point interrompre notre marche et lui éviter les longueurs et les ennuis des recherches, nous plaçons à la fin du travail un *Stud-Book* abrégé, contenant le pedigrée de tous les chevaux de demi-sang, dont le nom a été prononcé sur notre passage.

LE MERLERAULT

PREMIÈRE PARTIE

LE MERLERAULT, SES HERBAGES ET LE HARAS DU PIN.

GÉOGRAPHIE.

On désigne sous le nom de Merlerault un groupe de vallées herbagères, du département de l'Orne, dont le centre est occupé par un gros bourg, appelé le Merlerault. Ces vallées, dont les principales sont au nombre de douze, servent de bassins à autant de cours d'eau, portant les noms suivants (je passe sous silence les petits ruisseaux comme les petits vallons) : — au midi, le Don et ses grands affluents, la Senelle, le Mussoret et les Authieux, ou rivière de Saint-Martin ; — au centre, la Dieuge, le ruisseau du Mesnil (son affluent), et la rivière d'Ure ; — au nord, la Toucques et ses affluents, la Maure et le Bouillonney, la Dive, et la Barge, qui vient la grossir non loin de son berceau.

Tous prennent naissance dans les contre-forts de la grande chaîne qui coupe, de l'est à l'ouest, le département de l'Orne et inclinent vers la Manche, où ils vont porter leurs eaux.

Cette agglomération de bassins affecte à peu près la forme d'un ovale, mesurant 28 kilomètres de longueur sur 18 de largeur, et ayant une circonférence de 80 kilomètres environ. Cinq journées suffisent largement pour le parcourir dans tous ses recoins et exécuter aux environs quelques excursions agréables. Une série de coteaux élevés, aux pentes onduleuses, et presque tous couverts de bocages, entourent complétement cet espace et le protègent contre les vents brûlants du midi et contre la bise pénétrante du nord. Il en résulte qu'il y règne une température douce et égale à laquelle concourent et l'abondante végétation des ar-

bres de haute taille qui ombragent les vallées, et les grandes et
puissantes haies servant à clore et protéger les nombreux herbages qui se divisent sa surface. L'arbre dominant est l'ormeau,
qui s'y retrouve sept fois sur huit, et y acquiert des proportions colossales. Vers l'ouest, seulement, le chêne se montre nombreux
et l'orme disparaît en partie devant lui. Le milieu de l'espace
est, en outre, semé çà et là de petits bouquets de bois, de
collines et de mamelons élevés et aux formes les plus variées,
servant soit à arrêter les raffales subites des vents, soit, dans
d'autres situations, à former des ventilateurs assainissants, et
toujours à composer mille sites délicieux.

Ces divers accidents ont des beautés sans égales et donnent un
continuel aliment aux plaisirs de la vue. En effet, quand du sommet
de ces hauteurs, on contemple la série nombreuse des herbages qui
se pressent à leurs pieds et montent jusqu'à leurs cimes, on ne peut
se défendre d'un sentiment qui vous tient suspendu, comme au
bord de la mer, dans une muette et profonde extase. On se plaît
à en embrasser l'étendue, à préjuger leurs qualités par l'exposition vers laquelle ils sont tendus, et par la couleur du gazon qui
les revêt. Les plus grands, que l'usage presque toujours qualifie
du nom de *parcs,* sont les premiers qui frappent les regards. Les
autres, que généralement on désigne sous le nom d'*herbages,*
sont l'objet d'un coup d'œil plus tardif. Les petits, qui d'ordinaire
ne joignent à leur nom aucune *épithète,* se contentent d'une dernière attention.

DIVISION TERRITORIALE.

Le Merlerault, qui formait autrefois la circonscription d'un
Échiquier, ou Cour de justice, célèbre, dont l'avaient doté les
comtes d'Alençon, n'appartient plus aujourd'hui à une circonscription distincte. Des débris de son territoire on a composé un
canton qui a conservé son nom, et le surplus est entré dans la
composition de ceux de Courtomer, Sées, Mortrée, Exmes et
Gacé.

Il comprend 39 communes, dont voici les noms :

Canton du Merlerault : Le Merlerault, Montmarcé (réuni au
Merlerault), Nonant, Saint-Germain-de-Clairefeuille, le Ménil-
Froger, le Ménil-Vicomte, Lignères, Echauffour, Champhaut,
les Authieux, la Genevraye, Talonney (réuni à la Genevraye).

Canton de Courtomer : Courtomer, Brullemail, la Mussoire
(réunie à Brullemail), Gasprée, Saint-Léonard-des-Parcs, Sainte-
Colombe (réunie à Saint-Léonard), Godisson.

Canton de Sées : Neuville, Montrond (réuni à Neuville), Chailloué, Macé.

Canton de Mortrée : Marmouillé, le Château, Almenêches, Saint-Hippolyte (réuni à Almenêches), Médavy, Boissey.

Canton d'Exmes : Exmes, Saint-Arnoult et Chauffour (réunis à Exmes), le Pin, Courgeron et Vieil-Urou (réunis au Pin), Gisnay, la Briquetière (réunie à Gisnay), la Cochère, la Roche (réunie à la Cochère), Silly, Villebadin, Champeaubert et Argentelle (réunis à Villebadin), Omméel, Avernes, Courmenil.

Canton de Gacé : Croisilles, Coulmer et Orgères.

ROUTES ET CHEMINS.

Cinq routes et quatorze grands chemins sillonnent cette contrée, et relient entre elles toutes les parties de son territoire. Ces diverses artères le mettent en communication directe avec les lieux suivants : l'Aigle, Évreux et Paris, Moulins-la-Marche et Mortagne, le Mesle-sur-Sarthe et tout le pays d'élevage qui l'entoure, Sées et Alençon, Mortrée, Argentan, Falaise et Caen, Trun et Mézidon, Gacé, Lisieux, Bernay et Rouen.

La section du chemin de fer de l'Ouest, de Mézidon au Mans, l'effleure au couchant et, par les gares de Sées, Almenêches et Argentan, le met en rapport avec le mouvement commercial de toute la France. Dans un temps que nous touchons du doigt, la ligne directe de Paris à Granville, qui le coupe dans toute sa largeur, y doit établir trois stations : Sainte-Gauburge, le Merlerault et Nonant. Trois heures seulement le sépareront désormais de Paris.

NATURE ET SPÉCIALITÉS DU SOL.

Le sol, dont quelques parcelles gagneraient à être débarrassées par le drainage d'une surabondante humidité, ainsi que l'ont démontré plusieurs essais heureux, offre dans toute son étendue une constante uniformité et présente partout un calcaire argileux, légèrement mélangé de cailloux dans la partie nord-ouest. Seule, une petite plaine, située entre le Merlerault et Nonant, et complétement enchâssée dans les herbages, réunit le sable à l'argile et au calcaire et doit à cette composition une fertilité remarquable.

Les eaux sont belles et contiennent de notables quantités de chaux et de fer, circonstance à laquelle il faut attribuer la densité des os et des muscles des animaux élevés dans le Merlerault, la netteté de leurs membres, la vigueur, la longévité et la distinction dont ils sont toujours doués.

Les affections qui désolent certaines autres contrées d'élevage, le cornage, la fluxion périodique, les engorgements des jambes, etc., y sont complétement inconnues. Les seules maladies qu'on y rencontre se bornent presque toutes à quelques affections du larynx. Certains pays, renommés par l'ampleur séduisante de leurs races chevalines, ont des herbes molles et abondantes, des pâturages plantureux, qui portent à la lymphe et entretiennent le cheval dans un état de somnolence voisin de l'inertie. Il n'y est besoin que de simples fossés, que de clôtures légères pour retenir les animaux dans les enclos qui leur sont assignés. Il n'en est pas de même dans le Merlerault. Le cheval, constamment excité par les herbes et l'action des eaux qui composent son alimentation, est porté aux courses échevelées au milieu des prairies, et souvent les meilleures clôtures sont impuissantes contre ses désirs de l'inconnu, contre ses besoins de se visiter d'un herbage à l'autre

Ces herbes vives, énergiques et nutritives, les eaux saines et toniques, qui donnent aux os du volume et de la densité, aux muscles de la force et de la résistance, poussent assez peu à la taille. Aussi le Merlerault ne fait-il pas indistinctement des chevaux de tous les genres. Voulez-vous y trouver quelque chose de parfait? ne demandez au sol que ce qu'il peut produire. Mais depuis le cheval de sang nerveux et compacte, depuis le cheval de selle fort et distingué, depuis le hunter solide et musculeux, jusqu'au cheval brillant de phaéton et au petit carrossier, le Merlerault ne redoute aucune rivalité.

Exiger plus de taille, c'est forcer la nature, et tous ceux qui, dans cette contrée, ont voulu sacrifier à la mode du grand carrossier ont échoué complétement. L'éleveur intelligent n'y conservait autrefois que les poulinières de l'un des trois modèles qui conviennent à son sol, et il ne choisissait parmi les étalons que ceux appartenant à ces catégories. Trop souvent, de nos jours, on est sorti de cette sage réserve, et c'est à ces imprudences qu'il faut attribuer une bonne part des déceptions du Merlerault. Quelques éleveurs reviennent, il est vrai, en ce moment aux bonnes traditions ; bientôt ils en recueilleront les fruits.

Mais si le Merlerault est sans égal dans les spécialités du demi-sang léger et du petit carrossier, nul pays mieux que lui ne convient à l'entretien des poulinières de race pure et à l'élevage du cheval d'hippodrome. Les succès importants obtenus par les chevaux qui y ont été nourris en sont une preuve irrécusable. Nous ne doutons pas que, dans peu d'années, il ne s'y établisse, comme on en vit au Haras du Pin, de vastes jumenteries, et qu'il ne se fasse une spécialité de l'élevage des types de pur sang, comme il a celle des races qui en dérivent.

Ses herbages n'ont pas, il faut l'avouer, toute la spontanéité de la primeur qu'on admire en certaines vallées, ils ne brillent pas dès le premier printemps par leur exubérance, mais, que vienne l'été, ils ont le privilége de ne pas brûler, et à l'arrière-saison, quand tout manque ailleurs, ils présentent une rare abondance, et donnent aux animaux les forces nécessaires pour aborder l'hiver.

CANTON DU MERLERAULT.

Commune du Merlerault.

Le Merlerault, bâti au fond d'un vallon, sur le bord de la rivière des Authieux, ou ruisseau de Saint-Martin, se trouve au point d'intersection de la route de Paris à Granville avec les chemins de Sées à la Ferté-Fresnel et du Mesle-sur-Sarthe à Gacé. Sa distance de Paris est de 168 kilomètres ; 36 d'Alençon, chef-lieu du département ; 26 d'Argentan, chef-lieu d'arrondissement ; 12 du Haras du Pin.

Sa position exceptionnelle, au centre des meilleurs herbages, lui avait valu, dès le moyen âge, l'honneur d'être choisi par les Montgommery, puis par les seigneurs d'Alençon pour y établir leurs haras.

Lorsque Sully voulut, au nom du roi, relever les haras que l'aristocratie, devenue impuissante, ne pouvait plus soutenir, le Merlerault fut encore, par une heureuse réminiscence, désigné pour le siége de la production du cheval en Normandie.

Le Haras du Roi prit la place de l'ancien, dans de vastes constructions dont quelques vestiges subsistent encore aujourd'hui sous le nom d'hôtel Sainte-Barbe. Il y demeura jusqu'en 1730 environ, époque à laquelle la difficulté de trouver dans l'enceinte du bourg du Merlerault un domaine pour pratiquer l'élevage, l'en fit enlever. On le transporta à Saint-Loyer, près d'Argentan, qui ne le posséda que fort peu de temps, car le Haras du Pin, dont les aménagements venaient d'être terminés, le reçut bientôt d'une façon définitive.

Les étalons qui les composaient étaient arabes, barbes, espagnols. — L'anglomanie, les modes à la du Barry, n'avaient pas encore pénétré chez nous et imposé leurs lois. — C'est à eux que l'on doit ce cachet oriental, cette distinction qui, malgré des milliers de croisements anglais, frisons, mecklembourgeois, prussiens, etc., imposés au gré de la mode, se remarquent toujours dans le Merlerault.

Il était, au temps de Henri IV, le pays le plus avancé et le plus renommé de France, puisque ce prince en tira les trente belles poulinières qu'il offrit à la reine Elisabeth d'Angleterre et dont les descendants ont concouru, avec les Royal-Mares, à fournir la race noble que les Anglais ont monopolisée depuis cette époque.

Plusieurs maisons d'éleveurs s'y voyaient autrefois :

La maison Bignault, dont hérita la maison Dunoyer, qui fit naître Acacia, le fameux cheval favori de l'Empereur, et la sœur d'Acacia. A la maison Dunoyer succéda la maison Souchey, qui lui avait acheté toute sa jumenterie. M. Souchey, élève de M. de Saint-Aignan de Beauffay, l'un des flambeaux de l'élevage au dernier siècle, et dont nous parlerons bientôt, marcha sur les traces de son maître. Il posséda ou produisit : la sœur d'Acacia, Troublou, Y. Snail, Paulus, Roland et Basile, bons chevaux d'hippodrome; les étalons Nourricier, Prévoyant, Royal, Dupleix et Impérial ; les poulinières l'Iris, la Bachate, l'Aslane, Olympe, Victoria, Aïka, Vénus, la Vidvid, la Mustachio, la Châtellière, Cybèle, Désirée, les deux Talma, la Dangerous, une Pickpocket, vendue pour la vallée d'Auge, et nombre d'autres qui furent des juments d'une beauté et d'un mérite qu'on ne retrouve plus de nos jours.

La mort de cet éleveur, arrivée en 1840, fut le signal de la dispersion de son établissement, dont les débris ont enrichi plusieurs jumenteries voisines et ont été les agents les plus actifs de la régénération de la vallée d'Auge.

Les maisons Le Cousturier, Le Cousturier des Tourelles, Picquot, Vée, Brard, éteintes depuis longtemps, étaient, il y a un siècle au moins, dans tout leur éclat.

M. de La Rocque, après avoir successivement élevé à Orgères, où il était né, au logis du Mesnil-Chère, dans Echauffour, y vint établir pendant plusieurs années son écurie de courses, au logis des Tourelles, que ses anciens maîtres, les Le Cousturier, avaient rendu célèbre. Il y fit naître et éleva bon nombre de chevaux d'un ordre élevé, parmi lesquels on aime à placer Zéphyr, Miss-Tandem, Corinne et Mouna.

Ce fut dans cette maison qu'il eut l'honneur de recevoir le roi Charles X, lorsqu'il passa par le Merlerault, s'acheminant vers l'exil.

La maison Chartel, qui habita également le logis des Tourelles, y éleva la Railleuse et y fit naître Kadmor et la Diomède, qui fut achetée par la Cour. Elle s'est éteinte, dans ces derniers temps, et elle est remplacée aujourd'hui par M. Léonor Forcinal, qui élève également au Merlerault et y a fait naître un bel étalon, fils de Kramer, vendu pour l'étranger.

La maison Héron, représentée encore aujourd'hui par M. Héron, éleveur à la terre de Pestral, commune du Merlerault, y fit naître bon nombre de chevaux de mérite, parmi lesquels on cite Mahomet, les juments l'Highflyer, la Bachate et la Vidvid, qui fut vendue à M. Godichon dans la plaine d'Alençon. Cette maison est également connue par ses beaux types de races bovines. M. Esnault, vétérinaire, y posséda la belle jument arabe Durzy, que le roi Charles X, lors de son passage au Merlerault, lui avait donnée. C'est d'elle que naquirent le fameux étalon Vizir, Erasistrate et une belle poulinière, qui est morte misérablement chez M. Baudoire, à Courtomer. M. Lavigne-Berthaume y fonda une jumenterie, transportée aujourd'hui à Talonnay, à une demi-lieue du Merlerault. Les débuts de cet établissement eurent pour auxiliaires deux poulinières célèbres, la Marquise et la D. I. O. C'est à elles qu'il doit tout ce qu'il possède en ce moment : la Glandier, l'Impérieuse, la Junot. Une autre poulinière, la Friedland, de grande origine également, est venue s'adjoindre aux premières et a donné le jour à l'étalon Perfection.

Terminons cette liste par M. Deshayes, dont la jumenterie remonte à la fameuse jument Châtellière, achetée à la vente de M. Souchey, et à la Royale, dont la famille était originaire de Macé, près de Sées.

Dans la banlieue du Merlerault, deux belles habitations nous rappellent encore des souvenirs d'élevage : les Portes, à M. Lecointre, où élevait la famille Labbé, et la Métairie, où élevèrent successivement M. Garby et M. Le Cœur, dont nous parlerons bientôt en passant à Echauffour.

Voici les noms des meilleurs herbages du Merlerault :

Le parc de la Théroudière, attenant à un antique manoir, où M. Brard, cité plus haut, avait une jumenterie fameuse, dont sortirent la fille de Champion, la fille de Léger, Forestier et un fils d'Highflyer, vendu en 1818 au prix de 12,000 fr. pour faire la monte en Russie. Cet herbage est grand, fertile, énergique et convient également à des poulinières, des pouliches d'avenir et de jeunes étalons.

Le parc de la Hutellière, où naquirent l'Hyghflyer, la Bachate, Mahomet et la Vidvid de M. Héron. L'Étang, doux, grand et abondant comme le précédent, et, comme lui, convenant à de fortes poulinières et à des étalons carrossiers. Le grand parc de Gasprée, où naquirent l'Acacia, Erasistrate et Vizir; le Pont-de-Pierre, où naquit Raphaël; l'herbage des Moulins; les Retraits; l'herbage du Logis des Portes; convenant tous à des poulinières et des pouliches de mérite. Les Saussas, où naquirent Kadmior, Lycomède et la Diomède; les Fourneaux, le Bois-Turpin, également excellents pour juments poulinières, font de jolis hunters et de petits carrossiers.

Quant au parc Mesnil, le petit herbage de Montaigu, la Chauvinière, le petit herbage de Gasprée, les Petits-Fourneaux, les
deux herbages du Bois, où l'on retrouve les ruines de l'ancienne
ville du Merlerault, le parc de la Chambre, le Bioty, au cheval de
demi-luxe ils bornent leur ambition et leur spécialité. Les cours
de Tampier et de Pétral sont d'une nature excellente, et, si elles
n'étaient plantées de vergers, conviendraient beaucoup à une poulinière.

Montmarcé.

Montmarcé, situé au sommet d'une plaine qui s'étend du Merlerault à Nonant et à Saint-Germain-de-Claircfeuille, ne possède
d'autres herbages que ceux de Bilsards et de la ferme de Montmarcé ; mais l'avoine récoltée dans sa plaine est sans rivale
pour ses qualités nutritives.

Ce village a donné naissance à un éleveur fameux, M. l'abbé
des Mares, aumônier de M. le prince de Lambesc, au Haras du
Pin. Il avait reçu de ce prince une magnifique pouliche, que sa
qualité de fille de King-Pépin, alors en disgrâce, avait fait réformer. Il la nomma la Novice, et l'éleva à Montmarcé. Cette jument
devint la plus belle poulinière dont la Normandie ait gardé le souvenir, et presque toutes les plus nobles races que nous ayons
possédées sont descendues d'elle. Au manoir de Bilsards vivait
M. de Sancy, qui éleva peu, mais n'en produisit pas moins les fameuses poulinières Iris, la Railleuse et la Pickpocket, devenue
mère de Mancia.

On trouve à Montmarcé de curieux débris d'un cirque et d'un
amphithéâtre antiques. Ces vestiges, situés dans un herbage
nommé les Morinières, ont toujours fait supposer que l'origine
de ces travaux, dont le cheval était le mobile, devait être attri-
buée aux Maures ou à quelques légions numides.

L'élevage n'est représenté aujourd'hui à Montmarcé que par
M. Cénéry-Monnier, qui possède les juments la Voltaire et la Séducteur, et élève à Saint-Germain-de-Clairefeuille dans les herbages du Saussay.

Nonant.

Nonant est un petit bourg tout coquet et tout gracieux, baigné
par la rivière de Dieuge. Assis au pied d'un coteau, à la limite
de la plaine et des herbages, les routes de Paris à Granville, de
Rouen à Bordeaux et le chemin de Mortrée à Exmes s'y rencontrent et l'animent.

On y voit un beau château bâti sur l'emplacement de l'antique
demeure des marquis de Nonant, fondateurs d'un haras dont

l'origine doit se confondre avec celle de leur maison, aux premiers âges de la féodalité. La richesse exceptionnelle du marquisat de Nonant, qui possédait, à lui seul, près d'un huitième du Merlerault, lui permettait d'avoir un haras sans rival. En 1793, après la mort du marquis de Narbonne, il fut dispersé; mais trois pouliches, que leur beauté et la noblesse de leur origine plaçaient à la tête de cet établissement, furent sauvées, l'une par M. Landon, intendant du marquisat, l'autre par M. Bigot-Pontmesnil, fermier de la terre de Nonant. La troisième, que nous retrouverons en tête de la production du Mesle-sur-Sarthe, lorsque nous visiterons cette contrée, fut acquise par M. de Villereau. Pour les deux premières, c'est d'elles que descend aujourd'hui tout ce qu'il y a de plus parfait et de mieux racé dans le Merlerault.

M. Landon allia sa jument avec le fameux étalon Glorieux, du Haras du Pin, qu'il avait acquis lors de la dissolution de cet établissement. Il en eut le Zéphyr et un autre poulain nommé le Glorieux, comme son père, mais devenu plus célèbre que lui. Ce jeune étalon, donné à l'une de ses sœurs, produisit la fameuse Glorieuse, qui produisit à son tour les deux Matadores, que M. Landon céda à M. Besnard, fermier des Planches de Nonant, ainsi que la mère de la Jupiter, sœur utérine de la Glorieuse.

M. Besnard fit naître à la ferme des Planches le jeune Highflyer, les deux poulinières Highflyer, Dominant, Éclatant, la Meunière, qu'il vendit à M. Hainville; la Thornthon, la petite Bachate, la Camertonne, qu'il vendit, avec la mère de la Jupiter, à M. le comte Emeric de Narbonne, fils de l'ancien possesseur.

M. Pontmesnil ne resta pas en arrière avec la belle pouliche qu'il avait adoptée. Une de ses petites-filles fut la fameuse Pontmesnile, vendue à M. Gaillet, dont nous parlerons à Aunou, et qui en obtint Lilly, plus fameuse encore que sa mère.

Après M. Pontmesnil, on vit à la ferme de Nonant la famille Petit, à laquelle on doit l'élevage de plusieurs chevaux de mérite.

M. Hainville, meunier au moulin de Nonant, eut de la Meunière la Rattler, qu'il vendit à M. Chappey, de Nonant, et se dessaisit ensuite de la Meunière en faveur de M. Neveu, qui avait succédé à M. Besnard, précité, à la terre des Planches.

M. Neveu posséda aux Planches la Meunière, dont il eut les deux Eastham; la vieille et la jeune Cérès, la Bachate, la petite Matador, la Minerve, la Légère; il y fit naître le Dispos, Gaveston, Étudiant et une foule de chevaux de mérite.

M. Chappey éleva la Mameluke et eut de la Rattler, achetée de M. Hainville, des produits d'un mérite hors ligne : l'Eastham, la

Captain-Candid, la Diomède, mère de Noteur ; l'Hospodar, mère de la Tipple-Cider et de la Sylvio, vendues à M. Le Roux, dans la plaine d'Alençon ; l'étalon Fich-tong-Kan, la Schamyl et vingt autres.

M. de La Rocque, que nous avons vu au Merlerault, éleva pendant quelque temps à Nonant et y fit naître Chactas.

M. Vienne, né et mort à Nonant, s'y livra avec succès à la production des étalons et du cheval d'hippodrome. Il fit naître Pledge, précieux cheval d'obstacles ; Nina, trotteuse renommée, l'étalon Iéna et les poulinières Marca et Émilie. Il éleva les étalons Troubadour, Hospodar, Jugurtha, Nonant, Pisistrate et Rémus.

Nonant a vu naître encore, chez M. Alexandre Buisson, Quadrilatère et Rosas, bons chevaux d'hippodrome et étalons de prix ; — chez M. Valentin, au château de Nonant, Morok, coureur fameux et précieux étalon ; — chez M. Jardin, Marengo, qui fut un grand trotteur ; — chez M. Deforges, Nestor, étalon de noble sang, mort au début de sa vie, nous laissant comme souvenir le précieux étalon Solide ; — chez M. Marcadé, la poulinière de pur sang Naïm, Elianne, et la jument de steeple Géorgie.

L'élevage aujourd'hui, par suite des vides que la mort et de regrettables retraites ont creusés, n'y est plus représenté que par M. le docteur Lacouture, qui a fait naître Aziza et le bon cheval de steeple Docteur ; il y possède une vacherie d'élite ; — M. Adolphe Millet ; — M. Blanchet, à la ferme du Château ; — MM. Blanchet frères, maréchaux distingués ; — M. Chantepie, au Plessis, et M. Hardouin, au Panval.

Nonant possédait autrefois, dans son château, de précieuses curiosités archéologiques. Actuellement tout se borne au logis du Plessis, aux ruines de l'antique Montaign, qui semble une aire d'aigle sur un cône isolé ; à celles de la Brosse et du Panval, dont on a fait la demeure d'un fermier.

Voici la liste des meilleurs herbages de cette commune :

L'Etre-ès-Roses, qui se cache sous des bouquets d'ormeaux ; les Grands-Prés, où naquirent le Glorieux, les deux Glorieuses, la fille de Jupiter et sa mère ; les deux Matadores ; la fille de Mahomet, au temps où M. Godichon, de la plaine d'Alençon, en jouissait ; la Planchette, où M. Le Cœur, d'Echauffour, éleva un nombre considérable d'étalons ; l'Etang ; l'herbage du Logis-du-Plessis, où naquirent Pledge, Iéna et Emilie ; les Flônières, où naquirent la Diomède, la Tipple-Cider, Nina, Frise-Poulet, Fich-tong-Kan, Aziza et Docteur. Tous ces herbages, d'une grande étendue et au sol abondant, conviennent à former des poulains et nourrir de fortes poulinières. Un cheval adulte y deviendrait trop gros et trop pesant.

Le parc des Vallées, du côté du château de la Brosse; le pré de Montaigu, où fut élevé Rémus; l'Oisellerie, où furent élevés Dardanus, le fils de Rémus et Wladimir, sont aptes à toutes les spécialités de l'élevage.

Les cours de Montaigu, où naquit Dardanus; la Croutte, la Reboursière, le parc Hamon, la cour des Planches, où naquirent le jeune Highflyer, la petite Bachate, la Camertonne, la jument l'Highflyer, Dominant, Éclatant, la Meunière, le Dispos, les deux Eastham, la Vidvid, la Légère, Brigand, Gaveston, etc., conviennent éminemment à des poulinières ou de jeunes pouliches.

Le parc de Nonant, au sol énergique; les deux parcs des Vallées, qui tiennent aux Flônières; les Vaux, la Davernière, Girou, où naquit le Rattler; l'herbage des Planches, les deux herbages du Panval et la Grande-Fauvellière sont parfaits pour chevaux de grand luxe, qu'ils font aussi excellents que beaux,

La Petite-Flônière, la Métairie, la Petite-Fauvellière, le parc des Vallées, côté du bois; le grand herbage du Plessis; la Brémanière, côté qui regarde au midi; les couchis de Nonant, les Marais, les Prés-Secs, l'herbage Sur-la-Ville, les Coqs-Salés, le parc des Bois, la Fausterie, Bonnevent et la Thuillerie font le cheval de demi-luxe et celui d'escadron.

La Brémanière, côté du nord (ou herbage de Frévent), bien qu'elle ait vu naître Gédéon et plusieurs autres chevaux de grand ordre; les Vaux-Renoult et la Grande-Bruyère, où eurent lieu, en 1842, les courses du Pin, ne peuvent que tenir le dernier rang dans cette liste.

Quant à la cour de la ferme de Nonant, le couchis de la Planchette, où naquirent la Captain-Candid, la Xerxès, l'Hospodar et les deux Sylvio, de M. Chappey; les couchis de la Ville, la Couture-Louée, l'exiguïté de leur taille ne peut, malgré leurs qualités, les faire classer que pour une seule jument poulinière.

Saint-Germain-de-Clairefeuille.

Arrosée par les rivières l'Ure, la Dieuge et le ruisseau du Mesnil, tendue entièrement au midi et protégée au nord par de hautes collines, cette commune est exceptionnelle pour les exquises qualités de ses pâturages. La vigoureuse végétation des haies qui les entourent et des ormeaux qui les ombragent en font autant d'oasis. Le nombre de bons chevaux qu'ils ont nourris ne saurait se compter. Qu'il suffise de dire, pour en administrer la preuve, que M. Lavignée de Sarceaux, celui des éleveurs normands qui a peut-être fourni le plus d'étalons aux haras, élevait dans ces herbages, et que MM. de La Rocque et Daupeley y firent leurs meilleurs chevaux d'hippodrome.

Comme importance et comme taille d'herbages, Saint-Germain ne tient pas la première place au Merlerault, mais, comme qualité, il est de premier ordre et doit venir après le Ménil-Froger, en compagnie de Saint-Léonard, Montrond, Godisson, Talonney, la Mussoire, Almenêches, Saint-Hippolyte, Argentelle et Chaufour.

Pour les races bovines, Saint-Germain est supérieur encore, et on ne lui connaît pas d'égal, dans le Merlerault, pour cette spécialité.

Voici les noms de ses meilleurs herbages :

Le parc de la Boutonnière (le plus grand de tous), où naquirent l'Aï, la Glocester, les deux Voltaires, de M. Férault; Sinople, Rémus et sa sœur, la fille de Stocker, etc., etc.; le parc Chaignon, où naquirent la fille de Chesterfield et celle de Lully; le petit parc de la Huberdière, où naquirent la Royal-Oak et la fille de Lucain; la grande cour du Saussay; la Gustinière; les prés d'Ure; la cour Pâton; les Grandes-Rouges-Terres; les Petites-Crillères; la grande cour des Recouvrés, sont aptes à tous les genres d'élevage et donnent au cheval du nerf et de la grâce, du membre et de l'ampleur. — Le Grand-Saussay; le Petit-Saussay, où fut élevée la Voltaire, de M. Monnier, et où la Séducteur est née; les Grandes-Crillères; les Deux-Ponts-du-Mesnil; le Long-Champ, le Trébuchet, moins abondants et placés au second rang, bâtissent de délicieux chevaux de phaéton. — Les Petits-Recouvrés; les Petites-Rouges-Terres; le clos Trouble; les Aunays; le Colombier, où naquirent la Railleuse et l'Émule, de M. Morin, et où se voient les restes d'un tumulus; le Pré-Homo, le Champ-Pillier, la Liette, la Bove, Sous-Ure; les Claires-Noës; le Long-Herbage, aujourd'hui morcelé en trois parts, sont exceptionnels pour juments poulinières. — La Grande-Pièce; l'Érable; les Jardins; les Ulies; les Mollans; le Parc-aux-Bœufs; le Gros-Buisson; les Petites-Corvées; la Petite-Haye-Jérôme, où naquirent la Railleuse et la Pickpocket, de M. de Sancy; la Haize; l'Anglaichère, donnent infiniment de nerf, mais peu de tournure. — Quant à la cour de Clairefeuille, la Grande-Haye-Jérôme, le Bois Geffroy, les prés de l'Isle, les couchis de Saint-Hippolyte, le pré des Chênes, les couchis des Dix-Acres, la Guichardière, ils excellent dans le joli cheval de commerce, de chasse et d'escadron. — Je passe sous silence quatre ou cinq des plus fertiles morceaux de cette commune : la cour de la Salle, les deux cours du Mesnil, la Pillarie et la Cornuté, parce que, plantés en vergers, il est impossible de les consacrer aux chevaux. — Saint-Germain est curieux par les souvenirs équestres que recèle son sol. M. d'Angleville, propriétaire des herbages du Saussay, en y faisant pratiquer des travaux de drainage, a, dans les seules rigoles des drains, mis à nu des quantités énormes de fers à cheval, antiques, cannelés en dessous, comme le sont les fers de course importés chez nous par les Anglais. On ne saurait douter que ces lieux, situés aux pieds de la ville d'Exmes, colonie tyrienne, où des jeux fameux durent se célébrer, comme à Éleusis, dont elle avait l'origine orientale, n'aient été un haras ou une arène destinée aux courses de chevaux. Leur nom, le *Saussay* ou le *Soussay*, paraissant venir du mot hébreu et chaldéen *Sous*, qui signifie étalon, se prête merveilleusement à cette supposition. Haras entretenu par la cité tyrienne pour remonter sa cavalerie, ou annexe des cirques, que nous verrons bientôt à la Briquetière et à Exmes, le Saussay mérite toute une étude.

Plusieurs bonnes maisons d'élevage s'y firent autrefois remarquer : 1° au Mesnil, où vivait, il y a plus de cent ans, un étalon anglais, de robe alezane, nommé le Phénomène; 2° la maison Barbette, à la ferme de la Boutonnière, dans le même temps à peu près; 3° à la ferme de Clairefeuille, la maison Héron, branche de celle que nous avons vue au Merlerault; 4° à la même ferme de Clairefeuille, la maison Jouaux, éteinte depuis longtemps; 5° à la ferme de la Boutonnière, les maisons Deforges et Férault, transportées toutes deux un peu plus loin, sans en abandonner toutefois les herbages, où elles ont fait naître la fille d'Aï, la Glocester, la Xercès, la Sylvio, les deux Voltaires, la fille de Chesterfield et la Lully, Rémus, Sinople, etc.

Il conserve encore aujourd'hui celle de M. Morin, qui débuta à Clairefeuille, et s'est depuis fixé à la terre des Recouvrés. On lui doit la production de belles poulinières : la Railleur, l'Émule, la Royal-Oak et la Lucain, et de plusieurs étalons de mérite. Celle de M. Bois-Zenou, à Clairefeuille; celle de M. Couppey, à la Guichardière; celle de MM. Coiffé frères, à la ferme de Clairefeuille.

Au moment où nous écrivons ces lignes, M. Deforges, de la Boutonnière, après une longue absence, a fait retour à Saint-Germain, où il avait conservé des herbages.

En dehors de ces établissements, on remarque encore, à Saint-Germain, plusieurs antiques manoirs dignes de fixer l'attention du touriste : la Boutonnière, à Mme Caillet de Saint-Père; le Saussay, à M. d'Angleville, qui y a créé une vacherie magnifique et fait opérer des premiers travaux de drainage qui se soient vus en France; le Mesnil, à M. du Hays.

Bien que l'étude des beaux-arts ne rentre ni dans notre plan ni dans notre spécialité, nous ne saurions passer sous silence la curieuse église de Saint-Germain. Elle possède des sculptures et des peintures du plus haut mérite. Peintres, sculpteurs et curieux y trouveront un aliment digne de leurs pinceaux, de leur burin et de leurs crayons.

Le Ménil-Froger.

Cette commune, l'une des plus petites du Merlerault, est, sans conteste, a première pour sa fertilité et ses étonnantes qualités toniques. Complétement tendus au midi et mollement couchés sur le versant de grands coteaux, qui les abritent au nord, ses herbages offrent une heureuse température et une admirable végétation. Ils ont vu naître et nourri cent chevaux fameux, et c'est chez eux que MM. Neveu, de Médavy, et Gaillet de Boissey, que nous verrons plus tard, trouvèrent de puissants auxiliaires pour former les chevaux qui ont porté si loin leur renommée. M. Daupeley, d'Échauffour, y éleva également ; et de nos jours nous comptons, parmi ceux qui les exploitent, M. Héron, de Merlerault, et M. Le Sage, que nous verrons à Ouilly, dans la vallée du Mesle-sur Sarthe.

Voici les noms de ces herbages :

Le grand parc de Razibus, le plus beau et le meilleur du Merlerault et, sans nul doute, de la France, a nourri : Matador, le Forestier, Incomparable, Bucéphale, l'Engageant, Adonis, Janissaire, l'Arpenteur, Confiant, le Veneur, etc., et a vu naître la Pilott, Voltaire, la Dupleix et vingt autres. Sa grande étendue, ses herbes tendres, douces et pleines de saveur, convenant à tous chevaux, donnent à tous les âges ampleur, légèreté, distinction et vigueur, en font incontestablement le roi des pâturages. — Les Prés de la Ville lui sont peut-être supérieurs encore en mérite, mais ils ont peu d'étendue. Un joli carrossier y prendra de la tournure, un gracieux modèle, des muscles à toute épreuve, des membres distingués et trempés en acier. — Le parc Labbé, où naquirent Arabie, Palmyre, la fille de Pledge et la fille de Chactas, fortement incliné sur un plateau rapide, ne saurait convenir qu'au cheval bien trempé, qu'il fera intrépide, distingué, musculeux ; et de belles juments, quel que soit leur mérite, y trouveront une herbe digne de les nourrir. — Les Prés-en-Bray, la Vallée, la Noë-Chatonne, au sol uni et abondant, conviennent à la grande et forte poulinière, et l'étalon y prend surtout, avec du cachet, la tournure et le gros. — Le petit parc de Razibus, où furent élevées les fameuses Massoud, de M. Daupeley, que bientôt nous verrons à Échauffour, est sans égal pour le cheval de selle. — La Bovette a pour spécialité la fabrication de délicieux, solides et intrépides chevaux de phaéton et de chasse. — Les prés du Champ-Fleury, l'Érable, le Grénouillé, la Crillère-

Génu (côté du bas) donnent moins de tournure, mais le cheval y acquiert autant de force, de vigueur et de liant. — Une belle et jeune poulinière, aux articulations solides, convient à l'herbage des Cours, où elle trouvera une alimentation tonique et vigoureuse, mais des escarpements qu'une vieille poulinière ne saurait supporter.

On remarque au milieu de ces herbages les vestiges de l'antique manoir des Labbé, des Rouxel de Médavy et des d'Osmond, dont les noms se lient à toutes les gloires de notre élevage.

Le Ménil-Vicomte.

Cette commune n'occupe qu'une place secondaire et l'on n'y peut compter que ces deux seuls herbagers : la cour du Ménil-Vicomte et les Prés, pour juments poulinières et chevaux de commerce. — Quant à la Cruchette et aux Frélinières, leur mérite ne va pas au delà du cheval de remonte.

On y remarque l'antique manoir du Mesnil, à M. du Bouillonney.

Lignères.

Cette commune vit fleurir autrefois, à la ferme de la Robichonne (peut-être le berceau des La Guérinière, dont le nom patronymique est Robichon), une jumenterie fameuse. Elle appartenait à la famille Mercier, et l'une des meilleures poulinières que le Merlerault ait produites, la petite Matador, de M. Neveu, de Médavy, y naquit.

M. Masson créa, à la ferme de Linières, une belle jumenterie qui produisit la Rattler, l'Impérieuse, Vestris et Mancia. Bientôt après, cet établissement passa aux mains de M. le marquis de Falendre, auquel nous devons bon nombre de types, dont le nom rappelle nos meilleures gloires : Gringalette, Étoile-du-Soir, Frétillon, la Clôture, Rattler-Filly, Lignères, Surprise, Pisistrate, Nonant (fils de la fameuse Aïka, achetée de M. Souchey, du Merlerault), Bassompierre, l'Africain, Dolorès, Belle-de-Jour, etc., etc.

On remarque à Lignères plusieurs autres habitations, sièges également de l'industrie chevaline : le logis du Bois-Salles, à M. de Foulques; celui de Darnetal, où élevèrent MM. Lacoste et Garby; la Morézière, où élevait M. Lorey; Lignères, où M. Maurey élève encore aujourd'hui.

Voici les noms de ses meilleurs herbages : la cour de Lignères, la Morézière, le Bois-Morel, la Robichonne, le Mont-Ferrand, de premier ordre pour juments poulinières, et celles de race pure y produisent d'une façon exceptionnelle. La cour de Darnetal peut recevoir aussi des juments poulinières. Mais les Friches, le Vau-Récent, le Vau-Louvet, les herbages qui entourent le logis du Bois-Salles ne s'élèvent que rarement au-dessus de la spécialité du cheval de demi-luxe et du cheval d'escadron.

Echauffour.

Échauffour fut, aux premiers âges de la féodalité, le berceau de la maison fameuse des Ernault-Giroye qui mirent, avec les Talvas d'Alençon, les Grantemesnil, les Montgommery d'Exmes, le cheval en honneur dans la contrée normande. Ils comptèrent parmi les plus généreux bienfaiteurs de l'abbaye de Saint Evrault, située non loin d'Échauffour, et dont la vie se partageait entre l'étude de l'antiquité et l'élevage des destriers et des chevaux de bataille.

Échauffour eut dans les temps modernes plusieurs jumenteries fameuses :

Celle de M. Carpentin, neveu de M. le chevalier de Bois-Molté, qui fut acheteur des haras, au temps de M. le prince de Lambesc. Elle a produit Biche et Diane, toutes deux sœurs et toutes deux fameuses.

Celle de M. Daupeley, continuée par son fils, M. Constant Daupeley, qui fit naître ou éleva les deux Massoud, l'Impérieuse, Louise, Biche, Émilie, Diane et le Trotteur.

Celle de M. de La Rocque, transportée d'Orgères à Échauffour (au logis du Mesnil-Chère), et plus tard, au Merlerault et à Nonant. La Bachate, l'Highflyer, Arlequin, Amice, les deux Corinnes, Ida, Joséphine, Arab, les deux Lisettes et Bergère y sont nés.

Celle de M. Le Cœur, au logis de la Beauvoisinière, d'où sont sortis Pégase, Martagon, Récollet, Rousseau, Abrantès et nombre d'étalons et juments de mérite, parmi lesquels on remarque la fille de Décembre et la fille d'Oscar.

On visite avec intérêt la ferme de la Haute-Rouillée, où M. Cenery-Forcinal, que nous verrons bientôt à Saint-Léonard-des-Parcs, met ses poulains en sevrage. C'est un curieux spectacle que de voir ces quinze à vingt beaux et jeunes nourrissons tous choisis avec soin, tous de noble race. Deviendront-ils des gloires d'hippodrome, auront-ils l'honneur de transmettre, sans tache, un nom qu'illustrèrent les aïeux? Y comptera-t-on quelqu'une de ces mères fameuses dont la gloire se transmet d'âge en âge? Passons et espérons.

On trouve encore à Échauffour, à la ferme de l'Aunay-Sage, une autre maison d'élevage, d'un genre tout autre, moins brillante et toutefois bien connue, celle de M. Houlette, dont la spécialité est le cheval percheron.

Voici les noms de ses meilleurs herbages :

Pour juments poulinières et pouliches : la Vente, où éleva autrefois M. Neveu de Médavy, le parc Hacmard, le parc Goulet, la Beauvoisinière, le Mesnil-Chère, les grands et les petits Rousants, le parc d'Enfer, le parc Saint-Martin, le Tertre, l'Oullerie, la Butte, la Motellerie, les Rouillées. Quant aux herbages du Bois-Certain et de l'Aunay-Sage, ils ne s'élèvent pas au-dessus du cheval de demi-luxe et de celui d'escadron.

Excursion à Beauffay.

Beauffay, situé à trois lieues est d'Echauffour, dans la direction de l'Aigle, possède un antique manoir où naquit, en 1745, et où mourut, en 1825, François de Saint-Aignan de Beauffay, ancien colonel de cavalerie. Arrière-petit-fils de Jean de Saint-Aignan, écuyer du roi Henri II, dont nous parlerons bientôt en allant visiter Falendre, il fut, comme son aïeul, homme de cheval consommé. Son goût pour l'équitation le maintint dans l'élevage exclusif du cheval de selle, le seul, du reste, que pût nourrir son domaine, ainsi que les herbages du Bois-Certain, à Échauffour, qui lui appartenaient. Il sut y fabriquer de délicieux modèles. Il mourut sans enfants, et sa jumenterie fut complétement dispersée. On doit même attribuer au discrédit qui commençait alors à frapper le cheval de selle, qu'il n'en demeure aujourd'hui aucuns vestiges.

Mais tout ne périt pas en lui; il avait formé au goût du cheval tous les gentilshommes de son voisinage, et nous avons encore compté au nombre de ses derniers élèves M. Souchey, du Merlerault, et MM. le comte de La Genevraie et de Saint-Hylaire, que nous verrons à la Genevraie et à Courtomer.

Au retour, nous passons par Saint-Hylaire, dont le château est habité par M. de Saint-Hylaire, cité tout à l'instant. On y trouve également l'établissement de M. Mesnel, qui a fait naître la bonne trotteuse Décidée.

Champhaut.

Champhaut, son nom l'indique, est sur une colline élevée, où les herbes sont rares. Le sol est peu abondant, mais les produits qu'il donne sont d'une tonicité hors ligne; l'avoine qu'on y recueille n'a pas d'égale pour son poids et son feu.

Le petit nombre d'herbages disséminés sur les flancs du coteau grossissent peu le cheval et ne font que le hunter et le petit carrossier. Ce sont : l'Aumônerie, la Billette, le Biot, les Costiers et les Gages.

C'est à Champhaut, chez M. Fleury, que vécut longtemps a fameuse jument arabe de M. le marquis de Roncherolles, dont sortit l'Impérieuse, qui fut mère, à son tour, de l'étalon Trotteur.

Les Authieux.

Cette commune est située à la naissance d'une large et longue vallée, dont un joli château forme la perspective et que de hautes murailles ceignent de trois côtés.

La rivière de Saint-Martin l'arrose dans toute sa longueur et ne la quitte que pour entrer dans le Merlerault. La température y est douce et les herbages y jouissent d'une grande salubrité.

Une jumenterie des plus anciennes et des plus fameuses du Merlerault y florissait, il y a plus d'un siècle et demi, au logis de la Chesnaye. Elle avait été fondée par la maison Le Conte de la Chesnaye, qui, plus tard, la transporta sur les terres qu'elle possédait à Montrond et à Neuville, où elle subsiste encore aujourd'hui.

A côté d'elle, une autre jumenterie prit naissance, il y a plus de cent ans, dans cette commune, celle de M. Buisson, au château des Authieux. Cet établissement a produit la Glorieuse, la Dagout, les deux Bachates, l'Highflyer, vendue pour l'Autriche; la seconde Highflyer, la Vidvid, Favori. la Pilott, Voltaire, la Dupleix, Raphaël. Il subsiste encore aujourd'hui, entre les mains de M. Gustave Buisson, l'un des grands éleveurs du Merlerault, auquel on doit la Kramer, Été, Isabelle, Centaure, connu dans ses essais de course sous le nom de Capitaine, Glorieux, etc.

Un autre éleveur, M. Deshayes, qui a fait naître Centaure et sa mère, habite aujourd'hui la Chesnaye, dont nous avons parlé au début de cet article, et sa jumenterie remonte à une fille de Jaggard, née à la Chesnaye.

Voici les noms de ses meilleurs herbages :

Le pré de l'Écurie, où naquirent la Dagout, la Glorieuse, les Bachates, la Vidvid, Favori et les Highfleyrs; le pré du Moulin, où naquirent Chasseur, Dupleix, Prévoyant, Paulus, Impérial, Lucain, sont de premier ordre pour juments, poulinières et pouliches.

Le parc de la Chesnaye, où furent élevés tous les chevaux fameux de M. Souchey et ceux que nous verrons à Montrond, à l'article Le Conte, sont exceptionnels pour de jeunes étalons; voici ceux dont les noms me viennent en mémoire : l'Aquilon et Constant, Chasseur, Paulus, Dupleix, nommés ci-contre; Royal, Troublou, Nourrissier, Olympe et une jument fameuse, par Infortune, morte à son printemps.

Les Grands-Prés, où naquirent la Kramer, Centaure et sa ~~m~~ère, — le parc Broust, — le parc de l'Église, où M. l'abbé ~~d~~es Mares, de Montmarcé, plaçait sa fameuse poulinière No-~~c~~ce, — le parc du Hamel, — le Grand-Herbage, — le Colombier ~~c~~onviennent à des poulinières et font de délicieux chevaux de ~~c~~hasse et de phaéton.

La Côte à Lampérière, la Briqueterie, les Herbages-du-Motté, ~~la~~ Tréhotte, les Cahouettes viennent bien après, et se doivent ~~b~~orner au cheval d'escadron et de demi-luxe.

La Genevraye.

Cette commune a un joli château moderne, bâti par M. le comte ~~d~~e La Genevraye, sur l'emplacement d'un antique manoir, où il ~~é~~tait né. Amateur célèbre, M. de La Genevraye fut le plus bril-~~l~~ant des élèves de M. de Saint-Aignan de Beauffay, le dernier ~~d~~e nos hommes de cheval de l'ancienne école. Sa mort arrivée ~~e~~n 1845, et celle de M. de Bourgeauville, que nous verrons au ~~M~~énil-Erreux, dans la plaine d'Alençon, ont clos l'ère des ~~g~~randes traditions qui nous reliaient avec le passé.

Il posséda la jument fameuse, Bergère, qui le porta pendant ~~t~~oute sa carrière militaire, au milieu des guerres de l'Empire, et ~~l~~ui sauva plusieurs fois la vie. Objet d'une pieuse reconnais-~~s~~ance, elle mourut au château de la Genevraye, pleine de jours ~~e~~t de gloire.

Le vieux castel de la Couture, qui fut le berceau du fameux ~~B~~ailly, maire de Paris. Sa famille, qui possédait depuis longtemps ~~c~~ette terre, exerçait héréditairement les fonctions de maître de ~~p~~oste et relais.

M. Barrier, mort depuis longtemps, habitait la Caillarderie, et ~~y~~ fit naître Prévoyant, Chasseur, la Barrière et sa sœur, la Mar-~~q~~uise, que le roi Louis-Philippe avait acquise pour offrir à l'em-~~p~~ereur du Maroc, et qu'il conserva comme poulinière type au ~~h~~aras de Saint-Cloud. Il y posséda les deux sœurs fameuses, ~~B~~iche, qui fut mère de Zéphyr, et Diane, qui fut l'auteur de la ~~j~~umenterie de M. Férault, que nous avons vu à Saint-Germain-~~d~~e-Clairefeuille et que nous reverrons à Croisilles.

Le seul éleveur que cette commune possède aujourd'hui est ~~M~~. Pichon, qui montait en course dans sa jeunesse.

Le territoire de la Genevraye, fortement accidenté et presque ~~t~~out étendu sur de hautes collines, sort rarement du second rang, ~~e~~t son herbe courte et grise fait souvent le cheval étroit et en-~~l~~evé, mais exceptionnellement musculeux, énergique. Toutefois, ~~d~~ans cette étendue, on rencontre cinq herbages excellents pour poulinières et pouliches : les Prés-Martins, où l'on pourrait sans crainte placer de jeunes étalons ; la côte du Coudray ; les deux herbages de la Béchelière et celui des Clos. — Quant au Varreau, à la Bergenterie, aux herbages de la Caletière et de la Vallée, à ceux qui entourent le château de la Genevraye et le logis de la Couture (les meilleurs de second ordre), on ne saurait leur demander que le cheval de chasse et celui d'escadron.

Tout à côté de la Genevraye, dans l'ancienne commune de Saint-Vandrille, on trouve un établissement d'élevage bien connu, celui de M. Gerus; qui entretient une bonne écurie de chevaux percherons.

Talonney.

Cette localité posséda autrefois une famille célèbre d'éleveurs, les Vallée, éteints depuis plus de cent ans, qui habitaient le vieux logis du Montcel.

Talonney possédait également un antique manoir, bâti, ainsi que celui des Authieux (visité tout récemment), par les Labbé, dont le nom a été prononcé au Ménil-Froger. Il a été démoli et converti en ferme. Dans cette ferme, il y a vingt-cinq ans environ, M. Thibaut fonda un vaste et bel établissement d'élevage, transporté, depuis peu de temps, dans son château de Sainte-Colombe, que nous visiterons bientôt. Il est remplacé aujourd'hui par M. Emmanuel La Saussaye, dont le nom reviendra avec plus de détails à Saint-Léonard-des-Parcs.

M. Lavigne-Berthaume, que nous avons vu, il y a quelques instants, au Merlerault, a récemment installé son élevage à Talonney, au logis du Presbytère.

Talonney, recélé tout entier dans les murailles d'une profonde vallée, et arrosé, dans toute son étendue, par la rivière du Don, est exceptionnellement fertile ; et parmi les grands et nombreux herbages qu'il contient, il n'en est pas qui ne possède pour le cheval des qualités réelles. Étalons et poulains, pouliches, poulinières n'ont que le choix parmi la belle collection de pâturages qu'il leur offre. La plupart toutefois, à raison de leur extrême abondance, sont peut-être plus aptes à donner du modèle et du gros que de la vigueur et de la tenue.

L'étalon carrossier se place dans la Grande-Rivière, immense et abondant pâturage, où M. Ragon fit naître et éleva les juments la belle Eastham et Easthamine, les étalons Xerxès et Bourgeois-Gentilhomme, et où M. Cenery-Forcinal a formé l'étalon Waldemar ; — le parc de Tolonney, où est né le bel étalon Giboyer ; — le parc des Chambres ; — le parc du Coudray.

L'étalon de demi-sang léger ne saurait être mieux que dans

la cour de la Chartrie, où M. Souchey, du Merlerault, élevait ses belles juments, et que sa douceur et sa séve placent sur les pas de Razibus, dont le nom a été prononcé au Ménil-Froger; — les deux Evrignères; — les deux Fourmenteries.

Pour juments poulinières, choisissez la Sauvagère, cet énorme herbage, où M. de Sérans fit naître ou éleva : Galathée, Quine, Biche, Kohël, Alcantara, Van Tromp, Ishmaël, Aïcha, Mazuline; où M. Lavigne-Berthaume a formé des filles de Junot, de Glandier et d'Impérieuse; où M. Gustave Buisson a élevé Été, le fameux étalon le Centaure et Glorieux; — le parc de l'Aunay; — la cour du Montcel; — la cour de la Barre; — celle de la Roussière; — et celle du Bois-Genoust.

Les pouliches auront l'herbage du Moulin-de-la-Roussière; — les trois prés du Bois-Genoust, que baignent le Don et le ruisseau de la Mussoire.

Le grand herbage du Haut, le grand herbage du Bas, le Bois, la Pantouillerie, réussissent très-bien le petit carrossier.

Pour le cheval de chasse et celui d'officier, le Bois-Genoust, le parc Calmine, où vécut la Railleuse, de Mme Chastel, et où sont nées la Sylvio et Carmine, de M. Léonor Forcinal, la Haute-Fourmenterie, avec son sol énergiquement tourmenté, ont une spécialité connue.

Les Noës-Guérennes tiennent le dernier rang et se bornent au cheval de demi-luxe et celui d'escadron.

CANTON DE COURTOMER.

Brullemail.

Cette commune, enserrée dans une profonde vallée où le Don prend naissance, n'est pas d'une fertilité de premier ordre, et ne possède qu'un nombre assez limité d'herbages. Mais ce qui leur manque en abondance, ils le regagnent en qualités toniques.

Pour petits carrossiers, chevaux de chasse et juments poulinières, il a le Bois-Hérisson, où M. Fossey, éleveur du Mesle-sur-Sarthe, forma sa fille de Gradivus, sa fille de Tipple-Cider et son étalon Va-d'-Bon-Cœur; — la Barberie; — l'Anglaicherie.

Pour juments poulinières : la Rivière, la cour du Château, l'Aunay, les Ebouillants. — Quant aux Jeannées, leur spécialité se montre dans le cheval de demi-luxe et de remonte, qu'elles font vif et plein d'énergie, habitué et par monts et par vaux à courir hardiment.

On remarque à Brullemail un antique manoir; mais il n'offre aucun souvenir équestre.

Une ancienne maison d'élevage, aujourd'hui éteinte, celle de M. Chardon, existait autrefois à Brullemail au lieu de l'Anglaicherie. C'est elle qui fit naître l'aïeule de la Décember, de M. Le Cœur, d'Échauffour.

Excursion à Falendre et à la Grimonnière.

Avant d'entrer dans Courtomer, et pour ne point nous distraire de l'examen des beaux centres d'élevage que recèle toute la partie ouest de ce canton, il y a lieu de visiter deux châteaux célèbres dans les fastes de l'élevage, Falendre et la Grimonnière, situés non loin de là. dans le canton de Moulins-la-Marche.

Falendre, dans l'ancienne commune de ce nom, aujourd'hui réunie à celle de Mahéru, est un délicieux château Louis XIII, bâti sur l'emplacement de l'antique demeure des sires de Monnay, seigneurs de Falendre. Cette maison s'étant éteinte vers la fin du XV° siècle, Falendre passa, par mariage, dans celle des Patry, ces fiers chevaliers qui brillèrent à Hastings et dans toutes les grandes guerres de l'Orient et de la Normandie. Falendre fut le théâtre de leurs goûts équestres, et nous ne trouvons dans tous les représentants de cette race que des hommes de cheval : Léon Patry, écuyer et pannetier de Louis XII ; Odet Patry, écuyer et échanson de la reine Eléonore d'Autriche, femme de François Ier. Sa fille unique transmit Falendre aux Mallart, autres Normands de race chevaleresque, que nous verrons bientôt en visitant Médavy-Saint-Cenery, leur berceau, et qui s'y livrèrent à leur goût pour l'élevage. Des Mallart, il passa aux Saint-Aignan, écuyers fameux, dont nous allons parler bientôt en visitant la Grimonnière. C'est par eux qu'il est venu au marquis de Falendre, qui se livra également à cette passion héréditaire de l'élevage, et y a fait naître ces types fameux que nous avons nommés en passant à Lignères.

A peine sortis de Falendre, nous apercevons, sur la gauche, le parc de Mahéru, pâturage exquis, dans lequel, depuis longues années, élève la famille Le Muet, et y a fait naître bon nombre de chevaux de mérite, parmi lesquels on cite les étalons Hector, Printemps et ses frères, et une poulinière issue de Friedland. Après le parc de Mahéru, et sur le même côté de la route, viennent les trois herbages de Cour-d'Evêque, tous trois excellents, et ayant tous trois fait leurs preuves.

MM. Aguinet et Ratthier, des environs du Mesle-sur-Sarthe, y ont longtemps élevé, et y ont fait naître le bel étalon Doyen et ses frères.

De Cour-d'Evêque on entre à Moulins-la-Marche, un gros

bourg qui s'élève sur une montagne aride. Rien n'y attire un re-
gard et nous le franchirions sans nous y arrêter, sans un grand
tumulus qui l'abrite de son cône gigantesque, Du sommet de
cette élévation, on découvre un horizon d'une rare étendue, mais
l'œil quitte bientôt les mille objets répandus dans l'espace, attiré
par le riant tableau du parc de Moulins. C'est un grand et vaste
pâturage que son abondance rend apte à tous les genres d'élevage, et qui s'est, avec les herbages de Lignères, partagé l'honneur de nourrir la jumenterie de Falendre.

A trois quarts de lieue environ de Moulins, sur la route de
l'Aigle, on rencontre la ferrière au Doyen. C'est là que s'élève,
au milieu d'une île formée par la rivière d'Iton, le château de la
Grimonnière, qui appartint, au moyen âge, à la maison du
Plessis. Vers le milieu du XVIᵉ siècle, il passa dans celle de Saint-
Aignan, par le mariage de Jeanne du Plessis, avec Jean de Saint-
Aignan, écuyer du roi Henri II.

C'est à ce Jean de Saint-Aignan que l'on attribue les premiers
essais d'introduction du cheval distingué dans le Mesle-sur-
Sarthe, essais qui se firent dans sa terre de la Bretesche à Boi-
trou, que nous visiterons lors de notre passage dans le Mesle-
sur-Sarthe. Il avait pour mère Marguerite de Labbé, de cette colossale maison, dont le berceau fut au Ménil-Froger, et qui,
pour faire des chevaux, n'avait que le choix entre les meilleurs
herbages. Possédant le Ménil-Froger, les Authieux, Talonney,
que nous avons déjà vus, la Mussoire, Gasprée et Montrond, que
nous devons bientôt voir, on les trouve toujours à la tête du
mouvement équestre. C'est à cette école que Jean de Saint-Aignan,
puisa, sans nul doute, ces grandes connaissances et ce goût du
cheval, qui le placèrent à la Cour et qui brillèrent si vivement
chez l'un de ses arrières-petits-fils, M. de Saint-Aignan de
Beauffay, cité plus en arrière.

La Grimonnière passa des Saint-Aignan aux mains d'un fermier général qui la vendit à M. Deshayes. Le fils de ce dernier
y a élevé avec le plus notable succès et produit au grand jour
plusieurs étalons et juments remarquables : Doyen, Diomède,
Mazagran, Kadmor, Eugène, Hermion, Incomparable, Jéroboham, Erasistrate, Lycomède, Nicolas, Nina, La Jaggard, issue
d'une mère fameuse de la jumenterie de M. Neveu, de Médavy,
la fille d'Eastham, la Sylvio, la Dangerous, la Fireaway, etc. Il
faisait naître dans les herbages excellents qui entourent la Grimonnière, et élevait dans ceux de la Mussoire et dans ceux de
Montchauvel, près d'Exmes, que nous visiterons dans le cours
de cette excursion.

Le retour ne peut s'effectuer qu'en revenant par la route

déjà parcourue, pour rentrer dans le canton de Courtomer.

En l'abordant, on trouve, sur la droite, la commune de Ferrières, berceau de l'une des plus antiques maisons normandes, les Ferrières, dont les armes parlantes, et significatives de leurs goûts, étaient des fers à cheval. Cette commune contient plusieurs habitations dont le nom se lie à la production de chevaux de mérite. — Le Vaumorin, où élevait M. Havard-Vaumorin, mort depuis quelques années. — Le Fresne, berceau de la famille Cotterel La Saussaye, que nous verrons bientôt à Saint-Léonard-des-Parcs. Un rejeton de cette maison, M. Constant Lasaussaye, possesseur d'une jumenterie, dont l'origine se rattache à la race équestre du Mesle-sur-Sarthe, élève en ce moment sur cette propriété. L'habitation est environnée d'herbages, mais ces pâturages ne font que le cheval de commerce. — Cochet, où M. de Quigny, dans le joli herbage que domine le manoir, fit naître la Néron, bai et le précieux étalon Royal. — Les fermes de la Poudrière et de la Guyon, où élevèrent les Locard et les Gérard Rouvray. — Quant au logis du Jardin, on regrette que les excellents herbages qui l'environnent ne soient pas consacrés au cheval distingué. — Le château de Launay, limitrophe du Jardin, ne rappelle non plus aucun souvenir équestre.

Sur la gauche, les châteaux de la Morandière et du Tertre, bien qu'environnés d'herbages aptes à l'élevage de bons chevaux de chasse, ne rappellent également aucun souvenir équestre. On n'y fait que le cheval de demi-luxe et de remonte.

Mais, au-dessous, dans la vallée de Teillières, on rencontre à la file, autour du Plessis et du Chesnay, une réunion d'herbages d'un mérite réel. Les juments poulinières, les pouliches, le hunter et le petit carrossier s'y plaisent merveilleusement et y deviennent excellents.

Courtomer.

Cette commune possède un joli bourg, connu sous le nom de Saint-Lomer, et un grand et beau château, l'un des plus importants du Merlerault. Mais aucun souvenir équestre ne s'y rattache. La ferme du château, exploitée par M. Lancelin, est le centre d'un élevage renommé de juments percheronnes.

A côté, est le vieux manoir de la Motte où élevait la famille Le Cœur, avant de se fixer à la Beauvoisinière, dans la commune d'Echauffour. C'est là que naquit le jeune Sommerset et la fameuse Bergère, que nous avons vue à la Genevraye ; c'est là que mourut la fille de Napoléon, de M. Héron du Merlerault, le dernier rameau survivant de la race de M. l'abbé des Marcs, de Montmarcé.

Dans la même commune, chez M. Marchand, est né le bel étalon Abrantès, élevé par M. Le Cœur ; et le manoir des Angles, habité par M. Drouère, a été le berceau de plusieurs étalons de mérite.

M. Pichon, à la ferme de la Gravelle, ne fait que le cheval de commerce ; et la belle habitation récemment élevée par M. Le Sage ne s'est encore signalée par aucun fait d'élevage.

Quant à M. Beaudoire, qui a possédé et laissé tomber dans le néant les plus nobles juments du Merlerault et a fait naître Pledge, il ne compte plus que dans l'élevage du cheval commun.

Les herbages de Courtomer occupent tous une même vallée, étendue au pied d'une chaine de hautes collines, dont l'hémicycle la protége contre les vents du nord. Ils ne sont pas, en général, doués d'une suprême abondance, mais tous conviennent éminemment au cheval et tous manifestent des qualités toniques.

Plusieurs sont recherchés pour juments poulinières et pouliches, ce sont : les Angles, le clos du Mont-d'Amain, les prés du Plessis, Fontaine, le grand bois Hubert, la cour des Jardins. — L'herbage de la Chienne, avec ses vastes proportions, convient à l'élevage des jeunes années. — Le parc de Bourse fait de délicieux chevaux de chasse et d'officier. — La Rianderie, le parc de l'Ozier, la Motte, l'herbage de l'Avenue, où est née la fille d'Oscar, de M. Cenery-Forcinal, sont moins bons, mais ils n'en font pas moins d'excellents chevaux de selle, de chasse et d'officier. — Quant au parc de la Butte, dont les larges contours se courbent, s'enfoncent et se dressent au pied de la montagne, on lui peut demander à la fois la jument poulinière, le cheval de grand luxe et le beau carrossier. Peu d'herbages ont vu naître d'aussi illustres têtes : la fille d'Hamilton, Lise, Bétise, la fille de Chasseur (mère de Dagobert, de Y. Mastrillo et de Despote), la fille de Friedland, qui produisit la fameuse Dame-de-Cœur, Dame-de-Cœur elle-même, qui y est demeurée jusqu'à l'âge de quatre ans. M. de Saint-Hylaire, qui possédait cet herbage et y élevait, avait, comme M. Souchey, du Merlerault, et M. de La Genevraye, reçu les leçons de M. de Saint-Aignan de Beauffay, et puisé à cette source fameuse le goût du bon cheval.

Il existe dans cette commune une curiosité naturelle fort remarquable, la fontaine de Saint-Jacques, située dans les bois d'Ecuenne, et dont les propriétés attirent, à certains jours, un immense concours de visiteurs.

La Mussoire.

Cette commune fut le berceau des Brard, l'une des plus antiques familles d'éleveurs du Merlerault. Elle possédait encore, il y a quelques années, une considérable maison d'élevage, celle de M. Herbinière, qui occupe le logis de la Mussoire. Exposée comme le Ménil-Froger, c'est-à dire tendue au midi, avec de grands monts qui la gardent du nord, elle a, comme cette dernière, des herbages d'une abondance, d'une douceur et d'une tonicité remarquables.

Le Bois-Barbot, aux énormes proportions, et où éleva autrefois M. Neveu de Médavy tant d'admirables et énergiques étalons et chevaux de phaéton. — Le parc de la Mussoire, où furent élevés Doyen, Vizir, Kadmor, Erasistrate, Incomparable, Mazagran et vingt autres ; énorme comme le précédent, et admirablement abrité, il est un des plus toniques morceaux du Merlerault. La cour et l'herbage de la Mussoire, tous deux excellents pour juments poulinières. — Les Mesnils-Secs, aussi appelés champs Rabot, font le cheval solide de chasse, le petit carrossier et le cheval d'escadron.

Gasprée

Cette commune possède un antique manoir, bâti par les Labbé, dans lequel on conserve un curieux carrosse, dont l'origine remonte aux premières années du règne de Louis XIV. Ce précieux véhicule, tout doré et relevé de riches peintures, fut autrefois la voiture de mariage des Labbé, seigneurs de Gasprée, l'une des branches de cette puissante maison qui posséda le Ménil-Froger, les Authieux, Talonney, la Mussoire, Montrond et une notable partie de Saint-Léonard.

On y trouve peu de grands herbages, sauf les Provostières et les Prés, que leur taille et leur fertilité classent parmi les bons du Merlerault. Comme primeur, au printemps, ils n'ont point de rivaux, mais ils sont sujets à brûler l'été. Aptes à tous les genres d'élevage, ils excellent surtout à mettre de bonne heure en état, pour les ventes d'été, des chevaux précieux ou des poulinières precocement suitées.

Quant aux autres herbages, qui entourent Vitré et la ferme du Château, il leur faut ou une jument poulinière ou quelques chevaux de demi-luxe et d'escadron. La famille Brard, que nous avons vue au Merlerault et à la Mussoire, a possédé également un établissement à la terre de la Lipomerie, située dans cette commune. — Une autre famille, les Lainé, y ont possédé une excellente poulinière, par Ukase, qui fut mère d'un grand nombre d'étalons.

On n'y voit aujourd'hui d'autres éleveurs que MM. Ratthier, à la ferme du Château, Charpentier et Prudhomme.

Sainte-Colombe.

On voit à Sainte-Colombe, assis au milieu d'un herbage, nommé parc de la Butte, un beau tumulus, indice d'événements importants, dont ces lieux durent être les témoins.

On y voit encore, non loin de là, une grande et belle habitation où élevèrent successivement les familles Pelet, Gaillet et Le Conte-Gaillet. Aujourd'hui M. Thibault vient d'y transporter la jumenterie qu'il avait fondée au château de Talonney.

Plusieurs bons herbages s'y rencontrent : les deux Parcs, au-devant du Château, le parc de la Butte, Le grand Parc, pour poulains et pouliches, juments et carrossiers. La cour du Château veut une poulinière ; mais les Gouffres, les Friches au cheval de second ordre bornent leur ambition.

Saint-Léonard-des-Parcs.

Voici Saint-Léonard, nom qui toujours rappelle de tant de bons chevaux le souvenir si cher. Tout y est curieux, tout y doit être étudié, depuis le délicieux manoir des Rouges-Terres, bâti au siècle de la Renaissance par le célèbre évêque de Sées, Jacques de Silly, jusqu'au moindre de ses herbages, dont la renommée a fait le tour du monde.

Le manoir des Rouges-Terres, où élevèrent autrefois les maisons Berrier et Bougon, est aujourd'hui le siége du haras de M. Cenery-Forcinal, la tête des éleveurs du département de l'Orne. Cent chevaux précieux y ont vécu, y sont nés, y ont été élevés : La Dangerous, Louise, la Vaillante de M. Gallant, l'Oscar, la Sylvio, mère de Merlerault, aujourd'hui monture favorite du duc de Montpensier en Espagne, Rouge-Terre, Nicotine, Pâquerette, Brillante, Héroïne, Emilie, etc., etc. ; les trotteurs Merlerault, Waterloo, Herminie, Dame-de-Cœur, Mlle des Rouges-Terres, Bon-Cœur, Duchesse, Capucin, Franc-Cœur, Prince-Noir, Electeur, Frontignan, Electric, etc. ; Jason, Ecureuil, Franc-Normand, chevaux de steeple-chase ; les étalons Orne, Placet, Notable, Romulus, Quirinius, Waldemar, Eclaireur, sans compter les beaux types que l'étranger y vient enlever chaque année. Parmi ces derniers, on compte un fils de Merlerault et deux fils de Kramer.

C'est également aux Rouges-Terres qu'a été élevé et que s'est formé Philibert Rouzée, le jeune jockey, dont le nom se lie au triomphe de tous les trotteurs fameux nés dans cette maison.

Le Tertre, bâti par la famille Panthou, éleveurs des anciens âges, auxquels a succédé la famille Cotterel La Saussaye, dont nous avons parlé en passant à Ferrières. Les La Saussaye y ont fait naître la fille de Léger, la fameuse Iris, vendue à M. de Sancy de Montmarcey, le trotteur Romulus et la belle poulinière Corysandre.

Les Cocaignes, autre manoir voisin du précédent, bâti par la famille La Saussaye. Il est aujourd'hui le centre de l'élevage de M. Charpentier.

Le logis de Saint-Léonard, où la famille Picquot du Merlerault éleva longtemps avec éclat, sert aujourd'hui de maison de bouvier.

Le château de la Rue, récemment bâti par Mme de Manne. On y respire un parfum de science, de lettres et de beaux-arts, mais aucun souvenir équestre ne s'y rattache que celui de M. Belhomme qui en fut fermier, y éleva pendant de longues années et y fit naître l'étalon Cancan et l'aïeule de Giboyer.

Voici les noms des meilleurs herbages de cette commune :

Le parc de Saint-Léonard, autrefois le plus grand herbage du Merlerault, contenait, on le comprend, sur une aussi vaste étendue, plusieurs variétés de terrains différents. La pensée de donner plus d'homogénéité à sa production et de faciliter les locations, l'avait fait diviser en quatre parts qui reçurent les noms suivants : le parc de l'Église, le parc de la Maison, les Teillards et l'Herbage du milieu. Le parc de l'Église, le plus important des quatre, a été depuis divisé lui-même en deux parts, par suite du percement d'une route.— Le parc des Rouges-Terres, énorme également, a été, par suite de la même pensée, divisé en deux parties plus homogènes, nommées, l'une parc du Château, l'autre le parc du Moulin.

Ces divers morceaux, rapprochés des nombreux herbages qui couvrent le territoire de cette commune, rentrent, selon leur nature, dans le classement suivant :

Les deux fractions du parc de l'Église, le parc de la Maison, les petits Mesnils, où furent élevés Débutant, Duguesclin, Jason, Y, Mastrillo, Docteur, Filateur, Sinople, Supérior, Bassompierre, Julien ; le parc Pelet, les champs Marie, les grands Mesnils, sont aptes à tous les élevages et font, avec une perfection égale et d'égales qualités, l'étalon de grand prix, la belle poulinière et le cheval de luxe.

Les Teillards, le Val avec ses abris, ses gazons tendres et doux, le parc des Rouges-Terres (côté du Château), succulent et tonique, où naquit Herminie; les deux Rosières, les Champeaux-Gris, le Bourg, où sont nés Coryandre, Romulus et la fameuse Rattler, mère de la Railleuse; le pré des Rouges-Terres, les Gauderayes (côté du bas) et l'Aumône conviennent éminemment à de belles juments. Les membres, le carré, un sang pur, énergique, s'y puisent toujours, la taille rarement.

Le parc des Rouges-Terres (côté du Moulin) fait d'excellents étalons nerveux, pleins de vigueur. Le Saint-Léonard, du milieu, bien qu'inférieur au précédent, donne comme lui aux chevaux d'éminentes qualités. Le parc des Provostières, les Gauderayes, (côté du haut), les deux parcs de la Rue, les Gérugières, les Teillards des Rouges-Terres, l'herbage de Cent-Œufs, l'herbage de Bellevue, les couchis de Senelle, font le cheval de selle, de chasse et le petit carrossier.

Godisson.

Godisson, arrosé par le Don, est complétement exposé au midi; au nord, il est protégé par d'épais fouillis de bois et une haute colline. Cette situation, jointe à un sol d'une puissante et précoce fertilité, en fait une des premières communes du Merlerault. Ses herbes merveilleuses aident bien la nature; sans crainte on y peut placer des chevaux de pur sang.

On y remarque trois belles habitations :

Le Mesnil-Hurel, qui a été illustré par le séjour qu'y fit un pauvre noir. Le général Toussaint-Louverture y servit longtemps, comme esclave, chez M. Pichon de Trémonderie qui l'avait ramené de Saint-Domingue, et qui l'y renvoya, ignorant qu'il fournissait ainsi un chef à l'indépendance. C'est à la ferme du Mesnil-Hurel que débuta la famille Herbinière, dont nous avons parlé à la Genevraye. Elle y a possédé la belle Eastham, fait naître la Sylvio, Été et Glorieux, et a élevé l'étalon Quillebœuf. Elle y est aujourd'hui remplacée par M. Fleury.

La Coquenne où élevèrent MM. Erambert père et fils. Ils y possédèrent ou firent naître : la fameuse jument Morwick, issue de la race de M. Binet, de Montrond, la Morwick, dont la mère venait du Haras du Pin; la magnifique jument de course Jeanne-d'Arc, qui se tua sur l'hippodrome du Pin; la Rattler qui fut une des créatrices de la race du Mesle-sur-Sarthe; la Jaggard, appelée aussi la Pontonnière, le trotteur Mazagran, la Fire-Away, Jéroboham, et un grand nombre de chevaux de mérite. Plus tard, M. Chedeville s'y fixa et y fit naître Palestro, le fameux, l'un des meilleurs produits que la France ait amenés au poteau. Ce fut aussi à la Coquenne que Lady-Saddler, mère de Palestro, se tua en s'enfonçant dans le cœur un clou imprudemment laissé à la barrière de son enclos.

La Roussière, où élevait autrefois la famille Le Cousturier-Vallée, l'une des branches de celle que nous avons vue au Merlerault. Aujourd'hui M. Godichon le remplace et y possède une écurie bien classée.

Voici les noms de ses meilleurs herbages : les Grands-Prés où furent élevés la Railleuse, l'Émule, la Lucain et la Royal-Oak de M. Morin ; les Jardins, la Roussière, où naquirent Umber et la Stocker ; les Fourneaux, où furent élevés Malaga, Nérac, Quasimodo, Scapin, Umber, etc. ; le petit et le grand parc du Don, où fut élevé Quillebœuf ; l'Ouche du Don, le pré de l'Ouche du Don, le pré de l'Hospice, le parc du Mesnil-Hurel où naquirent la Sylvio de M. Herbinière, Quillebœuf et Glorieux ; l'Epinay, le parc de la Coquenne où naquirent Émilie de M. Fleury, Mazagran, la Fire-Away et Palestro ; le Moulin du Pont, les Noëls, où fut élevée la sœur de Rémus, le parc de la Bête, la Bouteillerie : tous, de premier ordre, sont aptes à tous les genres d'élevage.

Les Jardins de la Roussière, l'Étang, la Thibouverie, la cour du Mesnil-Hurel, le bois Babillet, conviennent à des poulinières ou de petits carrossiers pour le moyen luxe.

Le Vallas, l'herbage de la Hutellière et tout ce qui entoure la ferme des Herbages se bornent au cheval d'escadron.

CANTON DE SÉES.

Montrond.

Montrond, au confluent du Don et de la Senelle, doit son nom à une colline élevée et d'une forme complètement sphérique sur laquelle il étend son territoire. Peut-être aussi, un mamelon élevé, celui du parc Blanchet, faisant également partie de ses dépendances, a-t-il contribué à cette appellation. Cette situation lui procure une aération toujours saine et exempte de miasmes. Les nombreux plants d'ormeaux, qui couvrent les flancs de la colline, et grimpent jusqu'à son sommet, arrêtent les coups de vent trop violents, et entretiennent pendant l'été une douce fraîcheur. A ces circonstances exceptionnelles, joignez un sol à la fois tonique et abondant, et vous comprendrez comment la célébrité des chevaux de Montrond, pareille à celle des plus nobles maisons, se perd dans la nuit des temps et comment le surnom d'Arabie du Merlerault est échu à cette localité.

On y voit une habitation fameuse dans les fastes de l'élevage. La Moisière, après avoir appartenu aux Labbé, à Jean de Saint-Aignan, écuyer d'Henri II, devint le berceau de la famille Binet, que l'on trouve toujours au premier rang de la grande production.

Les traditions de cette famille constataient que pendant plusieurs siècles, — peut-être depuis le temps de Jean de Saint-Aignan, — le Grand-Ecuyer venait chaque année visiter la Moisière et en faisait le centre de ses excursions dans le Merlerault pour la remonte des écuries du roi. Pendant plus de huit jours, le modeste logis avait la faveur de posséder les princes et les grands de la Cour. La Révolution seule interrompit cette flatteuse coutume qui sous l'Empire reprit avec éclat. Le prince Eugène Beauharnais vint souvent remonter ses écuries chez Mlle Geneviève Binet, qui fut la dernière survivante de cette maison. Devenue la mère adoptive de son neveu M. Le Conte de la Chesnaye, elle l'éleva dans les meilleures traditions et lui légua sa précieuse jumenterie. M. Le Conte, qui était né à la Moisière, y a terminé en 1852, une existence uniquement consacrée au cheval de mérite. M. Alexandre Le Conte, son fils, a hérité de ses goûts, mais cédant un peu au besoin de confort qui domine le siècle, il a quitté la Moisière, où il était né, pour transporter son élevage au château de Bois-Josselin, au bas de la montagne.

Feu M. Le Conte, qui conservait avec le plus grand soin le *Stud Book* de ce haras héréditaire, constatait l'extinction des races primitives et donnait l'origine suivante à la race magnifique qui, depuis plus de quatre-vingts ans, fait la gloire de cette maison.

M. des Parcs-Binet, son grand-père, affectionnait tout particulièrement le fameux étalon King-Pepin, et loin de céder au courant de l'opinion qui s'éleva contre ce cheval, il saisit le moment de défaveur sous lequel il succomba, pour acheter deux de ses filles et un de ses fils, que le prince de Lambesc venait de réformer.

Ces trois individualités furent la tige d'où sortirent la mère de l'Acacia, les deux Glorieuses, la Docteur, les deux Volontaires, la Morwick, la Statesman, la Streat Lam-Lad, l'Aslane, la Gallipoli, Vittoria, Vénus, Amaryllis, la jument fameuse à cuisse blanche, fille d'Infortuné, la fille de D.-I.-O, la fille de Gallipoli, et vingt autres; les chevaux de course, non moins fameux, Martinette, Valencia, Sémiramis, Delphine, Limaçon, Pauline et Constant qui imprimèrent à l'écurie de Montrond le plus vif éclat.

La célébrité du fils de King-Pepin grandit dans une telle mesure, que chez certains éleveurs sa possession devint une monomanie. Pour se le procurer, on employa des moyens que ne désavouerait pas la convoitise des enfants du désert. Au plus fort du mouvement révolutionnaire (vers 1793), une troupe armée se présente à la Moisière et pendant qu'elle veillait aux portes de l'habitation, pour contenir l'indignation du maître, elle fit saillir par le bel étalon une cavale de grand prix qu'elle avait amenée.

A ces beaux noms, cités à l'instant, toutes les voix de l'opinion ajoutent cent autres individualités fameuses que la maison Le Conte éleva, ou fit naître : l'immortel Impérieux, Optimiste, Lisette, l'Infortuné et sa mère, qui fut une fille de Smail, le Trotteur, Épaminondas, Diomède, Pilote, Vivaldi, l'Ingénieur, Amaryllis, Hector, Neuville, Neptune, Oriental, Glemmour, Porphyrion, etc., etc.

Parmi les beaux produits sortis des mains du fils, on aime à rappeler Quotidien, Rubis, Thorigny, Uranus, Giboyer, la sœur de Rémus, la Noteur, fille de la Ragonne, la fille de Schamyl, Thérésa, Mon-Espérance, Danaé, Camélia, etc., etc.

Non loin de la Moisière, on remarque une autre habitation, nommée aussi la Moisière, et faisant également partie du domaine de la maison Binet. Nous l'avons vue autrefois habitée par Mme Maurice et son fils, qui y ont fait naître bon nombre de chevaux de mérite, et y ont possédé une famille de bestiaux des plus justement renommés du Merlerault.

Voici les noms des meilleurs herbages de cette commune :

Les parcs Binet, où furent élevés tous les chevaux dont la liste précède et aussi l'immortel Séducteur, que M. Delacour avait deviné dès l'enfance et qu'il avait placé à Montrond pour perfectionner ses qualités natives, les Beilles, le parc Blanchet (du haut), l'herbage de la Moisière, le parc Blanchet (du bas), le petit parc Binet, les Marettes, sont exquis pour tous les genres d'élevage ; les cours des deux Moisières, les prés de la Moisière, pour juments poulinières ; le grand herbage de la vieille Moisière, pour le cheval de chasse et celui d'officier.

Neuville.

Neuville n'est séparé de Montrond que par la rivière de Senelle, mais pour la configuration et l'aspect extérieur il en diffère complétement. C'est une commune au sol uni et souvent bocager.

On y rencontre le château du Bois-Josselin, bâti par la famille Le Conte de la Chesnaye, et aujourd'hui habité par M. Alexandre Le Conte, dont nous venons de parler à Montrond. Quant aux ruines du vieux château de Neuville, non plus que le château neuf, bâti, depuis quelques années, non loin de l'ancien, leur nom n'évoque aucuns souvenirs équestres.

Pour ce qui est des herbages, tout ce qui entoure le Bois-Josselin est exquis, tout ce qui s'en éloigne est de moindre qualité. Voici les meilleurs :

Le parc du Bois-Josselin, l'un des premiers et des plus justement renommés du Merlerault. Grand, tonique, abondant, il est par-dessus tout éminent pour les qualités qu'il imprime au cheval à toutes les périodes de son existence. Tous les chevaux célèbres, relatés à Montrond, y sont nés. — La Ramée, l'un des plus grands du Merlerault, mais présentant, en raison de cette étendue, de nombreuses variantes dans sa production. Il convient aux juments poulinières et aux pouliches et fait de magnifiques et énergiques chevaux de phaéton. — C'est dans cet herbage qu'élève M. Napoléon Roger, de Planches, connu sous le nom de Polon.

Les parcs de la Croullière, grands comme une province, offrent au cheval le parcours qui lui plaît et font de bons chevaux de chasse et jolis petits carrossiers. — Le parc de la Hiboudière, plus grand que les premiers, leur est en qualités notablement inférieur, et ne saurait donner autant de taille ni de gros. — Il en est de même du parc de Neuville et de la Bouillère; voisins de la Croullière, comme elle ils excellent pour les chevaux légers. — Les couchis du Bois-Josselin, inférieurs au parc de ce nom, et la cour du vieux château de Neuville sont pour des poulinières d'un rang moins distingué.

Aunou. — Médavy. — Saint-Cenery.

En quittant Neuville, on entre dans la plaine d'Aunou, dont la limite extrême est indiquée par une touffe d'arbres majestueux. Ce bouquet qui, de plus de six lieues au loin, s'offre comme un phare à l'œil du voyageur, se nomme Médavy. A ses pieds s'abrite un vieux castel, résidence des Ferrières d'Aunou, ces fiers barons qui arboraient dans leurs armes des fers à cheval, objet d'un culte héréditaire. Ils y eurent de dignes successeurs, les Mallart, famille chevaleresque qui eut l'honneur de chasser les Anglais des châteaux d'Essay et de Boitron. Passionnés pour le cheval comme leurs devanciers, ils traduisent comme eux leurs tendances par le fer à cheval qui orne leur blason.

Des Mallart, Médavy passe aux d'Osmond, autres amis du cheval, et des d'Osmond à M. le marquis de Brigges, qui précéda le prince de Lambesc dans le commandement du Haras du Pin.

C'est à cet officier que le Merlerault est redevable de la plus antique et de l'une des meilleures races qu'il ait possédées. Quelques belles pouliches, du meilleur sang de l'époque, furent par lui confiées aux soins de son fermier de Médavy, dont l'intelligence lui était depuis longtemps connue. — Cet homme, nommé Aubry, fut l'auteur de M. Aubry, de Grandlay, qui fit naître Impérieux. — Les pouliches firent merveilles, et de l'une d'elles descendit une longue suite de juments fameuses dont voici les noms : la fille de King-Pepin qui fut mère de la Docteur, laquelle produisit la Glorieuse. De la Glorieuse naquit la Volontaire, qui produisit à son tour, la Séduisante, Impérieux et Séducteur étalons fameux, la mère de Pilote et la trisaïeule de Berthier. Tous ces chevaux sont nés, soit à Médavy, soit à Grandlay, ferme limitrophe, que nous pourrons sans dérangement visiter, et dans laquelle les Aubry s'étaient retirés. Berthier, trotteur de grande renommée, est né tout près de là, au vieux château de Saint-Cenery, chez l'un des membres de la famille Aubry.

Autour de Médavy, on remarque plusieurs herbages renommés pour leur étendue, leur fertilité et leur aptitude à former le cheval. Le petit Perron, les trois herbages du Chesne (dans lesquels élève M. Masson), sont aptes à toutes les spécialités de l'élevage; le grand Perron, les Quenelles, la cour de Médavy, les herbages du Chesnay, la cour de Grandlay, pour le cheval de chasse et le petit carrossier.

Au sortir des herbages, on entre dans la plaine et on aborde le château de la cour d'Aunou où l'on visite avec intérêt un tumulus magnifique et les cultures modèles de M. Pichon Prémeslé, le fondateur de la grande agriculture dans le département de l'Orne.

Sées.

En suivant le chemin qui, de l'habitation de M. Pichon Prémeslé, mène à la ville de Sées, nous passons sous les murs de l'église d'Aunou. De nombreuses verrières, toutes constellées des armoiries des Ferrières, resplendissent aux rayons du soleil et nous inondent de leurs feux — Ces armes, dont la peinture remonte au XIIIe siècle, sont un semis de fer à cheval d'azur en champ d'or. Quelle preuve plus certaine du culte voué dans tout le beau pays du Merlerault à tout ce qui tient au cheval!...

Je ne dirai rien des monuments remarquables que renferme la ville de Sées. Il faut une plume plus autorisée pour peindre cette admirable et antique basilique, et rassembler des souvenirs, qui remontent au delà de l'asservissement des Gaules. Fidèle à notre programme, nous ne sortirons pas du cadre hippique que nous nous sommes tracé.

La ville de Sées possède une école de dressage qui date de 1850, époque à laquelle on ne comptait encore en France que celles du Mesle-sur-Sarthe et de Rochefort. Une association de propriétaires du Merlerault, de la plaine d'Alençon et du Mesle-sur-Sarthe lui donna le jour et rendit, par cette création, le plus éminent service aux éleveurs normands.

Le pays, depuis longtemps, constatait les résultats obtenus au Mesle-sur-Sarthe, et, soit sentiment d'envie, soit avouable émulation, appelait de ses vœux une institution rivale.

L'attente publique n'a point été trompée; notre cheval, bien mis, devenu doux et sage, peut monter aujourd'hui des hommes serieux.

Il devait à son sang la triste renommée d'être vert et sujet à des emportements. Son dressage, incomplet, incombant toujours au consommateur, n'offrait que dégoûts et qu'ennuis. Aussi, par cette porte, laissée ouverte par notre indifférence, étions-nous inondés de chevaux du Nord que leur indolence fait naître tout dressés. Entre une rosse sans défense et un dangereux ami, le public avait choisi bientôt.

Le cheval qui ne semblait pas digne de devenir un père, la jument confinée dans les rangs où jamais ne se recrutent les mères, étaient, pour 1,000 à 1,500 fr. au plus, livrés à la remonte, bien que leur prix de revient dépassât presque toujours le chiffre de 2,000 fr. Le luxe de la province et celui même de Paris les recherchent en ce moment et nous offrent des prix en rapport avec nos dépenses.

Sées fut la dernière demeure de M. Besnard, que nous avons vu à Nonant dirigeant l'une des plus belles jumenteries des temps modernes, et de M. de Moloré, qui posséda Belle-de-Nuit et fit naître Ventre-Saint-Gris, le Fameux, Fumée et Jarnicoton.

A Sées habite M. Jules Delahaye, qui a fait naître Avant-Gourde, le bon trotteur, Romulus et possède une belle jumenterie de race pure, dont est sorti Bon-Espoir.

Visitez la ferme du Val, à quelques minutes de la ville, où M. Richer possède le bel étalon Chactas et plusieurs autres bons reproducteurs.

Sur la route d'Alençon, à une lieue de la ville, on remarque le château de la Chapelle, où M. le vicomte d'Auger possède une belle jumenterie de race pure, dont sont sortis Tambour-Battant, Pierrefonds et Gentille-Annette.

Macé.

Cette commune, presque entièrement composée de terres arables, ne compte que quelques bons herbages et peu de souvenirs chevalins.

On y voit le château de la Cornière, entouré de fertiles herbages. Précoces au printemps, mais sujets à brûler en été, cette particularité les rend peu propres aux juments poulinières, et oblige à ne les ranger que dans la classe de ceux qui préparent le cheval de commerce pour les réunions d'été. M. Charpentier fils, de Saint-Léonard-des-Parcs, y élève aujourd'hui. — La ferme de Launay, où M. Neveu de Médavy logeait une partie de sa jumenterie et plaçait ses poulains en sevrage. Quelques herbages se groupent alentour ; mais bien qu'ils soient aptes à recevoir des juments poulinières, leur peu d'étendue et d'importance ne permet pas de les classer ici. — La ferme du Chardonnet, où vivait la famille Beaulavon, propriétaire d'une vieille et noble race, dont sortirent la Matador, Troublou et Nourricier.

Chailloué.

Situé sur une roche isolée, qui sépare la plaine des pays d'herbages, Chailloué possède un antique château où les goûts équestres, à tous les âges, ont fleuri. Il fut le berceau de la maison de Vieux-Pont, que l'on retrouve à Hastings, au Val-des-Dunes, en Orient, toujours à cheval, à côté de nos ducs et de nos rois, et partout où il y a des dangers. Après elle, les Carpentier, dont les armes sont des molettes d'éperon ; puis M. de Grimoult, qui, pendant quelque temps, commanda le Haras du Pin. Aujourd'hui, c'est M. Jules Delahaye, que nous venons de nommer en passant à Sées. — Deux autres habitations, Ville-Pelée et Follet ne rappellent aucun souvenir équestre.

Voici les noms de ses meilleurs herbages :

Le parc de Versenne, grand, énergique et doux, qui a vu naître Avant-Garde, Bon-Espoir et Romulus ; le parc de Ville-Pelée ; le pré des Nouettes ; le champ de l'Avoine ; le pré de Follet ; le pré Martin, sont tous de premier ordre et conviennent éminemment à toutes les spécialités de l'élevage. La cour de la Gauchetière, moins abondante et moins succulente, peut cependant nourrir une jument poulinière. Quant au parc de Launay, malgré ses vastes proportions, il doit être consacré au cheval de demi-luxe et au petit carrossier.

CANTON DE MORTRÉE.

Marmouillé.

Cette commune a été le berceau d'une famille que son élevage place, à bon droit, aux premières pages des fastes du Merlerault, les Brissot, dont le nom, dès longtemps avant 89, se prononce avec éloge. Vers le commencement du siècle, ils se divisent en deux branches : celle de M. Pierre Brissot, fixée à Bonnevent et aujourd'hui éteinte ; M. Dudouit, gendre de M. Brissot, en est le représentant actuel. Celle de M. Lacour-Brissot, fixée à Saint-Yves et éteinte également, n'a plus pour représentante que madame Brissot.

Citer toutes les juments et tous les étalons célèbres sortis de ces maisons serait une lourde tâche ; mais je ne saurais taire : la Morwick, la Séduisante, la Statesman, les deux filles de Rattler ;

et l'une des plus belles juments de M. Neveu, de Médavy, la Ba-
chote, morte chez M. Buisson, des Authieux, ainsi que les étalons
Incomparable, Envié, Troubadour, la Railleur, la fille d'Oscar,
la fille de Brigand et la Jaggard, fameuse, dont les fils, au nombre
de douze, ont tous été étalons. Cette jument hors ligne n'eut
qu'une fille, la Captain-Candid, qui fut mère du célèbre cheval de
steeple Emilius. — Une autre jument, de cette même famille, la
fille d'Incomparable, a produit le bon étalon Commandant, et son
frère le beau carrossier Commandeur.

De la même maison, mais non de même race, est sortie également Pledge, le trotteur renommé, que ses qualités, comme reproducteur, ont classé au nombre des plus précieux étalons de
l'époque.

Le vieux château du Hamel n'a d'autres souvenirs que ceux de
la famille Blivet, des Coiffé, aujourd'hui à Saint-Germain de Clairefeuille, et de M. Ragon, dont nous parlerons en passant au Mesle-
sur-Sarthe, et qui vint s'y fixer un instant.

L'antique manoir de Lescalle n'offre également aucun souvenir, mais un intérêt réel nous appelle vers les herbages, don
voici les noms :

Pour étalons, poulains, pouliches, poulinières, voici les Grands
Marais où élevèrent autrefois MM. Chambay, de la plaine d'Alençon, et d'où sont sortis depuis Rousseau, Récollet, Abrantès ; —
la Courbette, les Assier, au sol doux, qui donnèrent leur nom à
l'une des branches de la maison Gaillet, l'une des plus anciennes
de Normandie dans l'élevage du cheval de grand luxe ; — la
Corne-au-Roux, qui semble une corne d'abondance ; — les herbages du Hamel, les Joncherets, la Courbe, sont plus spécialement destinés aux juments poulinières. — Quant aux grands et
nombreux pâturages suspendus aux flancs de la butte de Bonnevent, et ceux qui s'étendent au-dessous de Lescalle, c'est un cheval
de selle ou un joli hunter qu'il faut leur demander.

Le Château.

On y voit aussi un beau tumulus, sur lequel s'élevait il y a plusieurs siècles le château des sires de Médavy, et dont les ruines
jonchent encore le sol ; le manoir de la Chaise, où éleva pendant
longtemps la famille Gaillet, qui s'y trouve encore aujourd'hui représentée ; les ruines du château de Martel qui, à défaut de souvenirs équestres, rappelle l'une des plus honorables maisons de
Normandie.

Voici les noms de ses meilleurs herbages :

Pour étalons, poulains, pouliches, poulinières, du type carrossier : l'herbage du Pont, l'herbage du Moulin, l'Assier, Martel. Les herbages de la Chaise pour juments poulinières et chevaux de commerce. Le parc Boucher pour ceux de demi-luxe et pour ceux d'escadron.

Almenêches.

(Al-Menesch. — *Le monastère.*)

A l'homme de cheval, au poëte, à l'artiste, qui doivent n'être qu'un, Almenêches doit plaire. A l'artiste, il offre les restes de son beau tumulus et ceux de son antique monastère. Ses sites forestiers sont pleins de poésie. L'éleveur examine avec soin ses gazons qui savent donner toujours au cheval l'énergie et la grâce. .

On croit que les druides y eurent un collége ; mais ce qui est certain, c'est qu'Almenêches vit, dès les premiers âges chrétiens, s'élever un monastère fameux, détruit en 1789. Plus que partout ailleurs, les souvenirs équestres y abondent.

Le château des Pantouillères, aujourd'hui en ruines, était habité par la maison de La Pallu, dont la science en élevage était proverbiale. Elle y posséda plusieurs familles illustres de chevaux noirs et alezans, qui ne vivent plus que dans nos souvenirs. Une fille de cette maison, mademoiselle des Pantouillères, qui ne voulut jamais songer au mariage, consacra à l'élevage et au dressage du cheval des connaissances et une énergie que l'on chercherait vainement de nos jours. Elle montait elle-même ses chevaux, et ce ne fut qu'à elle que M. le prince de Lambesc osa confier un étalon du Haras du Pin, que nul ne pouvait approcher et qu'elle eut la gloire de réduire. On montre encore aujourd'hui, près le Haras du Pin, le champ clos où eut lieu cette lutte émouvante. — M. Neveu de Médavy éleva longtemps aux Pantouillères ; après lui ce fut M. Lavignée de Sarceaux, dont le nom a été cité à Saint-Germain de Clairefeuille.

Le manoir du Plessis, où vivaient les Beaumont, écuyers renommés. Il est aujourd'hui habité par M. Than, éleveur de l'étalon Nanterre, mais beaucoup plus connu pour la beauté de son bétail.

Le manoir de la Motte était le siége du haras des comtes de Médavy, qui en firent sortir des chevaux excellents. On y vit longtemps, comme fermiers, les Beaulavon, qui avaient, au dire de la tradition, la plus belle race du Merlerault. Ce fut, du reste, dans cette maison, qui fit le Sommerset et Zéphyr, que puisa M. Neveu lorsqu'il voulut fonder sa fameuse jumenterie de Médavy en y achetant la fille du Vieux-Renard.

Le Merlerault est aussi redevable à madame Beaulavon de la conservation d'un étalon précieux, qu'elle cacha, pendant toute la Terreur, et qu'elle parvint à soustraire à toutes les réquisitions si néfastes à la Normandie.

La ferme de Fligny rappelle la famille Grégoire, qui élève depuis longtemps avec honneur, et qui marche encore aujourd'hui sur la voie des mêmes traditions. On trouve dans cette maison plusieurs rejetons des mieux conservés de l'une des races les plus antiques et les plus pures du Merlerault.

La fameuse Camertonne, la Matador, l'Highflyer, l'Eastham, la Dangerous, la Xerxès et le fameux étalon Trimm, dont M. Grégoire possède encore les nièces et les petites-nièces, parmi lesquelles on compte Visitandine et Postulante, ainsi que le trotteur, Macdonald, sont nés dans cette maison, que sa belle race bovine classe avec plus d'éclat encore dans les réunions agricoles.

La ferme du Friche, longtemps habitée par la famille Petit, que l'on citait pour la beauté de sa race. Elle a quitté Almenêches pour Nonant, et la famille Got l'a remplacée au Friche.

Almenêches, fut le dernier asile du célèbre M. Gaillet de Boissey, dont nous parlerons en visitant cette localité, et donna le jour à plusieurs familles qui longtemps ont brillé dans l'élevage.

La maison de Fumesson, MM. du Fontenil, du Parc-Mauny, Longchamp-Mauny, Millet, Huard, la famille Biennais, qui eut une race hors ligne, connue sous le nom de la race Biennaise, et dont M. Neveu de Médavy acquit le dernier rejeton. Cette maison s'est éteinte dans la personne de M. Biennais, joaillier du premier consul et père de Mme Berger de la Seine.

Il faut visiter aussi la ferme de la Plesse, où fut établie la jumenterie de M. Neveu de Médavy, dont nous allons parler dans quelques instants.

Voici les noms des meilleurs herbages de cette commune :

Les deux grands herbages de la Quarantaine, où naquirent la Pickpocket, la Favorite et la Bachate de M. Mauny, la Dangerous de M. Grégoire, Trimm, la Xerxès, Macdonald, Visitandine et Postulante, et où furent élevés la Matador de M. Lavignée, la fille de Mignon, Iris et Magenta ; l'herbage du Plessis, le parc d'Avoust, le pré du Mont, les herbages du Fonteuil, où M. Benoist place en ce moment sa jumenterie fameuse, que nous allons voir bientôt à Coupigny ; les herbages des Pantouillères ; tous excellents dans les diverses spécialités de l'élevage. — L'herbage de la Motte, la Plesse, où M. Neveu de Médavy réunissait ses juments ; la Breulerie, l'herbage Neuf, où est né Magenta ; les deux herbages du Bois-de-Pelet, la Grande-Bigotterie, pour poulinières, chevaux de chasse et petits carrossiers. — Pour chevaux

de selle, les herbages du Friche, les Crillères-de-Pelet, la Haute-
Noë, si belle avec tous ses vallons tortueux et perdus. — L'ancien parc de l'abbaye d'Almenêches, aujourd'hui morcelé et
nommé le Grand-Jardin, était un morceau hors ligne, où l'ab-
besse autorisait à placer des chevaux de grand prix. M. Neveu
de Médavy y mit longtemps en liberté ses meilleurs étalons. — On
voyait à Almenêches, il y a quelques années, chez M. Beaulavon, une percheronne magnifique dont est issue la célèbre
trotteuse Royal-Oak, de M. Montreuil, d'Alençon.

Saint-Hippolyte.

Resserré par la rivière d'Orne, qui le baigne au midi, et la
forêt de Gouffern, qui le protége des vents du nord, Saint-Hippolyte est un lieu privilégié pour l'élevage. Ce n'est pas sans
raison qu'il fut placé sous le patronage du grand dompteur de
chevaux des temps héroïques. Nul ne saurait aussi enregistrer
de plus intéressants souvenirs.

Il fut le berceau de M. Neveu de Médavy, le plus prodigieux
éleveur des temps modernes. Il y naquit en 1760, mais à sa majorité il alla se fixer dans sa terre de Médavy, où il est mort
en 1825. Il était fils unique d'un amateur distingué, que la mort
avait pris à vingt-cinq ans, dans toute la force de sa passion
équestre. Sa mère, Mlle Jullien de la Noë, était elle-même fille de
Mlle de Fumesson, autant de noms d'éleveurs renommés. Du
côté paternel, il avait du sang des Gaillet et des Dangereux,
écuyers sans égaux. Élevé par son grand-oncle, le célèbre abbé de
la Noë, qui avait été précepteur du cardinal de Rohan-Soubise, et
qui consacrait ses dernières heures à l'éducation des siens, sa jeune
imagination avait été bercée du récit des prouesses des brillants
cavaliers de la Cour et des bouillants destriers qui piaffaient sous
leurs maîtres. Sa fortune personnelle, qui était relativement considérable pour l'époque, fut employée au service de son goût décidé
pour le cheval et n'eut, avec une inépuisable bienfaisance, d'autre
emploi que le cheval.

Une grande prudence, un penchant prononcé pour la réflexion
s'unirent à ce qu'il devait à la fortune et furent la source de ses
succès. Dans quelques instants, nous le verrons à Médavy, chef-
lieu de son élevage, et ce sera le cas alors de rappeler le souvenir des bons chevaux qu'il a faits.

Le château de Coupigny, antique demeure des d'Aumont et
des d'Aligre, vit briller M. de la Pallu, l'héritier de cette maison,
dont nous avons parlé en parcourant Almenêches. C'était un
brillant et savant officier supérieur des gardes, qui consacra une

fortune considérable à son goût pour l'élevage et l'équitation. Il avait longtemps étudié l'Angleterre et en avait rapporté les meilleures méthodes; le premier il les introduisit en France.

Sa jumenterie fut célèbre et jeta pendant longtemps un éclat que la tourmente révolutionnaire éteignit dans toute sa force. Ses chevaux, dont on se rappelle le type dans sa belle Matador, étaient tous de selle, d'une rare distinction et presque tous alezans.

Il eut pour dernière jument une très-belle Bacha, qu'il légua à ses continuateurs, MM. Benoist, qu'une circonstance heureuse a fait maîtres, dans ces dernières années, de la jument de pur sang Bathilde. De cette poulinière fameuse, ils ont obtenu une famille dont la gloire n'a point encore été surpassée : Mika, Pauline, Inkerman, Capucine, Télégraphe, Mlle de Champigny, Armagnac et surtout Fille-de-l'Air, un nom que, même au delà du détroit, on ne prononce qu'avec un sentiment de respectueuse courtoisie. — MM. Benoist possèdent aussi une race bovine justement célèbre.

Au delà de Coupigny, on trouve le logis du Marché, berceau de l'antique maison des Gaillet, chez laquelle le culte du cheval était héréditaire.

Elle se divise en plusieurs branches, qui prirent le nom de leurs terres : les Gaillet de Boissey, que nous verrons bientôt; les Gaillet-Pelet, que nous avons vus à Sainte-Colombe; les Gaillet-l'Assier, à Marmouillé, et les Gaillet de la Chaise, au château d'Almenêches.

M. Gaillet du Marché, le dernier de sa branche, eut une écurie renommée, qu'il sut rajeunir, à propos, par l'annexion de quelques types étrangers. De la fameuse Pontmesnil, qu'il avait achetée de M. Pontmesnil, de Nonant, il fit naître la fameuse Lilly, qui gagna le Grand Prix Royal à Paris, et une suite de belles poulinières, les Highflyer, les Rattler, dont sont issus la Massoud, Pégase, Boucanier, Jugurtha. Sa mort fut en tout digne d'un éleveur : il fut tué par son cheval favori (un fils de Tigris) au milieu de la foire Chandeleur d'Alençon.

Les débris de cette jumenterie sont passés, en partie, dans la maison de M. Boscher de Marçay, que nous verrons pendant le cours de notre excursion à Clairay et à Sarceaux. Cet établissement est aujourd'hui habité par M. Chauvin, qui possède Graciosa, une sœur de Nestor, issue de la race de Médavy.

Voici les noms des meilleurs herbages de cette commune :

Les Dix-Acres, les Onze-Acres, où sont nés tous les produits de Bathilde que nous venons de nommer; le Grand-Breuil, qui contenait autrefois plus de cent acres. Aujourd'hui morcelé, il est encore un des plus grands morceaux du Merlerault, comme il est des meilleurs ; le Petit-Breuil, où M. Basly élevait ses poulains de grand prix ; l'herbage du Fournel, la cour de Saint-Hippolyte, tous exquis pour toutes les spécialités de l'élevage. L'herbage de Coupigny convient parfaitement à des poulinières ; mais les herbages du Marché, bien qu'ils aient produit tous les bons chevaux dont s'honore l'élevage de M. Gaillet, leur nature, où la mollesse et l'abondance se trouvent combinées, les fait préférer pour le cheval que l'on veut vendre et pour le carrossier.

Boissey.

Cette commune fut le berceau et le théâtre des magnifiques résultats d'un éleveur fameux. M. Gaillet de Boissey passa vite, mais sa trop courte renommée n'a point de bornes. Élève brillant de l'École militaire, aux goûts héréditaires de sa famille pour les chevaux, il savait combiner la science et la pratique ; dans l'élevage du cheval de chasse, son type favori, il eut des succès prodigieux. Il fit naître Matador, Matador, dont la gloire aborda sans pâlir les noms les plus fameux. Bucéphale, l'Engageant, les frères de Matador, Adonis, Confiant, l'Arpenteur, Forestier, Janissaire, Incomparable, le Veneur et vingt autres, sortis également de sa main, furent partout acclamés, ainsi que leur sœur, la belle jument Docks, qui fut enrichir la jumenterie de M. Le Comte de Montrond.

Boissey ne possède que deux herbages cotés : le Bissonnet et les Hazés, qui conviennent à des poulinières, à de jeunes pouliches et de petits carrossiers.

Si quelque éleveur y vivait aujourd'hui, il lui faudrait, comme à M. Gaillet, chercher des auxiliaires dans quelque autre commune mieux pourvue de prairies.

Médavy.

Cet antique et noble château, ces tours, ces campaniles, ces admirables écuries, ces restes de la colossale grandeur des Médavy, des Grancey, des Tallart, ne nous disent plus rien aujourd'hui ; aucun souvenir équestre ne s'y rattache. Il n'en est pas de même de cette pelouse et de ce verger, qui marquent la place où s'élevait naguère le haras fameux de M. Neveu.

Allons, avant d'évoquer ses souvenirs, déposer une fleur sur cette tombe sous laquelle dort dans sa gloire le roi des éleveurs. Pendant toute sa carrière, il ne connut point de rivaux, et depuis quarante ans qu'il repose, nul n'a fait aussi bien qu'il faisait. Le cheval fut la vie de M. Neveu, le cheval fut son monde. Nul ne pratiquait mieux les logiques méthodes; dans le jeune poulain, nul ne savait mieux deviner le cheval. Nul, d'une main plus prodigue, ne sut mieux donner l'avoine qui fait le nerf et les riches herbages qui impriment le modèle et la grâce. Point de sacrifices dont il ne donnât l'exemple pour amener un cheval. Non content d'élever chez lui, il affermait encore les meilleurs herbages du Merlerault. Rien ne lui coûtait quand il s'agit de décider un voisin à se dessaisir de quelque type précieux faisant défaut dans sa jumenterie.

Orphelin dès le berceau, comme nous l'avons dit, en passant à Saint-Hippolyte, il commença à élever à vingt ans, c'est-à-dire en 1780. Les premiers éléments de sa jumenterie furent une admirable pouliche de la race des Beaulavon de la Motte, à Almenêches, et une poulinière fameuse, appelée la Biennaise, du nom de M. Biennais, d'Almenêches, chez lequel elle était née.

Quelques années plus tard, il acheta deux de ces belles juments anglaises de race pure, que M. le comte d'Artois avait fait courir, et sauva ainsi des gémonies ces précieuses poulinières. Plus tard encore, ce fut un autre trésor nommé la Petite-Matador, qu'il acheta de Mᵐᵉ Mercier de la Robichonne, à Lignères; puis de M. Brissot, de Marmouillé, une fille de Bacha, qui est allée, vers la fin de sa carrière, chez M. Buisson des Authieux, et enfin la vieille Cérès, qui venait de la jumenterie du Haras du Pin.

De ces poulinières d'élite sortirent ces types fameux qui s'appelèrent la Sommerset, la Lancastre, qui mourut à trente ans, après avoir donné plus de vingt poulains, hors ligne presque tous, et que, pour comble d'honneur, son maître pleura; un fils de Mignon, qui périt dans un incendie; le Borgne, qui perdit un œil à ce même incendie; le Mignon du Frettay, le Morwick, le Sterling, que montait un des fils de M. Neveu, et qui lui fut enlevé à la retraite de Leipsig; Séduisant, qui fit partie d'un convoi de quatre chevaux, achetés 52,000 livres pour la Prusse, et qui entra à lui seul pour 24,000 livres dans ce prix; Séducteur, le Petit-Matador, le jeune Hignuyer et cinq autres fils d'Highflyer, la vieille Mignonne, la seconde Mignonne, la jeune Mignonne, la Matador, la Séduisante, aussi appelée la Colonnelle, parce qu'ayant été prise à Médavy par les réquisitions, elle y revint plus vieille, après avoir monté un colonel; les jeunes Séduisantes, au nombre de trois; la Morwick, la petite Bachate, la Docteur, la Minerve, les deux Highflyères, la Rattler, la Tulipe, la Panachée, Oriental, le Renard, Tarquin, Hamilton, la fille de Lattitat; la jeune Cérès, Lattitat vieux, Lattitat jeune et Mathilde, gagnants du Prix Royal et du Prix du Roi à Paris; Léopold, Chevreuil, l'Ingénieur, Vautour, Président, Mylord, Rattler-Filly, Lisette et

une foule d'étalons et de juments de grand prix que l'étranger
venait acheter au poids de l'or.

En 1825, il mourut dans tout l'éclat de sa gloire, le seul presque
de tous les grands éleveurs qui ne fût pas ruiné. Il était cependant
généreux, bienfaisant, d'une droiture inconnue de nos jours, et,
pendant toute la tourmente révolutionnaire, il sacrifia des sommes
considérables au soutien de la bonne cause. Mais, telle était sa connaissance de l'élevage, telles furent les magnifiques ventes qu'il
opéra, celle notamment de quatre chevaux vendus 52,000 livres
pour la Prusse, que les recettes contrebalancèrent chez lui les
dépenses.

A peine eut-il fermé les yeux (Mme Neveu l'avait précédé de
trois semaines dans la tombe), aucun des siens ne pouvant as-
sumer le poids d'un tel fardeau, que sa jumenterie disparut aux
quatre coins de l'horizon sous le feu des enchères. Pendant longtemps, comme les pièces isolées d'une riche parure, on la vit
briller encore ; mais, soit que les croisements si judicieux du
premier maître n'aient plus été suivis, ou bien que les soins
n'aient plus été accordés avec la même entente, aujourd'hui,
après de nombreux changements de mains et de fréquents bro-
cantages, les caractères de cette race se sont tellement amoindris,
que, chez les quelques restes encore subsistants de cette famille,
il est assez difficile de juger la suprême beauté des aïeux.

Les étalons Bussy, Solide, Polyeucte, Quillebœuf, Été et Glorieux ; les poulinières Marca, de Mme la comtesse de Chamoy ;
Graciosa, de M. Chauvin, dont nous venons de parler à Saint-
Hippolyte ; la Sylvio, de M. Herbinière de la Mussoire ; la fille
Pickpockel, de M. Jouan, à Coustranville, dans la vallée d'Auge,
ainsi que sa Performer, sont aujourd'hui tout ce qui nous reste
de cette jumenterie. En effet, ce colossal établissement n'eut pas
de racines, et le toit si animé qui l'abrita a disparu à son tour.

M. Neveu fit courir de 1818 à 1825, époque de sa mort, et sut
s'attacher le célèbre Au_ .·   ˉᵘⁱ. dans sa jeunesse, avait monté
les chevaux du comte d'Artois. Grâce à cet habile auxiliaire, ses
succès furent considérables, et, plusieurs fois, il gagna le Grand
Prix à Paris.

Médavy a des champs et des prés magnifiques, mais l'herbage
fait défaut ; on n'en classe que deux : les Hazés et le Parc, qui
conviennent à tous les genres d'élevages. Quant au parc du
Château et l'herbage de l'Église, ils ne peuvent convenir qu'à
une poulinière.

Pourquoi se plaindrait-on de cette pénurie ? Le cheval n'est
plus là pour rien réclamer ; car des deux seuls éleveurs qui de-
meurent dans cette commune, M. Happel ne fait que le cheval de

commerce, et M. Jean Juan ne tient que les étalons de cette catégorie.

Excursion à Clairay, à O et à Sarceaux.

Non loin de Médavy, exista autrefois un établissement célèbre, aujourd'hui supprimé, comme celui dont nous venons d'esquisser les souvenirs. Il était situé à Clairay, près Mortrée, et appartenait à la maison Le Dangereux. La fortune, le goût du cheval, de longues traditions, tout se réunissait dans cette antique maison. Aussi vit-on sans étonnement, il y a près de cent vingt ans, MM. Le Dangereux, deux frères qu'une passion commune avait toujours tenus réunis, partir pour l'Angleterre et ramener, à leurs frais et risques, quatre étalons et cinq pouliches de haute race, à l'aide desquels ils voulaient apporter en Normandie un sang nouveau et de nouvelles aptitudes.

Leur essai fut heureux, on n'en saurait douter, puisque, peu d'années après, M. le prince de Lambesc, suivant leur exemple, fit venir d'Angleterre ces beaux convois d'étalons dont on garde encore le vivant souvenir.

La réputation de ces hardis amateurs grandit avec leurs succès, et la Russie, alors sans ressources chevalines, vint chez eux puiser des types améliorateurs qui furent grandement goûtés et devinrent l'origine des relations annuelles qu'ils nouèrent avec cette puissance. J'ai trouvé dans la maison de M. Neveu, que de nombreux liens unissaient à la maison Le Dangereux, tous les détails de ces relations équestres, et plusieurs personnes se souviennent même encore d'en avoir entendu retracer les divers incidents par le père Lointu, d'Almenêches, leur homme de confiance, qui, plusieurs fois, était allé jusqu'en Russie accompagner les convois.

M. le prince de Lambesc leur prit plusieurs étalons, et à l'un d'eux, comme gracieux souvenir, il voulut donner le nom de Dangereux.

Aux portes de Mortrée s'élève le magnifique château d'O, la merveille des merveilles de la Normandie féodale.

La ferme du château est habitée par la famille Happel, qui s'est créé, depuis les temps les plus reculés, une réputation méritée dans l'élevage et a fait bon nombre d'excellents étalons et les poulinières de grand ordre, telles que la Mignonne, la Vidvid, la Rattler, l'Eastham et la Sylvio.

A peu de distance, dans la direction d'Argentan, est Marcay, où habite M. Boschet, le possesseur de ce qui a survécu de la jumenterie de M. Gaillet, d'Aunou, dont nous avons parlé en visitant Saint-Hippolyte.

Plus loin, sur la gauche, on aperçoit le magnifique château de Sacy, fondé, aux premiers âges de la conquête normande, par la maison anglo-normande Hays, qui l'a gardé jusqu'en 1647. Aujourd'hui, il appartient à M. le duc d'Audiffret-Pasquier, qui s'y livre à de brillants essais agricoles.

Puis on passe sous les murs du château de Saint-Christophe, autrefois aussi aux Hays, puis au Droullin, et aujourd'hui propriété de M. Le Brun de Sessevalle.

Tout à côté, à l'entrée de la plaine d'Argentan, on trouve Saint-Loyer, où fut provisoirement placé le haras du roi, pendant le temps écoulé entre son départ du Merlerault et son installation dans le château du Pin.

Un peu à gauche est l'antique château de Sarceaux, autrefois à la maison Anzeray de Durcet et de Sarceaux. Pendant la période révolutionnaire et celle de l'Empire, y vécut M. Lavignée, éleveur renommé, qui eut le privilége de fournir, plus que nul autre, des étalons aux haras. Ses relations commerciales furent aussi d'une étendue considérable, et sa jumenterie, l'une des plus importantes de Normandie. Il élevait, comme nous l'avons vu, dans les herbages de Saint-Germain-de-Clairefeuille et dans ceux de Pantouillères, à Almenêches.

Il eut deux fils : le jeune lui succéda à Sarceaux ; l'aîné porta son élevage au Sap, où il a, en ce moment, pour successeur, M. Emeric Lavignée, possesseur de Corysandre et de Magenta.

CANTON D'EXMES.

Silly et la Pierre-Levée.

Pour revenir de cette excursion vers les contrées herbagères, il nous faut traverser quelques instants la plaine d'Argentan et franchir l'Orne à Juvigny, demeure actuelle de MM. Benoît, qui viennent récemment de quitter la ferme de Coupigny, où nous les avons vus en visitant Saint-Hippolyte. Nous foulons de nouveau le sol de ce magnifique domaine, puis, après avoir cheminé quelque temps sous les ombrages de la forêt de Gouffern, nous abordons la commune de Silly.

Silly possède plusieurs châteaux dignes de fixer l'attention. Voici ceux qui, au point de vue équestre, nous offrent un intérêt réel :

1° L'antique abbaye des prémontrés de Silly, qu'habita M. Nau. Il y eut une remarquable jumenterie, d'où il tirait ses chevaux de service, les plus élégants et les plus remarqués de Paris. Il posséda la fameuse jument arabe Seely, dont il eut Agathe, qui, à son tour, lui donna le célèbre Lattitat, vainqueur du Grand Prix Royal à Paris. Le Curé-de-Silly, cheval de course et étalon de mérite, la Rattler, comptent également au nombre de ses élèves. Sa mort fut digne d'un homme de cheval. Il fut, en revenant d'Argentan, vis-à-vis du moulin à tan, lancé de son phaéton et périt sur-le-champ.

2° Le château de la Vente fut à une maison équestre fameuse, les Jullien du Moncel, branche des Jullien de la Noë, que nous avons nommés à Saint-Hippolyte. Cette maison s'éteignit dans la personne de M. Jullien du Moncel, dernier intendant de la généralité d'Alençon.

Amateur éclairé du cheval, comme tous ses aïeux, il rendit les plus éminents services à l'élevage, et le temps n'a point encore effacé son souvenir de la contrée confiée à ses soins. Deux juments anglaises qu'il donna à M. Chambay, que nous verrons plus tard dans la plaine d'Alençon, furent la source de la prospérité de cette maison.

M. de Saint-Pierre, petit-fils de cet intendant, habite aujourd'hui le château de la Vente et s'y livre, avec un succès marqué, à l'élevage de la race durham.

3° Le château de Gouffern, bâti par M. Duval, posséda la fameuse Bathilde, que nous avons vue chez MM. Benoît, à Saint-Hippolyte, et la belle Taglioni, qui donna le jour à Gouffern et à Morok, tous deux frères et tous deux renommés dans les courses, et au bel étalon Longpré.

4° Le haras de M. Chédeville. Fondé d'abord à Godisson, où nous l'avons vu produire Palestro, il a été récemment transporté à Silly, où il possède plusieurs belles juments de race pure et l'étalon Y. Gladiator, frère d'Elpinice, de Plantagenet, de Souvenir, vainqueur du Derby, de Marjolet et de Souverain.

Voici les noms des meilleurs herbages de cette commune, plus sylvestre qu'herbagère, et dont les herbes offrent plus de tonicité que d'abondance.

La cour de la Vente, la cour Morand, la Rouzinière, la Cure, les Gazes, la Place-Neuve, pour juments poulinières. Quant aux autres morceaux, assez nombreux, où élevait M. de Colombel de Chamboy, producteur de l'étalon Néron bai, ceux qui s'approchent de l'Abbaye et ceux qui entourent le haras de M. Chédeville, on ne peut guère leur demander que le cheval de demiluxe et celui d'escadron.

Le château de la Vente fut souvent le théâtre des exploits équestres de Mlle des Pantouillères, que nous avons vue à Almenêches, et de Mme la baronne du Bourg, sa cousine, qui ne lui cédait en rien en hardiesses et en témérités. Toutes deux ont clos l'ère des grandes écuyères qui jetèrent autrefois en Normandie un si brillant éclat.

A quelques mètres seulement des deux châteaux voisins de la Vente et de Gouffern, on trouve un monument d'un autre genre, que je ne pardonnerais ni à ces chevaux, ni à ces châteaux, ni à ces belles châtelaines, bouquets évanouis, de m'avoir fait oublier en passant près de lui. C'est un peulvan superbe, nommé Pierre-Levée, ou la Pierre-des-Fées, ou la Pierre-de-Gouffern, qui se dresse sur la lisière de la forêt de Gouffern, tout au bord de la route d'Almenêches au bourg Saint-Léonard.

La science croit savoir que la forêt, au sein de laquelle se trouvait cette pierre, ne doit son nom qu'à la pierre elle-même, qui était le gnomon, le cadran solaire, la gouverne, que les druides élevèrent dans ces lieux, où ils avaient des établissements considérables, pour mesurer les saisons et le retour de leurs fêtes. Elle pouvait être une de ces aiguilles druidiques, dont parle Pline, nés du besoin de mesurer le temps au milieu des forêts.

Témoignage écrit de ces âges géants, raconte-nous l'histoire des peuples d'autrefois, leurs croyances, leurs mœurs. Déroule le tableau de vingt siècles divers de fortune et de gloire que la mort a couchés sous le même niveau?...

Le Pin.

Haras du Pin.

Nos yeux ne quittent plus ces immenses futaies, s'élevant grandioses au sommet d'un coteau et encadrant, vers le nord, une noble demeure qui s'en détache au midi. C'est le Haras du Pin, que la pensée hardie de l'immortel Colbert dévoila au grand roi. Son appel fut compris; à grands coups de génie, par ordre de Louis XIV, le haras s'éleva.

Je n'essayerai point de donner la peinture froide, décolorée et n'inspirant qu'ennui de ce beau monument que la nature et l'art, unis pour l'embellir, dotèrent à l'envi; ni des sites charmants qui se pressent sous les regards; il faut tous ses yeux pour le voir et le revoir encore. Je ne vous peindrai point ces cinq sombres allées qui s'enfoncent au loin sous l'aile des grands bois, ni ces splendides vues, ni ces belles constructions d'une si noble harmonie, semblant attendre encore la visite des rois.

La liste des princes qui ont visité le Haras du Pin serait considérable. Parmi les souverains qui l'ont honoré de leur présence, on compte Louis XV, plusieurs fois; les comtes de Pro-

vence et d'Artois, plusieurs fois; Louis XVI et Marie-Antoinette;
Napoléon Ier et Marie-Louise; le prince Eugène Beauharnais;
Madame la Dauphine; Charles X, lors de son départ pour l'exil,
suivi de Mgr le Dauphin, de Madame la Dauphine, de Madame
la duchesse de Berry, et de Mgr le duc de Bordeaux; Mgr le duc
et Madame la duchesse de Nemours; le prince Napoléon, alors
qu'il était président; Napoléon III.

Je ne dirai rien non plus de ces belles écuries, où se voyaient
naguère cent étalons fougueux, à l'œil étincelant, riches, vivants
tableaux animant ces galeries. Quand nous y entrerons, ils ne
ne nous salueront plus d'un long hennissement!...

Je ne dirai qu'un mot de sa fondation pour ne nous occuper
que de ses souvenirs équestres.

Le haras du roi avait été primitivement établi au Merlerault,
ainsi que nous l'avons dit, en visitant cette localité. La difficulté de trouver, au milieu de cette agglomération, un domaine
assez vaste pour y pratiquer l'élevage, le fit transporter d'abord
à Saint-Loyer, près d'Argentan; mais ce ne fut qu'une étape. On
songea d'abord à le placer sur le versant méridional de la colline sur laquelle s'élève la petite forêt de Gouffern, au lieu connu
sous le nom de la Butte-au-Cheval, mais la découverte des vallons et des coteaux boisés de la paroisse du Pin fixa toutes les
incertitudes.

Le Haras du Pin fut commencé, en 1714, sur une partie de la
forêt d'Exmes que l'on essarta, circonstance qui lui valut, au
début, le nom de la Haye-d'Exmes, et on l'agrandit par l'adjonc-
tion d'un domaine acheté de M. de Béchameil, marquis de Noin-
tel, conseiller d'État, dont le nom est resté célèbre dans les
fastes de la gastronomie.

En 1728, les constructions étaient terminées, et les chevaux,
qui attendaient à Saint-Loyer leur achèvement, y furent installés
vers 1730 ou 1731.

La munificence qui avait présidé à son élévation ne lui fit pas
défaut quand il s'agit de le meubler, car, en 1735, on y comptait
plus de 400 chevaux et juments.

Malheureusement, cette grande prospérité se démentit à certaines époques. Toutefois depuis sa fondation, au milieu des
nombreuses vicissitudes qu'il a subies, il n'a cessé, soit comme
haras, soit comme simple dépôt d'étalons, d'être à la tête de la
régénération chevaline de la France entière. Aussi, lors de sa
suppression, à la suite de 93, se fit-il un vide si profond qu'il
fallut, après deux ans de cruelles déceptions, rassembler les
quelques étalons que l'on put retrouver, au milieu de ses débris,
pour le reconstituer à l'état de dépôt.

Ses directeurs ont tous concouru à sa prospérité, mais plusieurs ont joui d'une telle renommée de savoir et se sont signalés par de tels services rendus au pays, que toutes les populations se plaisent encore à en retracer le souvenir.

A leur tête, on place M. de Garsault, écuyer de la grande écurie du roi, le premier directeur du Pin; puis M. le marquis de Brigges; le prince de Lambesc; M. d'Abzac et le baron de Bonneval, dont on se fera gloire de redire le nom tant que le cheval sera l'hôte aimé des vallons du Merlerault. Plusieurs autres noms, illustres dans les fastes chevalins, se rattachent également au Haras du Pin, mais comme ils vivent encore au milieu de nous, la voix publique, mieux que notre plume, sert à les désigner.

Le prince de Lambesc, Grand Écuyer et directeur général des haras, affectionnait beaucoup le Pin. Il y vécut souvent, pendant la longue durée de son gouvernement de 1755 à 1790.

Homme de cheval, homme de sentiment, généreux, grand seigneur dans toutes ses actions, il aimait le cheval et savait le faire aimer. Quand il venait au Pin, il se plaisait à laisser quelque souvenir aux personnes qui l'avaient approché, et ce souvenir était toujours quelque belle jument, quelque belle pouliche qu'on se faisait honneur de conserver toujours. C'est ainsi qu'il transformait en éleveurs ceux qui ne l'avaient souvent approché que par curiosité.

Sa pensée et sa vie furent tout entiers consacrés à l'amélioration des races. Mais on lui a reproché de n'avoir pas su résister au torrent entraînant de la mode et sacrifié trop à l'anglomanie qui déjà enfiévrait toutes les têtes. Toutefois il parvint à rassembler, dans la race anglaise, plusieurs types d'un mérite irréprochable. Le nombre s'en éleva jusqu'à quarante, et nul doute qu'il n'eût, grâce à eux, régénéré le Merlerault tout entier si la Révolution ne fût venue arrêter son essor. Il n'est pas une des belles familles, que nous y remarquons aujourd'hui, qui ne descende de l'un des membres de cette académie.

On n'a aucune donnée certaine sur les étalons du Pin, depuis l'époque de sa fondation, jusque vers 1750, sinon qu'ils étaient tous arabes, barbes, andalous ou congénères de ces trois races. Ce ne fut que sous l'administration de M. de Brigges et du prince de Lambesc que la mode et la Cour remplirent le Pin des idoles éphémères que l'élégance encensait. Ce furent d'abord les danois, à tête busquée, aimés de la du Barry, et les grands carrossiers du Nord; puis les anglais de chasse et de selle, que le goût de l'anglomanie mit plus tard en faveur.

De nos jours, on n'a pas été plus sage. Après le chaos révolutionnaire, quand il fallut reconstituer le Pin, l'éleveur n'eut plus le choix que parmi un ramassis hétéroclite de normands du Cotentin, de la plaine de Caen et de la vallée d'Auge, de prussiens, d'allemands et de mecklembourgeois.

A une autre époque, on n'a plus voulu que des chevaux de pur sang, et, par un effet de réaction subite, on les a bientôt dédaignés pour le culte exclusif du gros carrossier de la vallée d'Auge (qui ne fut souvent qu'un produit du Marais vendéen) ou du trotteur de Norfolk.

On ne saurait concevoir comment le Merlerault a pu résister à ce régime de changements à vue, et on se demande s'il n'eût pas été appelé à égaler, à surpasser même l'Angleterre, s'il eût été, comme elle, le théâtre d'un élevage intelligent, suivi, libre surtout de toute réglementation, cette manie qui embrasse tout en France et tue tout ce qu'elle touche.

Étalons.

Voici, à peu près, par ordre de dates, les noms des étalons les plus fameux de cet établissement, et auxquels se rattache tout ce que nous avons eu de précieux :

King-Pépin, l'Oiseau, Lancastre, Glorieux, le Centaure, Docteur, Sommerset, Jupiter, l'Arc-en-Ciel, Mignon, le Renard, Warwick, Matador, Volontaire, Dagout, Highflyer, Y. Morwick, Néron-Blanc, King, Oscar, Bacha, Préféré, Néron-Bai, Statesman, Streat-Lam-Lad, Favori, Fortuné, Séduisant, l'Engageant, Emilius, Camerton, Séducteur, Lattitat, Dominant, le Léger, le Jeune-Renard, Snail, Y. Rattler, Paulus, Gallipoly, Jaggard, Massoud, Vidvid, Eclatant, Mahomet, Buffalo, Tigris, Hamilton, Pretender, Railleur, Mustachio, Impérieux, Pilott, Captain-Candid, Eastham, Holbein, Lottery, Chasseur, Québec, Oscar, Marmot, Nourricier, Regretté, Rhéteur, Royal, qui mourut en saillissant pour la première fois et donna le jour à l'étalon Trotteur ; Voltaire, Vautour, Xerxès, Sylvio, Aï, Ardrossan, Dorus, Doyen, December, Diomède, Dart, Emule, Egrillard, Vaillent, Napoléon, Vampire, Dangerous, Pick-Pocket, Windcliff, Talma, Fire-Away, Glocester, Y. Emilius, Eylau, the Juggler, Mameluke, Fortuné, Faliero, Friedland, Biron, Y. Reveller, Gallion, Général, Ganymède, Henry, Homère, Hospodar, Harmonica, Honorable, Quoniam, Governor, Tipple-Cider, Performer, Impérial, Idalis, Jéricho, Jugurtha, Boléro, Beggarman, Harlequin, Royal-Oak, William, Kadmor, Kramer, Kepy, Lucain, Polecat, Merlerault, Memnon, Noteur, Nestor, Ramsay, Beggarman, Ottoman, Prince, Quimperlé, Québec, Régnier, Raphaël, Remus, Secklawy, Récollet, the Great-Western, Phœnomenon, Stocker, Wanderer, the

Repeller, Telegraph, Brocardo, Calderstone, Schamyl, Fitz-Pantaloon, Gladiator, Iago, Électrique, Éperon, Séducteur, Solide, Sandeau, Séduisant, Sultan, Volcano, Thésée, Thorigny, Troarn, Tancrède, Mastrillo, Lully, Prince-Colibry, Umber, Utreckt, Valdemar, Wladimir, Abrantès, Bussy, Bassompierre, Lanercost, Cossack, Nuncio, Faugh-a-Ballagh, Fitz-Gladiator, Conquérant, Centaure, Destin, Dictateur, Émir, Esculape, Estafette, the Flying-Dutchman, the Huntsman, Moustique, Français, Souvenir.

Le jeune Glorieux, les deux étalons connus sous le nom de jeune Highflyer, Royal, Hector, Dupleix, le Trotteur et Infortuné, dant les noms se rattachent aux meilleures généalogies, furent des étalons particuliers.

Quant à Cleveland, Y. Topper, Lucholl, Vizir, North-Star, dont le sang se trouve mêlé à tout ce que la vallée d'Auge a possédé de bon, ils faisaient partie de l'effectif du dépôt d'étalons du Bec-Hellouin.

Jumenterie.

Mais le plus beau souvenir dont le haras s'honore fut sa jumenterie où jetèrent tant d'éclat toutes ces belles poulinières, choisies avec tant de patience et de soins dans les meilleurs berceaux, longuement acclimatées à notre sol et à nos latitudes Comus-mare, Sarah, Scornfull, Éléonore, Nichab, Gypsy, Rachel, Selim-mare, Ipsara, Canvas, Evelina, Miss-Mirth, Sir-David-mare, Abjer-mare, Henrica, Fair-Forester, Poozy, Alexina, Xarifa, grand-mère d'Emilia, Worry, Chesnut-Filly, Tramp-mare, Deer, Omphaly-Filly, the Screw, Witch et Jenny.

Toutes étaient de race type et toutes ont donné de magnifiques résultats. On peut affirmer qu'elles furent les racines dont est sorti le grand arbre de la race pure qui couvre aujourd'hui toute la France de ses branches gigantesques.

Poulinières de premier ordre, étalons fameux, célébrités d'hippodrome, on trouve de tout dans cette pépinière, et plus de deux cents noms se pressent avec les mêmes droits sous notre plume. Dans l'impossibilité de les citer tous, j'écris les suivants au hasard.

Juments de race pure.

Thalie, Emélina, Galathée, Agar, Dine, Bergère, Danaé, Chloris, Frétillon, Paméla, Bérénice, Cloton, Paméla-Bis, Miss-Ann, Delphine, Chimère, Noémi, Niobé, Philomèle, Sainte-Hélène, Vesta, Clorinde, Pécora, Dame-Blanche, Fraga, Clématite, Arabelle, Brésilia, Corinne, Elvire, Loïsa, Parasolina, Syrène, Carofine, Fortification, Etincelle, Eucharis, Damophila, Victoire, Lilly, Douce, Adeline, Sylvie, Aménaïde, Amie, Epicharis, Bayadère, Juanita, Bellone, Bérésina, Belle-Poule, Hélène, Reine-de-Chypre, Victoire, Bienséance, Sapho, Discrète, Odine, Egeste, Pétronille, Cybèle, Almée, Echo, Folette, puis Bénédiction, Sylvia, Mignonne, Juliette, Lucette, Louise, Danaïde, Althea, Miranda, Dulcinée, Aménaïde, Odette, Error, Cochlea, Elfride, Honey-Moon.

J'oubliais Corysandre, à qui le nom de Belle, comme à cette maîtresse aimée du bon Henri, fut donné d'une voix. Moyens, grâce, perfection, étaient tels chez elle, qu'au jour où il la vit, tout Paris l'applaudit. Et Madame-Gibou, et Circé, et l'arabe Moïna, Belle-de-Nuit, Bathilde et Gringalette, dont les noms vivront autant que les fastes des courses. Et la belle Suavita, qui courut dans la plus brillante année dont on ait gardé le souvenir, et fut dans huit rudes combats cinq fois victorieuse.

Poulains de pur sang.

Espérance, Eylau, Paillasse, Ali-Baba, Vestris, Quine, Aden, Maryland, Porthos, Robinson, Ramsay, héros de l'hippodrome ; Y. Snail, Y. Reveller, Friedland, Amadis, Don-Quichotte, Amato, Don-Juan, Prince-Eugène, Pain-d'Epice, Biron, Richemond, Partisan, Y. Tigris, Y. Massoud, Y. Eastham, Punch, Djinn, Horace, Marengo, Lottery, Coriolan, Comminges, Emilio, Lampion, Téméraire, Kam, Quaterne, Arion, Creps, Catton, Fortuné, Sablonville, Titus, Perspicax, Paul-de-Kook, Vautrin, Light-Foot, Eliézer, Mirobolan, Sophiste, Problème, Zabulon, Sandwich, Brillia-Doro, Eugène, Emilien, Quintescence, Edouard, Mériadec, Bravo, Charlemagne, Blason, Aramis, Boléro, Béranger, Eremos, Lulli, Toison-d'Or, Prince-Colibry et le beau Mastrillo, qui vient de nous donner des fils dignes de lui.

Les demi-sang sont sans nombre, et bien que je m'accuse d'avoir été trop long dans les deux listes qui précèdent, je ne saurais omettre les noms de Calliope, Emilie, Etincelle, la Cérès, la Soubrette, Ouricka, l'Aigle, Emule, Railleur, Hersilie, la Danseuse, Oscar, Colibry, Marmot et Borisow.

Cette jumenterie eut à subir de nombreuses phases d'extensions et de réductions successives ; mais le coup mortel lui fut porté par le système du libre élevage et d'effacement de l'Etat devant les particuliers. Elle fut supprimée en août 1852.

Avec elle disparut la plus belle parure du Haras du Pin qui, déjà, avait perdu une de ses splendeurs le jour où les primes des juments poulinières, que l'on y distribuait, chaque année, à l'époque de la foire Saint-Denis, furent divisées par concours d'arrondissement. Un tiers environ de la population fut convoqué au Mesle-sur-Sarthe, un tiers à Alençon; l'autre tiers, seulement, fut conservé au Pin. Une chose, toutefois, n'a pu lui être ôtée, la suprématie de ses réunions, composées exclusivement de juments du Merlerault.

La foire de Saint-Denis, qui se tient annuellement le 9 octobre, sur les pelouses du Pin, et se composait alors de l'élite des poulains de demi-sang du département, perdit également à cette modification. Les poulains, seuls, du Merlerault et des environs y suivirent leurs mères, et bien que cette exhibition forme encore une réunion hors ligne, pour le mérite et la beauté des produits, elle n'est plus qu'une ombre de ce qu'elle fut autrefois.

De nombreuses fêtes équestres ont eu lieu sur cette pelouse: les primes de jeunes étalons, imitées de l'antique concours de la foire de la Chandeleur à Alençon, s'y tinrent pendant longues années, à l'époque des courses, ainsi que celles offertes par la Société normande aux pouliches de demi-sang. Les unes et les autres ont été supprimées.

Domaine du Pin.

Le domaine du Pin contient 1129 hectares, ainsi répartis : prés, herbages et pâtures, 748 ; — terres en labour, 85 ; — futaies et taillis, 251. — Le reste se divise en cours, jardins et bâtiments, avenues, manéges et pièces d'eau.

De nombreuses succursales d'élevage se trouvent semées çà et à, comme autant de cottages sur l'étendue de ce domaine, et offrent, par leur variété, les sites les plus délicieux et les accidents es plus imprévus :

1° La ferme du Pin, où élevait autrefois la famille Chauvin, servit plus tard au sevrage et à l'éducation première des poulains. Elle est aujourd'hui divisée en boxs, destinés à mettre en liberté les étalons de prix.

2° La Grande-Ecurie servit, dans les temps primitifs, à l'élevage, et lorsque le domaine fut converti en ferme modèle, cette annexe, confisquée par le nouveau système, obligea de placer ailleurs les juments poulinières.

3°, 4° et 5° Elles furent installées à la Couleuvre, et dans les jolis cottages des Charmettes et de Borculo, qui se cachent à l'ombre des grands bois, et rappellent nos conquêtes, dont l'action peupla le Pin des étalons pris sur l'ennemi.

6° La Bergerie était le lieu où les poulains adultes étaient enraînés pour les courses. Sa destination n'a point changé, et bien que l'Etat ne fasse plus courir, toujours quelque entraîneur public s'y est fixé, attiré par la salubrité du site, les facilités du local et la proximité de l'hippodrome.

Toutefois, il est regrettable qu'il n'y ait pas eu plus de fixité dans les retours de ces institutions, ni souvent de lendemain dans leurs promesses.

Ce serait le cas de parler ici de l'hippodrome, qui s'étend à côté de l'établissement de la Bergerie ; nous y reviendrons en faisant le classement des herbages.

Les herbages du Pin ont fait trop de chevaux précieux, de race pure, pour n'être pas classés en tête de ceux qui possèdent cette haute spécialité. Mais vainement on leur demanderait un cheval dont la taille dépassât celle d'un cheval de selle. Leur activité se porte sur les nerfs et les muscles. Les meilleurs sont les suivants : le Parquet, les Genêts, l'Isle, le Chaumoulin, le Grand-Champ, le Pin, les Grandes et les Petites-Bourdonnières, le parc Saint-Martin, le parc des Mottes, les Paddocks de Borculo et des Charmettes. — Au second plan, il faut placer le Pied-Mouillé (du haut), la Couleuvre, le Cazambier, l'herbage de Chedouït, où fut élevée Défiance ; le Pied-Mouillé (du bas), les herbages de la Belle-Entrée et de la Verrie ; le Haut-Bois, le pont du Mesnil, où l'on voit encore, jonchant le sol, les débris d'une énorme pierre druidique ; les herbages de l'Hermite.

Dans le pont du Mesnil, on a pratiqué deux bonnes pistes d'entraînement, une droite et une elliptique. La première est parfaite ; la seconde le serait également, si une petite dépression de terrain, formée par le passage d'un ruisseau, était améliorée aux abords, toujours ou trop mous ou trop durs, de ce cours d'eau.

Dans l'Hermite, il existe une bonne piste d'entraînement pour les courses à obstacles.

A la première classe, il convient d'ajouter la Petite et la Grande Vignette. Ces herbages montueux et tourmentés, où se tinrent nos premiers steeple-chases, semblent tout exprès modelés pour le spectacle émouvant qu'ils exposaient à nos yeux. Aucun incident ne se perdait dans ce cadre ; triomphe, désespoir, chutes, obstacles, défaites, retenaient suspendus dans nos cœurs les cris d'étonnement.

Les noms d'Émilius et de Multum-in-Parvo sont désormais liés au souvenir de ces belles réunions, dont ils furent l'ornement. Au troisième et dernier plan se place cette lande sans bornes, nommée la Bergerie, qui fut, en 1848, choisie pour tracer l'hippodrome et ses amples contours. On aplanit la piste, mais on ne songea nullement à l'assainir, aussi n'y peut-on courir au cheval qu'à de rares jours.

Les terres, quand il pleut, sont profondes et molles, dures comme un caillou dès que le soleil reluit. Un cheval, en un tour, perd toujours deux secondes, quatre à cinq, en deux tours, sur le temps de Chantilly, de Paris, de Caen, de Châlon-sur-Saône ou de Spa. Des vitesses, pourtant, y ont été fournies, et par les fils du Pin, combattant pour l'honneur, et par vingt autres fameux, combattant pour le prix. On n'oubliera jamais les luttes si hardies de Cérès, de Quine et d'Anthony. Wagram, Prédestinée, Aicha, Rob-Roy, Cavatine, Rosas, Premier-Août, Vautrin, Fragoletta, Rachel, Morok, Mika, Frugality, Zerline et M. d'Écoville, Duchesse et Papillon, Goëlette et Valbruant, Royal-quand-même et Light et Capucine, Maryland, Balthazar, y furent les héros de combats émouvants. Fitz-Émilius, seul, foula trois fois la piste, devenu trop fameux pour trouver un rival. L'illustre Porthos, le splendide Gédéon, franchirent également, dans un *walked over*, cette montée assassine que seuls, sans faiblir, abordent les grands cœurs. Nul hippodrome ne possède un criterium plus exact du courage, de la résistance et de la tenue d'un cheval.

Dans les luttes au trot, Parvenu, Professeur, Philosophe, Ramsay, Éclipse, Succès, Pledge, Ouvrier, Bayadère, s'y montrèrent sans égaux. La vieille Bayadère, Fridoline et Espérance y parurent aussi et s'y firent applaudir. Les steeple-chases également ont donné lieu à des luttes magnifiques sur le terrain de la Bergerie.

La pensée de réunir, dans un même tableau, les courses plates, les courses au trot et les courses d'obstacles, fit abandonner le terrain de la Grande-Vignette. La lande de la Bergerie, dont l'hippodrome n'occupe qu'un tout petit coin, se déployait trop belle, trop accidentée, trop exceptionnelle sous l'œil des tribunes, pour n'y pas établir, d'une façon permanente, une piste pour les obstacles. Des autorités ont affirmé que ce terrain est unique, et que vraiment on chercherait un lieu mieux approprié pour ces luttes.

Raphaël et Franc-Picard, qu'on nomma d'abord Babouino, y firent leurs débuts et s'y montrèrent plus tard dans toute leur splendeur, ainsi que Colonel, Y. Mastrillo, Catspaw, Wixen et Egmont. Mais aucun combat n'a offert depuis l'intérêt de cette formidable lutte, où neuf chevaux fameux déployèrent leur vigueur. Ce steeple fut marqué par la vive dispute de Stocker et de Glenlyon, qui demeura vainqueur.

Les courses du Pin ont traversé des phases bien diverses. Favorisées et considérables sous la Restauration, elles ont faibli sous le gouvernement de Juillet, et même une année (1842), si l'herbage de la Grande-Bruyère, à Nonant, ne leur eût donné asile, elles n'eussent pas eu lieu.

Théâtre habituel et géographiquement marqué des épreuves des jeunes étalons destinés à la remonte des haras, elles ont éprouvé toutes les fluctuations qui ont touché ce mode d'épreuves. Tantôt e. spectacle a été assez nombreux pour remplir trois journées, tantôt deux seulement, et même une seule quelquefois leur a été consacrée.

L'éloignement des villes, où la foule élégante veut pouvoir demander le confort nécessaire à son existence, l'absence d'un chemin de fer direct sur Paris, où la fashion aspire à rentrer le soir même pour le spectacle et ses rendez-vous, les privant d'un riche et considérable appoint, les maintiennent au rang de courses exclusivement locales.

Éleveurs principaux. — Toute maison d'élevage disparaît à côté du Haras, dont le domaine occupe une notable partie de la commune; aussi, n'a-t-on compté autrefois que la maison Chauvin à la ferme du Pin, a laquelle on doit un très-bel étalon, fils de Fortuné, acheté par M. le duc de Richelieu pour offrir à l'étranger. Aujourd'hui le seul éleveur que l'on y rencontre est M. Le Mignier des Forêts à Vieil-Urou, qui a formé sa jumenterie avec une Pickpocket, née chez M. Souchey du Merlerault et avec la Diomède et la Schamyl, de M. Chappey de Nonant. La Diomède lui a donné l'immortel étalon Noteur, Passe-Partout et Bourgeois-Gentilhomme.

La Bricquetière, ou Saint-Anastase.

La Bricquetière, autrefois nommée Saint-Anastase (le lieu des ruines), fit dans les temps reculés partie du territoire de la ville d'Exmes. Cette commune, dotée on ne peut plus richement, possède de magnifiques herbages, tendus au midi et abrités vers le nord par les grandes collines d'Exmes et par d'épais bocages.

Je ne cite que pour mémoire les deux herbages du Pied-Mouillé, que nous avons nommés dans l'énumération des herbages du Pin, ainsi que le pont du Mesnil (l'herbage à la pierre druidique et aux pistes d'entraînement), la lande de la Bergerie où se tiennent les courses. Mais, au premier ordre, se placent les trois parcs de la Bricquetière, les Rognons, la Chauvinière, les deux prés Gaudins, que leur plantureuse abondance, la douceur et l'excellente nature de leurs herbes rendent aptes à toutes les spécialités de l'élevage. Le Domaine est excellent pour des poulinière et de jolis chevaux de chasse. Le parc Condorcet, connu également sous le nom des parcs des Ventes, ne convient que pour le cheval de commerce et celui d'escadron.

En parcourant ces herbages, on était, il y a quelques années encore, frappé de rencontrer, en lignes, un grand nombre de grosses bornes de granit, plantées, à la manière des pierres druidiques, au milieu des herbes des prairies. Leur ensemble formait les trois côtés d'un ellipse, qui pouvait mesurer une demi-lieue de tour environ, et dont un côté avait disparu sous les constructions du village de Saint-Anastase (le village des ruines). Ces bornes ont peu à peu tombé sous la pioche de propriétaires ignorants, il n'en reste plus que quatre ou cinq dans l'herbage de la Chauvinière. Mais, ce qui n'a pu disparaître, c'est la planimétrie parfaite donnée au sol de cette ellipse et les courbes de terres arrêtées nettement sur le bord du coteau de la Chauvinière et de l'herbage des Rognons.

Cette espèce d'arène, située aux pieds de la ville d'Exmes, la ville toute remplie de souvenirs druidiques et phéniciens, a frappé les savants, et on n'a jamais douté que ce ne fussent les restes d'un hippodrome antique. Cette croyance a depuis été corroborée encore par la découverte de fers à cheval cannelés, dans les herbages du Saussay, situés à une demi-lieue à peine de cet hippodrome. — Ce sont ces herbages que nous avons visités en passant à Saint-Germain-de-Clairefeuille. — Puis, s'aidant de l'étymologie, et rapprochant les noms des herbages et des vergers qui se partagent aujourd'hui le sol de cette arène : les prés Gaudins, le ruisseau des Gaudins, le parc de la Bricquelière où l'on rencontre encore des restes de pavages antiques, l'Anachoron, les Rognons, la Chauvinière, — on arrivait à reconstituer toute l'économie de l'hippodrome.

Les prés Gaudins marquent le lieu où se rassemblait la jeunesse dorée de l'époque, le Jockey-Club, si l'on peut ainsi parler ; le ruisseau des Gaudins, le terme de la course, où les triomphateurs recevaient la couronne et rafraîchissaient leurs coursiers. La Chauvinière était, sans nul doute, une espèce de cour de pesage. le lieu où se tenaient les chars, les chevaux et les conducteurs (*corvinarii*). L'Anachoron (la remise), servait à resserrer les chars et loger les chevaux. Quant aux Rognons, tous s'accordent à reconnaître dans leur nom, aujourd'hui corrompu, une parenté certaine avec les dialectes antiques. On en retrouve la racine dans les langues celte, anglaise et allemande. En effet, en latin, en langage britannique, *ruere, run, running*, veulent tous dire courir. C'était là, à quelques pas de l'hippodrome moderne de la Bergerie, que se faisait la course.

Dans le parc des Boschets, situé tout à côté, et que nous verrons tout à l'heure, en visitant Gisnay, se tenait la congrégation des prêtres de Bacchus.

Gisnay.

Gisnay, ou Saint-Denis de Gisnay, était autrefois, au dire des savants, consacré à Bacchus (*Diounisis,* d'où est venu notre nom moderne de Denis).

Cette commune possède quatre habitations importantes : le vieux logis de la Hulinière à la famille La Salle ; la neuve Hulinière, à Mme La Salle ; Gisnay à M. Eugène Morand, qui a élevé quelques bons chevaux de commerce ; le Grippet à M. Roch Morand. Cette dernière habitation, qui possède la Secklawy, descendante d'Arab, et a vu naître Éclaireur, offre seule un intérêt réel au point de vue équestre.

La ferme du pont du Mesnil, occupée par M. Deforges, dont nous avons signalé le séjour et le retour à Saint-Germain-de-Clairefeuille, possède de beaux types de poulinières, que nous recommandons particulièrement à l'intérêt des amateurs.

Comme la Bricquetière, Gisnay occupe une position privilégiée. Ses herbages, tendus au midi, sont, pour la plupart, protégés au nord par une longue chaîne de collines boisées. Ils ont, du reste, une haute réputation justement acquise. M. Levesque, éleveur à Essay, que nous verrons, en parcourant le Mesle-sur-Sarthe, y forma une foule de bons chevaux, et la famille Lavignée de Sarceaux les a également recherchés. Voici les noms des meilleurs : Le parc de l'Église, le parc de la Hulinière, le Bertheries, les trois prés d'Ure, les trois cours Faucon, la Bandollière, pour toutes les spécialités de l'élevage. Le plant de la Hulinière, la vieille cour de Gisnay, la cour Morard, la cour Doffagne, les Liras pour juments poulinières et petits carrossiers. Le cheval de commerce et celui d'escadron peuvent seuls se placer dans la cour et l'herbage du pont du Mesnil, les Boschets, le Grippet, où sont nés la fille de Secklawy et Éclaireur, la cour la Salle et les herbages élevés qui l'environnent.

La Roche.

Retournons sur nos pas, pour visiter La Roche, le plus riant hameau de tout le Merlerault. Gardons-nous de céder à notre admiration pour cet Éden nouveau, qui de loin vous séduit et gagne encore quand on l'approche et qu'on veut l'étudier. Son beau panorama nous retiendrait un jour !...

Quatre habitations, toutes diverses de situation, malgré leur voisinage, la vieille et la nouvelle Verrie, Saint-Vincent et Frotté, s'y disputent les suffrages.

La vieille Verrie est l'habitation de M. le duc de Narbonne, fils du comte Emeric, qui sauva et fit revivre les restes du haras de

Nonant. Il a continué l'œuvre de son père, et son haras est, après celui de M. Cenery-Forcinal de Saint-Léonard des Parcs, le plus considérable du Merlerault.

La jeune Verrie appartient à M. Cavé, qui s'y livre à l'élevage et y a fait naître un fils du Merlerault, élevé par M. Cenery-Forcinal, et vendu par lui pour la Belgique au prix de 12,000 francs.

Frotté, bien qu'appartenant à M. le duc de Narbonne, ne rappelle aucun souvenir équestre.

Saint-Vincent est un antique manoir, ayant jadis appartenu au ligueur fameux Mallevoue de Saint-Vincent. Membre depuis longtemps du marquisat de Nonant, il a commencé vers 1815 à servir d'asile au haras de la maison de Narbonne. C'est là que M. le comte Emeric de Narbonne, fondateur de ce précieux établissement, posséda ou fit naître : la fille de Jupiter, Émilie, la Thornthone, les deux Bachates, l'Highflyer, la Camertonne, Snail, Étincelle, Lattittat, les deux Zaïres, la D.-J.-O., la Statesman, la Gallipoly, Y. Rattler, la Rattler et la Mahomet, Palmyre, les deux Léda, la fille d'Aï, Éclipse, Y. Tigris, la Cochère, Chronomètre, le fils et la fille de Performer, la Xerxès, la Sylvio, Va-de-Bon-Cœur, et tant d'autres. On doit au duc, son fils, les étalons Taconnet, Paracelse, Dardanus, Wladimir et Hérode, les filles de Phœnomenon, le Matador, le fils de Rémus, l'un des plus magnifiques chevaux de Paris, et nombre d'individualités du plus haut mérite.

La race de Saint-Vincent remonte à une haute antiquité puisqu'elle descend des belles juments de MM. Landon et Besnard, que nous avons vues à Nonant, d'Émilie et d'Étincelle, qui provenaient des types les plus nobles du Haras du Pin. Il en résultait une distinction hors ligne et un cachet de noblesse qui frappait. C'est dans cette situation qu'elle aborda l'ère néfaste de 1840, où l'engouement du gros carrossier fit entrer l'élevage dans la voie des mésalliances, dont le contre-coup pèse aujourd'hui de tout son poids sur la Normandie. Cette pratique abâtardit pour jamais nos races, et le Merlerault fut perdu sans retour. Incapable de produire, avec ses herbes vives, le grand et le gros carrossier, qui n'y reste qu'un grand cheval manqué, il ne lui demeura rien en compensation du rang suprême, dont il était descendu. Ne trouvant plus le placement de ses beaux chevaux de chasse et de selle, M. de Narbonne eut recours à un moyen héroïque. Il fut acheter, dans la vallée d'Auge, quelques-unes des plus belles pouliches carrossières qu'il y put rencontrer et les importa dans ses herbages.

Rien de bon n'est sorti de cet essai, qui ne produisit que de nombreux défauts, que ne compensèrent aucunes qualités. Tout ce qui est beau aujourd'hui à Saint-Vincent descend encore de la vieille famille que l'on eut l'heureuse pensée de conserver intacte, à côté de la moderne. Saint-Vincent est également à la tête d'une race bovine des plus précieuses et des mieux confirmées.

Peu nombreux, mais exquis se montrent les herbages de la Roche; ils sont doux et toniques et jouissent d'une réputation méritée. Ce sont : les Mollans, le parc Hesdin, le Motté, l'herbage des Pissots, l'herbage de Frotté et le Long-Champ, où fut élevé la Talma de M. le Bailly de Chambois, pour toutes les spécialités de l'élevage. Les cours de la vieille Verrie, de Saint-Vincent, de Frotté et les Brémanières, pour juments poulinières; les Métairies, pour cheval de demi-luxe et cheval d'escadron.

La Cochère.

La Cochère occupe le fond de trois vallons appointés au confluent des rivières la Dieuge et l'Ure. Les seigneurs d'Alençon y avaient créé, aux premiers temps du moyen âge, un monastère et peut-être un établissement d'élevage. De hautes collines l'enserrent de tous côtés et y entretiennent une température égale. Mais ces bois, par trop rapprochés des eaux, ne laissent qu'un espace assez limité aux herbages, dont voici les noms : le Champ, les Gués-d'Amour, où M. Vienne de Nonant eleva les nombreux étalons dont il peupla les haras de l'État; le parc des Lignerits, doucement relevé des deux côtés de l'Ure, où M. Le Clerc du Bourg fait naître et nourrit ses juments de race pure; le petit herbage de la Cochère, où M. Chappey, de Nonant, donna l'hospitalité à Chactas lorsque cet étalon, alors qu'il était poulain, se brisa l'épaule aux courses du Pin, sont aptes à toutes les spécialités de l'élevage. Rombisson, Chédouët, où fut élevée la poulinière de pur sang Défiance, Sérans, le parc de Pelet conviennent aux chevaux de chasse et de selle. Quant à la longue ligne de pâturages qui longent les bois des Pantouillères, le cheval de demi-luxe et celui d'escadron peuvent seuls s'y placer.

Exmes. — Saint-Arnoult. — Chauffour.

Nous laisserons au savant, à l'artiste la tâche, plus enviée que facile, de décrire Exmes et ses environs, de rechercher les cirques, les amphithéâtres, les thermes de cette antique colonie tyrienne et toutes les antiquités que recouvre le sol, tant de fois bouleversé, de l'Oximium des Romains.

On sait que cette cité fut un collége fameux de druides, qu'elle devint l'Oximium des Romains; qu'elle prit le nom d'Hyesmes, qu'elle a gardé jusqu'en 1793 ; qu'elle fut, dans les premiers âges de l'ère chrétienne, la patrie de saint Godegrand, fils du chef de la contrée, et depuis le berceau de la grande race équestre des Montgommery, issue peut-être du sang tyrien, qui toujours s'enflamme au contact aimé des chevaux.

On sait qu'elle fut maintes fois détruite, toujours rebâtie, et souvent changée de place. Mais en redisant toutes ses vicissitudes, nous ne serions que de maigres copistes. Tout émus de plaisir, en silence admirons !...

La vue dont on jouit d'Exmes est, dit-on, comparable à celle de Clermont, que les touristes se font une loi d'aller contempler. Nous l'embrasserons mieux du haut de ce grand tumulus, qui domine la colline sur laquelle la cité est assise, ou des versants rapides des couchis de Montchauvel.

Châteaux, manoirs, clochers, hameaux, fermes, grands bois, coteaux, vallons, herbages, vergers émaillent le tableau. On dirait un jardin qu'une main savante s'est complue à varier. Descendons, en suivant la pente des vallées, et notons en passant les herbages nombreux qui conviennent aux chevaux.

On trouve à une petite demi-lieue, du côté du nord, le château des Fangeayes, autrefois à la maison de Maurey, qui prétend descendre d'une famille de Maures échappée aux victoires de Charles-Martel. M. de Tilly, ancien officier des haras, l'habitait naguère et y est mort.

Au fond de la vallée se cache l'antique château de Saint-Arnoult, demeure de la maison de Canisy, qui y entretenait un haras renommé. Les souvenirs équestres y abondent et la tradition veut que ce soit de là que partit la mode de raser les chevaux. La Révolution arrêta en France son essor, mais goûtée en Angleterre, elle nous est revenue toute-puissante sous le pavillon anglais. Plus tard, M. Le Riche, cavalier, homme de cheval, y a longtemps conservé les belles pratiques de la grande équitation.

Tout près de lui, mais en se rapprochant d'Exmes, on trouve le vieux manoir de la Gloudière ; puis, au sud de la montagne, celui de la Bacoë, tous deux à la maison de Guerpel.

Plus au sud encore, dans la direction du Haras du Pin, le logis de Montchauvel, domaine également de la maison de Guerpel, et les ruines de l'église de Chauffour, dont le territoire faisait autrefois partie de la ville d'Exmes et recélait les thermes et les étuves.

Un éleveur, disparu depuis longtemps, M. Morin, vivait à Exmes, et y posséda plusieurs rejetons de la race fameuse de M. l'abbé des Mares, curé de Montmarcé. Les réquisitions de 1815 les lui enlevèrent. Une seule jument lui restait, la vieille Matador ; elle fut tuée par un étalon du Haras du Pin.

M. W. Bains, ancien entraîneur, s'est retiré à Exmes et y fait naître quelques poulains de race pure. M. Hylaire Despres y élève quelques chevaux, mais ils appartiennent au-demi-luxe.

Voici les noms des herbages les plus renommés de cette commune :

Au premier rang, et aptes à toutes les spécialités de l'élevage, les trois grands parcs de Villeneuve, sur l'emplacement qu'occupèrent la seconde ou la troisième ville d'Exmes ; MM. Nau et de Moloré y ont successivement possédé ou fait naître Scety, Agathe, Lattitat, la Rattler, Ida, Belle-de-Nuit, Ventre-Saint-Gris, Fumée, Jarnicoton ; l'herbage de Chauffour, dont jouit autrefois M. Neveu de Médavy, et aujourd'hui M. Nugues, éleveur de la plaine d'Argentan ; les cinq herbages de Montchauvel (la Cour, le parc Boucher, etc.), où élevèrent successivement MM. Neveu de Médavy, Deshayes de la Grimonnière, et Le Cœur d'Echauffour ; les Fauveaux, situés, comme tous ceux qui précèdent, sur le territoire de Chauffour ; — ces herbages rappellent de curieux souvenirs, car ils occupent la place des anciens thermes de la vieille cité oximienne ; — les deux herbages de la Vigne, où l'on croit reconnaître les traces d'un antique amphithéâtre ; le parc Fleury. — Pour juments poulinières : le bas des couchis de Montchauvel, où l'on voit encore les restes d'un amphithéâtre avec ses gradins circulaires et sa scène suspendue aux flancs du coteau ; les herbages de Saint-Arnoult, pour petits chevaux d'attelage, de chasse et d'escadron.

Courgeron.

Courgeron, dont on croit le nom dérivé de deux mots grecs voulant dire l'Asile des Vieillards, occupe un site délicieux. On remarqua, du reste, dans tous les temps et on remarque encore aujourd'hui l'étonnante longévité des personnes qui l'habitent.

On y trouve les restes d'un délicieux manoir, souvent visité par nos rois et nos princes quand ils venaient au Pin. On y admirait, il y a quelques années encore, un salon tout rempli de souvenirs, et une cheminée, chef-d'œuvre de la Renaissance.

Ses herbages, où élevait M. Ferrières, sont étendus et toniques, mais la nature de leur sol ne leur permet de nourrir que le cheval de selle.

On aperçoit de Courgeron le château du Bourg, l'un des plus beaux de Normandie, autrefois à l'antique maison du Barquet, puis aux Hays, que nous avons vus à Sacy, lors de notre excursion à Clairay. Il fut ensuite acquis par la couronne et rebâti pour servir au roi de rendez-vous de chasse. Passé dans la maison de Cromot, en échange des terrains qu'elle possédait dans le parc de Versailles, puis vendu à M. le marquis de Tamisier, qui s'y livra à l'élevage, puis à M. le comte de Tourdonnet, il est aujourd'hui la propriété de M. le marquis de Chasseloup-Laubat.

M. Le Clerc, dont nous avons parlé en visitant la Cochère, possède au Bourg une jumenterie de race pure, dont est sortie la poulinière Décembre, auteur de la jumenterie de M. Monnier de Montmarcé et l'étalon Pédilekos.

Champeaubert.

On y trouve un joli château moderne, bâti par M. le vicomte du Mesnil, et un antique manoir, autrefois habité par la maison du Bouillonney, qui le posséda pendant plusieurs siècles. Il est aujourd'hui le centre de l'élevage de M. Decaux, possesseur de quelques juments de demi-sang.

Le sol est tonique, mais peu abondant. Les herbages, peu nombreux, y semblent spéciaux pour le cheval de selle et le hunter énergique; voici les noms des meilleurs : l'herbage du Vieux-Champeaubert, où élève M. Le Minier des Forêts et où sont nés l'immortel Noteur, Passe-partout et Bourgeois-Gentilhomme; les cours du Vieux et du Nouveau-Champeaubert.

Villebadin.

Cette commune possède un antique château habité par la maison de Flers. M. le marquis de Flers, père du propriétaire actuel, s'y livra à l'élevage et fit naître plusieurs chevaux de mérite, parmi lesquels on compte la fille de Massoud, mère de Pledge, que nous avons vue chez M. Vienne, à Nonant; la Mameluke, vendue à M. Chappey, de Nonant, et la Phaétonne, vendue à M. Ragon, dont le nom reviendra lors de notre visite à la contrée du Mesle-sur-Sarthe.

Le sol est abondant et doux, et plusieurs bons herbages s'y rencontrent : la cour Pichon, le parc Cally, les petits prés d'Avernes, pour toutes les spécialités de l'élevage; les grands prés d'Avernes, pour juments poulinières et petits carrossiers; la cour de Villebadin, pour juments poulinières. Quant au petit parc Cally, au parc de Cacvay, à l'herbage de l'Église, à la Billanderie et au parc Brûlé, leurs âpres gazons ne peuvent s'élever au-dessus du cheval de demi-luxe et du cheval d'escadron.

Il existe dans cette commune une curiosité naturelle depuis longtemps célèbre, la fontaine de Saint-Laurent, située au village de Barges, et dont les propriétés curatives attirent un nombre considérable de visiteurs.

Argentelle.

On y admire un antique et curieux manoir qui dut être la maison de plaisance de quelque gouverneur de la ville d'Exmes. Il recèle un objet d'art, dont le dessin enrichit l'album de tous les touristes et de tous les amateurs, un lit de justice dû à l'inimitable ciseau du moyen âge et d'une conservation parfaite.

Autour de ce manoir s'étendent plusieurs herbages que leur richesse place au premier rang parmi les meilleurs du Merlerault : le grand parc et la cour d'Argentelle (où éleva autrefois M. Neveu de Médavy et aujourd'hui M. Happel la Chesnaye de Mortrée), le petit parc d'Argentelle, sont les plus riches fonds qu'un cheval, même de premier ordre, puisse jamais ambitionner.

Avernes et Ommeel.

Avernes n'élève point et consacre entièrement au bétail son grand parc, qui serait excellent pour juments poulinières et petits carrossiers. Jamais, non plus, à Ommeel, le cheval ne partage avec les espèces bovines le parc de Saint-Martin et le parc du Pont, dont le mérite pourrait pleinement répondre à toutes les exigences du meilleur élevage.

Excursion à Guéprey, à Magny et à Saint-Lambert.

A quelques lieues d'Avernes, en suivant la route qui mène à Falaise, on trouve le haras de Guéprey, situé à la porte du gros bourg de Trun. Possédé, avant 1789, par la maison de Caulaincourt, on lui attribuait une haute antiquité. Il n'en pouvait être autrement ; la baronnie de Trun jouissant, en vertu des chartes de nos ducs de Normandie, du privilége de faire paître, par ses juments, les marais de Corbon dans la vallée d'Auge. Il dut résulter de cet usage le besoin de posséder à Trun plusieurs étalons our le service de cette nombreuse agglomération des poulinières.

Lorsque la Révolution éclata, le haras de Guéprey possédait le fameux étalon Centaure, nommé au Haras du Pin, et une trentaine de juments remarquables. Les patriotes et les réquisitionnaires, partis de Trun, fondirent sur le haras, qui fut pillé et dispersé. Au dire de la tradition, cette horde, fidèle au cri poussé « Pas d'enfants, » perça à coups de baïonnettes les petits poulains qui voulaient suivre leurs mères.

Guéprey est aujourd'hui habité par M. Alexandre Gaume, homme de cheval et écrivain distingué.

Trun a été, il y a quelques années, le théâtre d'un néfaste événement. Huit étalons du Pin, se dirigeant vers les stations de la vallée d'Auge, furent brûlés vifs dans une auberge qui prit feu soudainement. Telle fut la fin de Voltaire, de Volcano, de Nestor, de Léandre, de Volontaire et autres reproducteurs de grand prix.

Tout près de Trun, en revenant vers le Haras du Pin, on rencontre le manoir de Magny, situé dans la commune de Tournay. C'est là que M. Charles Tiercelin, un tout jeune homme, déjà consommé dans la science du cheval, a fait naître et élevé Fridoline, Bayadère, Figaro, etc. Ces grands noms de trotteurs qui font la gloire et l'orgueil de nos hippodromes. A côté de Magny, dans la commune de Saint-Lambert, est le haras de Quantité, fondé par M. Adolphe Simon (arrière-petit-fils du fondateur du haras de Deux-Ponts, l'un des plus magnifiques établissements qu'ait possédé l'Europe). Grâce à cette création, longtemps et impatiemment réclamée, la plaine d'Argentan et celle de Trun voient revivre aujourd'hui une race, que la Révolution avait trouvée prospère, et que l'absence d'étalons avait complétement déclassée.

Ce haras occupe 7 à 8 étalons, choisis avec art dans les meilleurs types du demi-sang de chasse, du carrossier léger et du trait amélioré, offrant toujours, comme allures, comme famille et comme conformation des modèles de parfaits producteurs, un frère de Noteur, (Bourgeois-Gentilhomme), un fils d'Hospodar, un fils de Kepy, un fils du fameux Farmer's Glory de Mme la comtesse de Chamoy, Dagobert le lauréat de tous les concours, etc., etc.

Au retour, nous passons à Chambois, dont nous admirons le donjon, l'un des plus curieux spécimens de l'époque de transition du roman et de l'art gothique.

C'est là qu'élevait M. de Colombel, cité à Silly, et que naquit l'étalon Néron bai.

MM. Le Bailly, Marais, Boutigny, sont les seuls éleveurs classés que possède aujourd'hui les environs de Chambois, et parmi leurs herbages, si quelque bon morceau s'offre aux juments poulinières, l'universalité ne s'élève guère au-dessus du cheval de demi-luxe et d'escadron. M. Le Bailly y possède une poulinière fameuse, la Talma, dont tous les produits furent étalons, mais il la nourrissait à La Cochère, près le Haras du Pin.

Sur la gauche de Chambois, les grandes et belles montagnes qui dominent toute la contrée sont la limite qui, comme un ur gigantesque, la séparent de la vallée d'Auge. Ces montagnes recèlent sur leurs flancs, du côté du midi, plusieurs communes, dont les herbages accidentés ont été fameux du temps de la prospérité de Trun et le redeviendraient encore si l'élevage du cheval de grand luxe n'en avait complétement disparu. Ce sont celles d'Ecorches, berceau de l'antique maison de ce nom, et du chevalier de Chazot, qui s'éleva, sous le grand Frédéric de Prusse, à la dignité de feld-maréchal.— Saint-Léger-des-Arrassis, dont le dernier curé fut le fameux abbé Jullien de La Noë, l'auteur de deux éducations bien diverses. Dans sa jeunesse, il avait été le précepteur du cardinal de Rohan-Soubise, et, dans sa vieillesse, il fit le premier homme de cheval des temps modernes. (Voir Saint-Hyppolyte et Silly.) — Coudehard et Montormel où vécurent deux antiques maisons d'éleveurs, les Paton et les Routier, et où naquit le fameux étalon le Léger.

Chemin faisant, nous repassons à Avernes, cité plus haut, et nous reprenons à Courmesnil le cours de nos observations.

Courmesnil.

Courmesnil possède un château, jadis habité par la maison de Bernard, qui n'a laissé aucuns souvenirs équestres, et un parc d'une étendue considérable et d'un mérite réel. Tous les élevages y prospéreraient, mais ils en sont proscrits.

Dans la même commune, autour du vieux manoir de la Morlière, on trouve plusieurs herbages assez étendus, mais maigres et brûlants. M. Bazière de Loucey, près Argentan, y élevait une race de juments de selle, pleines de distinction et d'énergie. Il y fit naître la Bachate, la D. I. O, vendue à M. Berthaume Lavigne du Merlerault, la Rattler, la Lottery, qui a formé la race de M. Esnault de Marchemaisons, au Mesle-sur-Sarthe, et le fameux étalon Hospodar.

M. Charlotte Férault, père de celui que nous avons vu à Saint-Germain de-Clairefeuille, et que nous allons revoir bientôt, à Croisilles, fonda à Courmesnil cette délicieuse race de poulinières, dont son fils, au prix de mille soins, a fait l'une des premières du Merlerault.

Croisilles.

Croisilles possède un antique manoir, nommé les Lignerits, où vécut autrefois la maison de Maurey et où habite aujourd'hui M. Charlotte Férault, dont le nom a été cité à Saint-Germain-de-Clairefeuille, où il conserve encore le fameux parc de la Boutonnière.

On y voit aussi la ferme des Londes, où une famille d'antiques éleveurs, les Maurey, posséda longtemps une race de chevaux renommés.

Les herbages de Croisilles sont, en général, un peu secs, un peu âpres, mais toniques et de bonne nature. Pour de jeunes étalons il a les prés Collin-le-Roux. Les cours du Bouillonney, des Liguerits et des Landes, le parc au Chien, le Biot, pour juments poulinières et petits carrossiers. Le parc du Hantier, le parc au Goust, la Chupinière, les prés de Saint-Germain, les herbages Pont-Mesnil et ceux des Lignerits sont pour le cheval de chasse et celui d'escadron.

Coulmer.

Coulmer a plusieurs belles habitations, celle de M. Morand, celle de M. Gougeul, et la Corvée ; mais aucune ne rappelle de souvenirs équestres.

La famille des Langlais y brilla dans l'élevage et produisit des chevaux de haut mérite, témoin la belle Mila de M. de La Genevraye. Elle a cessé complétement d'élever aujourd'hui et aucun de ses membres ne se livre à cette industrie. Ses juments ont été dispersées et deux d'entre elles ont anobli le stud de MM. Hubert et Godichon de Cohon, dans la plaine d'Alençon.

Coulmer cependant a des fonds de premier ordre et serait en mesure de faire de beaux étalons, d'excellents carrossiers et de donner de la taille et du cœur. C'est en vain qu'on en chercherait un seul, depuis la Brasserie, les Riviers, les Boulardières, l'Aumône, la Corvée, qui tiennent le premier rang, jusqu'à ceux qu'on place en second ordre. Les hommes, les chevaux, tout est mort aujourd'hui.

Orgères.

Orgères fut le berceau de la famille Le Conte, que nous avons vue aux Authieux, à Montrond et à Neuville, la dernière survivante des colossales maisons d'éleveurs qui couvraient le Merlerault, avant 1793. Bien que les détails généalogiques n'aient point entrée dans cette revue, la célébrité de cette maison m'autorise à rappeler qu'elle a une commune origine avec les puissants marquis de Nonant, dont le nom était Le Conte et dont un rameau était fixé à Orgères.

Orgères vit naître aussi, il y a soixante-quinze ans à peine, M. de La Rocque, l'éleveur le plus éclairé de son temps dans toutes les pratiques du croisement et de l'élevage, et celui dont le coup d'œil fut le plus sûr pour juger un cheval.

Nous l'avons vu à l'œuvre, à Echauffour, au Merlerault, à Nonant, et l'on a toujours regretté, pour les progrès de la race chevaline, qu'un tel ouvrier n'ait pas étendu ses travaux sur une plus vaste échelle.

M. Deforges, que nous avons vu à Saint-Germain-de-Claire-feuille et à Gisnay, naquit et débuta à Orgères. Sa maison du Tremblay, veuve de chevaux aujourd'hui, est devenue un pavillon de plaisance et de villégiature, offert aux touristes par M. Le Bas, de l'hôtel de Lille et d'Albion, à Paris.

M. Langlais est, en ce moment, le seul éleveur que possède cette commune, dont les bons herbages sont complétement livrés au bétail, bien qu'ils soient aptes à toutes les spécialités de l'élevage chevalin.

Le parc de la Place, le parc de l'Isle, le parc du Choisel, les excellents pâturages qui entourent les habitations de M. Tessier et de M. Langlais.

Les princes de Matignon-Gacé y élevaient une partie des produits de leur haras fameux de Thorigny et, depuis eux, M. le marquis de Roncherolles, qui possédait la magnifique jument Arabe (citée à Champhaut), dont descendirent les deux Massoud, de M. Constant Daupeley, d'Echauffour, et l'Impérieuse, mère de l'étalon Trotteur.

Depuis que nous avons quitté Argentelle, nous avons traversé, sans les nommer, ou ne les citant que pour mémoire seulement, plus de quinze communes, où jadis l'élevage fut pratiqué avec succès et honneur. Le cheval ne les anime plus aujourd'hui. L'engraissement des bœufs ou l'industrie des vaches laitières, d'un profit plus sûr et plus considérable, ont pris la place du bel animal dont l'aléa est devenu un épouvantail pour un grand nombre de familles.

Aujourd'hui tout y est mort, les hommes et les chevaux. Le silence et l'oubli les entourent.

Vous qu'attend tôt ou tard, même fin, même sort, chevaux du Merlerault donnez-leur une larme. Lorsque de votre fin la cause aura grandi, puisse une voix, se mêlant à de longs cris d'alarme, redire sur vos tombes : Dormez, amis, dormez en paix, sans crainte de l'oubli !...

DEUXIÈME PARTIE

LA PLAINE D'ALENÇON

ASPECT GÉNÉRAL, DIVISION GÉOGRAPHIQUE, NATURE DU SOL

La plaine d'Alençon, la vallée qu'on appelle le Mesle ou Mesle-sur-Sarthe, sont merveilleusement placées, comme deux sentinelles, aux côtés du Merlerault pour guider l'étranger vers l'Éden du cheval.

De tout temps on a, sous le nom de plaine d'Alençon, désigné l'espace, d'un aspect assez plat, compris, du levant au couchant, entre le Mesnil-Broust et la ville d'Alençon, et, du midi au nord, depuis Montigny jusques vers Vingt-Hanaps et les bois du Perron.

Jetée sur les deux rives de la Sarthe, cette plaine, à droite, appartient au département de l'Orne (arrondissement d'Alençon); à gauche, à celui de la Sarthe (arrondissement de Mamers).

Ce n'est qu'un tout petit coin de terre, de très-peu d'étendue, qu'en deux jours, en tout sens, on pourrait visiter. Dix-huit communes, réparties entre quatre cantons, forment tout son territoire. Voyons-les sommairement et d'ensemble, pour plus tard les étudier par ordre, et sans perte de temps.

Le canton est d'Alençon contient dix communes : Alençon, Cerisay, Courteilles, Congé, Valframbert, Semallé, Larré, Vingt-Hanaps, Forges et Radon.

Trois relèvent du canton du Mesle-sur-Sarthe : Hauterive, le Mesnil-Erreux et Neuilly-le-Bisson.

Le département de la Sarthe en a cinq, classées dans deux cantons :

Canton de la Fresnaye : Chassé, Montigny et Chenay.

Canton de Saint-Paterne : Saint-Paterne et le Chevain.

Il rappelle, en sa forme, un triangle aux côtés presque égaux, dont le sommet serait la ville d'Alençon. Sa base est une parallèle à la rivière de Vesonne, menée de Montigny aux landes du Perron.

Un des côtés s'étend sous les coteaux abruptes de la forêt d'E-couvres ; un autre est abrité par la forêt de Bourse ; et la grande muraille verte, formée par la forêt de Perseigne, indique l'autre côté.

La Sarthe, grande et belle, y forme une vallée large, en pente très-douce, inclinée mollement. Tantôt elle se penche vers le Maine, tantôt elle revient vers la Normandie, qu'elle semble vouloir ne quitter qu'à regret. Sept cours d'eau, vers le nord, venus de Normandie, le Pont-de-Pierre, le Londeau, le Sortoir, la Bèze, le Larré, y forment cinq vallons. La Vesonne, grossie de la Vende et des Rigoux, borne tout le côté de l'est. Au midi, le Sarthon naît et coule dans le Maine.

Tous ces divers cours d'eau, affluents de la Sarthe, en diffèrent complétement. On les suit se tordant en d'étroites coulées, arrachées à la plaine, et très-peu de grands parcs se rencontrent sur leurs bords.

La Sarthe absorbe tout, et c'est sur ses deux rives, formées d'alluvions, qu'il faut aller chercher un herbage abondant. Ces luxuriantes herbes n'y sont, il est vrai, ni toniques, ni vives, mais elles savent, pour la mode, bâtir de puissants carrossiers et de gros étalons.

Dans la plaine, au contraire, et le pays du Maine, que partout ne recouvre qu'un calcaire sableux, un bon cheval de selle sort de chaque herbage ; énergique et léger, il a de la tenue, et, dans ses vastes poumons, l'air circule librement.

ROUTES ET CHEMINS.

Quatre grandes artères, allant d'Alençon à Sées, Caen, Nonant et Rouen ; au Merlerault et à Courtomer ; au Mesle-sur-Sarthe, Mortagne et Paris ; à la Fresnaye et à Mamers, coupent la plaine en éventail. Quatre à cinq autres, plus petites, traversant les premières, la parcourent en tout sens et permettent de pénétrer dans toutes ses parties.

La ligne ferrée, de Mézidon au Mans, y court du nord au midi, pendant quatre lieues et y possède deux stations : Vingt-Hanaps et Alençon.

HISTORIQUE DE LA RACE.

Les chevaux d'Alençon, depuis longtemps célèbres, luttent d'antiquité avec ceux du Merlerault. L'origine s'en perd dans le même nuage que celle de leurs premiers maîtres, les Talvas et les Montgomery, ces races homériques qui possédèrent Alençon,

Bellesme, Argentan, Exmes, le Merlerault, Sées, le Mesle-sur-Sarthe, Trun, Domfront, et presque toute la basse Normandie.

Les brillants Valois, qui vinrent après eux, poussèrent au plus haut degré le culte du cheval, et se plurent à le cultiver dans la contrée qu'ils affectionnaient.

Le duc de Wurtemberg, seigneur engagiste d'Alençon sous le règne de Henri IV, fut tellement frappé de la beauté de la race, qu'il rétablit le haras ducal, tombé avec la maison de Valois.

Après lui, le haras disparut à son tour ; mais, grâce à plusieurs familles de gardes-étalons, dont les noms sont restés, la dégénérescence ne vint point y imprimer ses stigmates. Les Chambay, les Vienne, les Godichon, de père en fils, toujours hommes de cheval, surent amener, sans encombre, la race d'Alençon jusqu'au jour de la réorganisation des haras ; et, à chaque âge, la plier aux usages du temps. La mort a depuis longues années frappé la première de ces maisons, mais les autres vivent toujours, et les bons étalons qu'elles font chaque année sont, pour ce pays, de pratiques leçons.

N'oublions surtout de rappeler le zèle et la protection éclairée du dernier des intendants d'Alençon, M. Jullien du Moncel. Issu d'une famille équestre, dont le nom a été prononcé en passant à Saint-Hippolyte, à Silly, et lors de notre excursion à Guéprey, près le Haras du Pin, il fut homme de cheval dans toute l'acception du mot, et se plut à encourager les éleveurs et à guider leurs essais.

Partie comprise dans le département de l'Orne

CANTON EST D'ALENÇON.

Ville d'Alençon.

Je ne ferai point l'historique d'Alençon, ni n'essayerai la peinture des divers monuments qui le recommandent à la curiosité, ni des imposantes ruines du château de ses ducs. Mais nous nous arrêterons devant cette vieille maison, cachée derrière l'église Notre-Dame. Souvent visitée par le bon Henri, elle fut le théâtre de l'un des épisodes les plus curieux de sa vie galante et aventureuse, l'histoire de la dinde et du savetier.

La ville d'Alençon possède un dépôt de remonte, où l'élevage de l'Orne trouve chaque jour appui et débouchés. Au temps où l'administration de la guerre avait des étalons, le célèbre Hercule y fit la monte et y a laissé des enfants, peu nombreux, mais tous dignes de lui.

Une foire fameuse, l'une des plus considérables de France, s'y
ient chaque année, à l'époque de la Chandeleur, dont elle a pris
e nom. Elle commence le 29 janvier, dans les écuries, pour se
rolonger jusqu'au 4 février. Cette réunion, la plus importante de
Normandie, offre un assemblage nombreux et choisi d'attelages
nglais, allemands et normands du Merlerault et de la plaine de
aen ; de chevaux normands de remonte, à deux fins et de poste ;
e chevaux entiers du Perche et de la Bretagne pour le trait léger,
a poste et le gros trait. Rendez-vous du commerce de Paris et
e tous les marchands de France et même de l'étranger. Durée :
uinze jours, mais huit seulement pour les chevaux. Champ de
ire magnifique, pour sa situation, son étendue et sa sécu-
té.

A cette foire se rattachait autrefois un concours d'étalons où
a prime servait, pour ainsi dire, de criterium pour l'admission
es lauréats dans les établissements de l'État. Elle jouissait d'une
nmense réputation, et la présence des nombreux étrangers qui
enaient y acheter rehaussait encore la splendeur de la réunion.

Ce concours, supprimé depuis longtemps, a été remplacé par
n concours de poulinières qui se tient du 7 au 8 octobre, et
omprend toute la plaine d'Alençon.

Un marchand de chevaux, M. Charles Montreuil, a, dans
lençon, une écurie d'une haute importance. On y trouve des
ttelages anglais, allemands et normands, et deux succursales,
tablies l'une à Rouen et l'autre à Laval, lui permettent d'é-
ndre au loin ses relations.

On vit longtemps à Alençon un jockey dont la jeunesse avait
é marquée par plus d'un succès, en montant les chevaux de
. de la Rocque, cet éleveur que, plus d'une fois, nous avons ren-
ontré en parcourant le Merlerault.

Plus tard, Louis Saillard se livra exclusivement à l'entraîne-
ent des trotteurs, et ce fut lui qui montait le fameux Wind-
iffe lors de sa splendeur.

Il possédait une précieuse poulinière, de race anglaise, qu'il
ourrissait dans les herbages de M. Le Conte, à Montrond, et
ont il obtint deux étalons de mérite, l'un par Kenilworth, l'autre
ar Infortuné, et une très-belle pouliche, par The-Repeller,
ndue à M. Louis Godichon, du Mesnil-Erreux. La mère a été
ndue à M. Rocher de Colombiers, qui a, de cette façon, annobli
n écurie, et a, cette année, vendu l'un des meilleurs étalons de
remonte des haras.

Dans le sein même de la ville d'Alençon, l'hôtel de la Pyra-
ide possède une cour excellente, et la ferme de la Fuie, un her-
age parfait, où se peuvent mettre des juments poulinières. Plus

loin, on rencontre l'herbage de Guéramé. Couché sur les bords de la Sarthe, sans abri contre les vents, son abondance ne saurait contrebalancer cet inconvénient, et il est impropre à des chevaux de prix.

Aux portes d'Alençon, on a vu naître le bel étalon Homère, le bon Faliéro, le fameux Franc-Picard, connu, lors de ses premières courses, sous le nom de Babouino. Incompris d'abord, refusé par les haras, puis castré, il fut, comme l'immortel Godolphin (que la mode de la castration, peu puissante alors, oublia heureusement), réduit à l'ignoble condition du louage. Il était captif entre les deux vulgaires brancards d'un cabriolet mylord, lorsqu'il fut reconnu et acheté par celui auquel il gagna près de 400,000 fr.

Lonray.

Lonray, située à une lieue et demie à l'ouest d'Alençon, est une des plus nobles et des plus splendides demeures de France. Elle fut bâtie, il y a plus de six siècles, par lès Neuilly, bâtards et écuyers des seigneurs d'Alençon. De leurs mains, elle passa dans celles des Silly, autres écuyers fameux, puis aux princes de Goyon-Matignon, plus célèbres encore, puis aux Montmorency.

Il y a quelques années, M. de Séraincourt y avait fondé un haras remarquable par le nombre et la variété des types réunis dans son parc comme en un immense jardin zoologique. Plusieurs magnifiques poulinières, toutes appartenant à la race pure, en faisaient l'ornement. Leur réunion fut de courte durée, et bientôt on eut le chagrin de les voir dispersées. Une vacherie et une culture modèles eurent le même sort. On m'assure qu'en ce moment une autre main est en voie de les reconstituer avec la même splendeur.

Près de Lonray, on trouve une bonne maison d'élevage, celle de M. LeConte, qui possède deux poulinières magnifiques, la fille de Paradis et la fille de Schamyl.

Valframbert.

On y trouve en bon nombre châteaux et habitations, à la tête desquels se place celui de Serceaux, avec sa culture modèle. Mais nous ne nous arrêterons qu'à la Guérivière, dont le nom seul réveille des souvenirs équestres.

Elle fut habitée par la famille Chambay, qui tint, pendant plus d'un siècle, le sceptre de l'élevage de la plaine d'Alençon, et dota les haras de nombreux étalons.

Cette jumenterie, dans laquelle on remarqua une fille de l'Arc-en-Ciel, une Y.-Morwick, une Highflyer, une Mercure, appartenaît exclusivement à l'espèce de selle et de chasse, la seule que puissent nourrir ses pâturages, dont les meilleurs sont le grand pré de la Guérivière, celui du Jardin et celui de la Fosse-ès-Vas. Le bel étalon Mercure y est né et y fut élevé.

M. Aguinet, que nous avons vu dans le Merlerault, près de Moulins-la-Marche, lors de notre excursion à Falendre, éleva quelque temps à la ferme de la Dormie, commune de Valframbert.

Radon.

Cette commune, située aux pieds de la forêt d'Écouvres, possédait, il y a peu d'années encore, l'antique château d'Avoises, au merveilleux donjon, du haut duquel se précipita une vertueuse châtelaine pour échapper aux poursuites d'un des sires d'Alençon.

La terre d'Avoises était, dans les temps reculés, cultivée par la famille Chambay, que nous venons de voir à Valframbert. Investie des fonctions de garde-étalons, elle quitta ce domaine, dont les maigres pâturages ne convenaient guère qu'au cheval léger, et acheta, vers 1780, la terre de la Guérivière, où elle se fixa définitivement.

Forges.

Forges a un joli château sans souvenirs équestres, et il ne peut nous fournir que quelques minces herbages, se glissant, çà et là, sur les bords du ruisseau de Larré. Une seule maison, celle de M. Pierre, dit Aymon, se livre à l'élevage, mais sur une échelle restreinte.

Vingt-Hanaps.

Vingt-Hanaps fut le dernier asile du fameux étalon Royal, de M. Souchey, de Merlerault, qui finit misérablement chez un petit étalonnier de cette commune.

On y visite avec intérêt l'antique château du Noyer. Cette demeure est entourée d'une guirlande de toniques et de jolis herbages, où M. du Hamel posséda autrefois une bonne jumenterie de race pure, aujourd'hui dispersée. Il est aujourd'hui remplacé dans la production par son fermier, M. Gousset, qui élève le demi-sang léger, le seul que tournent bien les herbes de ce domaine.

Le Mesnil-Sébert a également quelques menus herbages, toniques, mais peu abondants, et ne convenant non plus qu'au cheval léger.

Tout près de Vingt-Hanaps, on trouve le petit bourg du Per-

ron, situé sur la limite de la plaine, et à l'entrée de la forêt
d'Écouvres.

Aucun souvenir équestre ne s'y rattache, non plus qu'au château de la Fromentinière, qui appartient à M. Geslin. Mais on
visite avec intérêt le joli viaduc du chemin de fer, qui enjambe,
comme en se jouant, la rivière de Vendes et le chemin du Mesnil-
Erreux, superposés l'un sur l'autre.

A cent pas de là est l'abbaye de Saint-Laurent-de-Beaumesnil,
demeure de M. Germond, qui élève dans les herbages du Breuil,
que nous avons vus à Saint-Hippolyte, en parcourant le Merlerault.

Larré.

Larré fut le centre où débuta la famille Godichon, cette race
équestre dont nous verrons bientôt au Mesnil-Erreux le berceau.
On l'y trouve remplissant les fonctions de garde-étalons, et c'est
de là que s'élancent ses nombreux rameaux qui couvrent aujour-
d'hui la contrée. Tous se livrent à l'élevage, et les bons étalons
qu'ils produisent chaque année prouvent que les bonnes traditions s'y conservent toujours.

Une autre famille, celle de M. Hubert, passée aujourd'hui dans
le Mesle-sur-Sarthe, et la maison Esnault, sont autant de sujets
d'études inhérents à Larré.

On y visite avec intérêt plusieurs habitations équestres :

1° La cour de Larré, manoir antique, ayant autrefois appartenu à la noble maison d'Aché, que les comtes et les ducs d'A-
lençon investirent des fonctions héréditaires de premier écuyer.
Les armes du fameux Jean d'Aché, dit le Petit-Gallois, se voient
encore sur la porte du manoir, depuis plusieurs siècles converti
en ferme. La famille Hubert y éleva longtemps avec succès, et y
fit naître la fille d'Alexandre et le bon étalon Québec, à qui sa
robe grise valut le triste honneur d'être qualifié le père de milliers de juments percheronnes auxquelles on voulait donner un
commencement de généalogie, lorsque la fièvre du gros nous eut
pris. M. Hubert posséda, à la Cour de Larré, la fameuse poulinière Impérieuse, venue de la race de M. Trotté, d'Hauterive, et la
trop fameuse jument anglaise de M. Mac-Mahon, celle-là même
qu'il montait aux courses d'Autun, lorsqu'il y trouva la mort, et
un autre beau type, venu de l'écurie de la famille Langlais, de
Coulmer, dans le Merlerault.

A M. Hubert, fixé aujourd'hui au château des Genettes, dans
le Mesle-sur-Sarthe, a succédé M. Esnault, venu lui-même de
cette contrée. Il y est mort il y a quelques années, et a été remplacé par M. Réné Godichon, son gendre. MM. Esnault et Godi-

chon ont élevé ou fait naître, dans cette ferme, bon nombre de chevaux de mérite, parmi lesquels on compte l'étalon Commandant, les juments Palmyre, Brillante, Jouvence, Mika, etc., etc.

2° 3° 4° Les trois Brasseries. La première, où demeura autrefois M. Jacques Godichon après avoir quitté les Essarts, dans le Mesnil-Erreux. Il élevait dans les grands prés de Nonant et possédait une race ancienne et précieuse dont est sorti, pendant son séjour aux Brasseries, l'excellent étalon Rhéteur. — La seconde Brasserie, à M. Lamy Godichon, qui y a fait naître plusieurs poulinières et juments célèbres, la Neptune, la Bachate, l'Impérieuse, l'Égus, Cérès, Witch, dont le nom rappelle de nombreux succès dans les courses d'obstacles, et Bijou, cette percheronne magnifique, qui enlève le premier prix dans tous les concours, ainsi que son fils Dagobert. Il y a élevé la fameuse Mahomet, venue de la maison de Narbonne, à la Roche, près le Haras du Pin, et vendue jeune encore pour l'étranger, après avoir donné les étalons Godichon et Gabriel, et Vendetta, plus fameuse encore que sa mère, Vendetta, avec l'Impérieuse, sa fille unique et ses dix fils, qui sont tous étalons. Citer Quimperlé, Tancrède, Utrecht, Brunswick, etc., c'est rappeler ce que les haras ont possédé de plus parfait et de plus noblement racé. — La troisième Brasserie, habitée autrefois par M. François Godichon, qui fit naître la Prétender. Son fils, M. Eugène Godichon, y élève et y a fait naître la Talma, la William et plusieurs autres chevaux de mérite.

5° Le château de la Droullerie, à M. Chesneau, qui à la vente de la jumenterie de M. Souchey du Merlerault, acheta la fameuse Victoria. Il en a obtenu Philosophe, l'un des trotteurs les plus vites, les plus brillants et les plus courageux qui aient illustré l'élevage français.

Les herbages de Larré sont toniques, mais peu nombreux et assez peu abondants. Le meilleur et le plus beau est le parc de Larré, qui convient à toutes les spécialités de l'élevage. Quant à ceux qui entourent la cour de Larré, les Brasseries, le château de la Droullerie, où naquit Philosophe, et ceux qui composent la ferme de M. Bourdon, ils ne doivent se donner qu'aux juments poulinières et au cheval de selle.

Semallé.

Cette commune, bornée d'un côté par la Sarthe et de l'autre s'étendant vers la plaine, participe, dans son sol, de cette situation; elle a ici des herbages abondants et là des pâturages qui ne sont que toniques. Son élevage fut autrefois fameux et eut deux familles célèbres, il y a plus d'un siècle, par la beauté de leurs races, aujourd'hui complétement disparues, les Léguernay, revêtus de la charge de garde-étalons, et les Pillon. Cette disparition fut longtemps précédée d'un amoindrissement marqué. C'était pendant la Terreur. On l'attribua à l'abus de la consanguinité.

En pouvait-il être autrement, lorsque le Haras du Pin eut sombré et que l'absence complète d'étalons obligea à toujours tout demander aux quelques reproducteurs qui demeurèrent à la disposition de l'éleveur !...

On remarque à Semallé plusieurs belles habitations : le château de Lanchal, à M. des Mazis, et sa ferme, où l'on vit une des branches de la maison Godichon; les Godardières, à M. de Morel; la Graphinaye, à M. Léguernay, qui y conserve quelques poulinières de mérite; la ferme de la Crochardière, où se sont succédé vingt familles d'éleveurs, parmi lesquelles on compte M. Aguinet, cité tout récemment à Valframbert; le château de Betz, berceau de la maison Lallemant, d'où sont sortis plusieurs intendants célèbres, et aujourd'hui habité par M. Blanche, dont nous parlerons bientôt en passant à Hauterive; la ferme de M. Bourdon, berceau d'une bonne jumenterie. d'où est sortie l'excellente jument de steeple-chase Ouvrière; celle où élevait M. Pavard et celle des Graphinayes, où M. Tison possède quelques juments appartenant à la race du Mesle-sur-Sarthe.

Voici les noms de ses meilleurs herbages : l'excellent parc l'Abbé, les Roncerets, les prés Louveaux, les Jeannées, les prés Ginette, le parc des Graphinayes, le parc de la Crochardière, susceptibles de se plier à toutes les spécialités de l'élevage. La Fontaine, les Bertheryes, le Coudray, les Pâtures, les herbages de Lanchal et la cour de la Crochardière conviennent aux juments poulinières.

Congé.

On y voit le beau château d'Aché, qui donna son nom, il y cinq ou six siècles, à une illustre maison dont nous avons parlé déjà en passant à Larré. La charge d'écuyers des comtes, puis des ducs d'Alençon y fut héréditaire, et toujours cette maison, pendant toute la durée du moyen âge, se retrouve dans toutes les batailles les plus rudes et les plus brillants tournois. Des d'Aché, ce château passa aux Morel, qui portent un cheval dans leurs armes; puis aux Brullemail, qui le possèdent aujourd'hui.

Congé rappelle encore le souvenir d'une ancienne famille d'éleveurs, les Roussel, qui y firent de bons chevaux.

Voici les noms de ses meilleurs herbages :

Le parc des Grossinières, plus étendu que fertile, où eurent lieu, pendant quelque temps, les courses d'Alençon ; l'herbage du Moulin-d'Aché, le parc et les herbages du château d'Aché, dont la spécialité se renferme dans l'élevage du cheval de chasse, de selle et d'officier.

Cerizay.

Cerizay a été, dans tous les temps, le lieu le plus célèbre de la plaine d'Alençon pour la beauté de son élevage. Aujourd'hui encore, dans tous les concours, il a la part du lion.

On y trouve une terre renommée, la Cour de Cerizay, qui vit naître et passer plusieurs générations de la famille Vienne, dont le dernier rejeton est Mme Dalacour. M. Delacour, en entrant dans cette maison, y continua les grandes traditions qui en faisaient la réputation ; et, lorsqu'il se retira, quelques années avant sa mort, sur une terre voisine de la Cou de Cerizay, il eut pour successeur, dans cet asile fameux, M. Collet, qui y brilla à son tour.

M. Delacour, mort depuis trois ans environ, a été remplacé à Cerizay par M. Esnault, son gendre, dont les débuts ont offert un brillant capable de réveiller les mânes des vieux aïeux.

Tout à côte de ces deux maisons brillait encore celle de M. Le Roux, qui a depuis formé deux branches, toutes deux adonnées à l'élevage du cheval de mérite.

Quelques chevaux célèbres, cités au hasard, donneront la mesure de l'importance de ces établissements.

La maison Vienne fit naître : la Glorieuse, la Dagout, la Docteur, la Favorite, la fille de Préféré ; le Séducteur, Docteur, Préféré, Séduisant, Ardoisé, la Pretender, l'Habile, la Dominante, la fille d'Impérieux, etc.

M. Delacour a fait naître ou éleva : Fatibello, l'immortel Noteur, Malthus, Herschell, Régnier, Windcliffe, Kenilworth, Peterstroph, Radical, la Fatibello, la Pickpocket, la Fortunée, Omphale, Émilie, la Berthe, Séducteur, fils de Noteur, qui, peut-être, en renommée, surpassera son père, que déjà il surpasse en beauté ; Ida, Plaisante, etc., etc.

M. Collet a fait naître la Sylvio, l'Héraclius, l'admirable trotteuse Armeline, Médée, etc.

MM. Le Roux ont fait naître la fameuse poulinière la Dagout, Écureuil, la fille de Snail ; la Mahomet, la Fire-Away, la fille d'Eylau, la fille de William, et l'étalon Français. Ils ont élevé les magnifiques poulinières la Tipple-Cider et la Sylvio, nées, toutes deux, chez M. Chappey, de Nonant, dans le Merlerault.

M. Esnault, gendre et successeur de M. Delacour, compte déjà parmi ses élèves : les deux filles de Noteur, Plaisante, Précieuse, la fille de Paradis, Mlle-de-Cerizay, Ida, Irma, Essling et nombre d'autres individualités de grand ordre.

Les nombreux herbages et les prés de la Cour de Cerizay, qui sont les meilleurs de la commune, ne conviennent qu'à des poulinières et des chevaux de selle; aussi, tous les étalons qui en sont partis ont-ils été placés, dès leur seconde année, dans de plus abondants pâturages.

CANTON DU MESLE-SUR-SARTHE.

Le Mesnil-Erreux.

Le Mesnil-Erreux fut le berceau de la famille Godichon, citée à Larré, et c'est de la terre des Essarts que partit M. Jacques Godichon, l'aîné de cette maison, pour aller, comme ses frères, qui l'y avaient précédé, se fixer aux Brasseries-de-Larré. C'est aux Essarts qu'il possédait la fille d'Eastham, la fille d'Hamilton, Sémiramis et les deux fameuses juments les Vidvid; la première, achetée de M. Buisson des Authieux, et la seconde, dernier rejeton de la grande race de M. l'abbé des Mares, de Montmarcé, dans le Merlerault. Cette jument, achetée de M. Héron, du Merlerault, fut, ainsi que sa compagne, vendue pour Paris, comme la belle Mahomet de M. Godichon, de Larré. Avec elles disparut le sang le plus noble et le plus précieux du Merlerault.

On visite avec intérêt le château des Essarts, ancienne demeure des Neuilly, où vivait, il y a quelques années encore, M. de Bourgeauville, que son étonnante connaissance des races chevalines fit surnommer le d'Hozier des chevaux. Fils d'un officier du Haras du Pin, M. Le Damoisel de Bourgeauville avait un goût éclairé pour l'équitation et l'élevage. Il posséda deux poulinières fameuses, Zoé et la Trompeuse.

Zoé (*voir* le chapitre Blèves, au Mesle-sur-Sarthe), cette merveille hippique, faite de sang tartare, russe, arabe, anglais et normand, fut l'élève d'une femme et en eut toute la grâce exquise. Après avoir, pendant dix années, occupé le rang de favorite, le désir de conserver une race précieuse lui fit ouvrir une autre carrière, où elle brilla également. Elle donna quinze produits de mérite et précéda de deux ans, dans la tombe, son maître, qui ne pouvait se consoler de sa perte. Sur ses quinze produits, elle n'eut qu'une seule fille, morte, je crois, sans postérité. Mais, en revanche, ses quatorze fils furent presque tous étalons, et on trouve dans cette liste Malacca et Nérac, dont on ne se lassait d'admirer l'élégance et les hautes qualités.

Trompeuse était une fille de la vallée d'Auge et un type ac-

compli de sa race. Elle a peu produit, parce que son]énergie et
ses hautes qualités l'ont fait conserver longtemps en service.
Presque tous ses fils ont été étalons, et parmi eux on distingue
le Magnifique, Quasimodo et Scapin, qui fut un des meilleurs produits de son année.

Les herbages du Mesnil-Erreux sont secs et peu abondants;
mais, en retour, ils sont pleins de séve et de tonicité. Leurs herbes conviennent admirablement au cheval de selle, auquel elles
donnent un sang ardent et généreux.

Voici les noms des plus connus :

Le parc du Paroncel, les herbages de Vendes, ceux des Essarts et ceux de Goupilly.

L'élevage s'est un peu déplacé de cette localité, et plusieurs
maisons l'ont quittée récemment.

M. Louis Godichon, qui avait élevé la belle jument the Repeller,
issue de la jument anglaise de M. Louis Saillard, d'Alençon ; —
M. Esnault, qui est allé remplacer à Cerizay M. Delacour, son
beau-père ; — M. Maine, qui habite en ce moment le département
de la Sarthe, et que nous verrons en parcourant le Mesle. — Il n'y
demeure plus qu'un membre de la famille Maine, M. Ragaine, et
M. Lalignel, fermier à Goupilly, qui possédait de précieux rejetons de la race fameuse de M. Le Roux de Cerizay.

Neuilly et Hauterive.

Neuilly n'offre qu'une maison d'élevage, celle de M. Marchand,
et n'a pas d'herbages dignes de nous arrêter.

Il n'en est pas de même d'Hauterive, qui, de tout temps, s'est
fait remarquer par ses chevaux et par les herbages qui les ont
nourris.

On y visite avec intérêt le beau château des Loges, autrefois à
la maison de Barville, et où M. Blanche s'est, dans ces derniers
temps, livré avec succès à l'élevage du cheval de grande race.

Deux autres maisons, d'une antique célébrité, remplissent encore Hauterive de leur souvenir : la maison Trotté, qui fit naître
l'étalon Royal, enlevé au début d'une carrière qui promettait de
devenir splendide, la fille d'Impérieux, qui a donné successivement race dans les maisons Ragon et Hubert, et la fameuse Solide, une de ces poulinières comme en n'en sait plus faire ; — la
maison Henriet, qui possédait aussi une jument fameuse, par le
vieil Emilius.

Parmi les excellents herbages qui passent sous nos yeux, et
que leurs qualités rendent aptes à toutes les spécialités de
l'élevage. On remarque ceux qui entourent le château des

Loges, ceux du Gué Saint-Vaast, les Jardins, l'herbage des Forges, les deux petits, mais fameux prés de Vesonne, au bas du Mesnil-Broust, où MM. Lamy, Godichon, Vienne et Delacour, à l'exception d'un ou deux seulement, élevèrent tous ces admirables chevaux sortis de leurs mains.

Partie comprise dans l'ancienne province du Maine

CANTON DE LA FRESNAYE (SARTHE).

Chassé.

Il faut n'avoir jamais possédé de chevaux, si l'on ne connaît pas les grands parcs de Chassé. Ce n'est donc qu'à l'étranger qu'il est besoin de montrer ces trésors de verdure.

Au milieu d'eux on remarque le vieux manoir de Brustel, autrefois à la famille Poullain de Brustel, et aujourd'hui aux Poullain de Saint-Pater. C'est là qu'éleva, pendant plus d'un siècle, la famille Levesque et qu'elle eut, pour successeur l'une des nombreuses branches de la famille Godichon. Les Chambay, cités à Valframbert et à à Radon, y nourrirent également les produits qu'ils voulaient grandir, et que les autres parties de la Plaine, ou le Merlerault, eussent conservés dans leur taille.

Voici les noms des plus fameux :

Le plus grand, le meilleur, est le parc de la Butte, la perle de la plaine d'Alençon, avec celui des Gazinières, que nous allons voir bientôt en parcourant Montigny, les petits Gouriaux, les grands Gouriaux, la Peronnaye, le Beilles, les prés du Gué. Avec eux nul herbage ne lutte pour bâtir avec force des types d'étalons et de grands carrossiers.

Montigny.

On y voit un noble et beau château, qui appartint autrefois à la maison de Barville, mais qui ne réveille aucun souvenir équestre.

Il n'en est pas de même de la ferme de la Blotterie, située à ses côtés. C'est là qu'élève avec un goût éclairé M. Lalouet, qui a succédé à M. Marchand. M. Marchand, dont le nom reviendra bientôt sous notre plume en visitant Chenay, et plus tard le Mesle-sur-Sarthe, tient à l'une des familles équestres les plus anciennes de la plaine d'Alençon. Il fit naître à la Blotterie les belles poulinières Ida et Ordelia, les étalons Hertz, Képi et Ottoman. — A M. Lalouet on doit l'élevage de la jeune Ida et des belles poulinières la Pledge, la Chactas, la fille d'Utrecht et plusieurs autres reproductrices de mérite.

Non loin de là, habite M. Mesnager, qui possède une belle et noble jum enterie, depuis longtemps conservée dans sa famille, et tige d'excellents étalons.

Voici les noms des meilleurs herbages de cette commune : le parc des Gazinières, le type de la plaine avec le parc de la Butte, que nous venons de quitter. Les étalons et les carrossiers s'y tournent à ravir. — Les prés de la Blotterie, exquis pour les poulinières et pour former des pouliches. — Les parcs sur le Sarthon, le grand parc de Longueuil, pour des poulinières, le cheval de chasse et le petit carrossier.

Chenay.

Le château est délicieusement posé sur un coteau, qui commande la vallée ; mais aucuns souvenirs ne s'y lient. C'est aux deux fermes qui l'avoisinent que nous irons les demander.

Dans l'une était la famille des Marchand, dans l'autre était celle des Touchard

La famille Marchand remonte si haut dans l'élevage de la plaine, que son nom se lie constamment à celui des meilleurs chevaux, et on lui doit la création de la race la plus fameuse dont la Normandie ait gardé le souvenir, celle des Matador. En voici l'origine : la reine Marie-Antoinette possédait deux chevaux précieux qu'elle affectionnait entre tous et qu'elle aimait particulièrement à monter. Des souvenirs de famille se rattachaient à leur possession. Tous deux lui avaient été offerts par le prince de Lambesc, son parent, et l'un d'eux était si beau, avec sa robe alezane, que la reine l'avait appelé l'Aleyrion, l'Aleyrion, la pièce la plus noble des armes de la maison de Lorraine.

Le second, qui était bai, ne se montrait, sans nul doute, aucunement inférieur au premier, puisqu'il avait reçu le nom de Parfait. Lorsque la Révolution éclata, ces chevaux furent jetés hors des écuries et tombèrent aux mains de M. Vincent, marchand de chevaux. Soit crainte de passer pour suspect, soit espoir d'en pouvoir plus tard tirer bon parti, M. Vincent les cacha chez son ami, M. Marchand, de Chenay. Nul lieu, du reste, n'était plus propre à ce recel. Une ferme isolée, au fond d'une grande presqu'île formée par la Sarthe, qu'on ne pouvait, du côté de la Normandie, franchir faute de gués ni de ponts ; du côté du Maine, des chemins impraticables où l'on ne passait qu'à cheval. Plus de deux lieues à la ville d'Alençon. Le voisinage d'une grande forêt, qui n'avait d'autre population que de pauvres bûcherons, toujours ignorants de ce qui se passe en dehors de leurs futaies. La discrétion et l'amitié de la famille Vienne de Cerizay qui, de l'autre côté de l'eau, eût pu voir ce qui se passait chez des rivaux. Elle eût pu tout perdre si des opinions éprouvées, la bonne confraternité qui régnait alors parmi les éleveurs, et un élevage trop puissant pour la placer dans le courant de l'envie, n'eussent permis de compter complétement sur sa participation. Deux étalons d'ailleurs, dans son voisinage, c'était une fortune dans un temps où ceux de l'État avaient disparu, alors que la plupart des maisons en étaient réduites à de continuels croisements *in-and-in*.

Les deux fugitifs saillirent les juments de M. Marchand, et un jour, une fille du Parfait, saillie par l'Aleyrion, fut vendue à M. Gaillet, de Boissey, qui était, comme son voisin, M. Neveu, de Médavy, à la piste de tout ce qu'il y avait de plus précieux.

M. Marchand avait-il déjà un bon nombre de rejetons de cette race, ou bien fut-il séduit par une somme importante, ou bien, ce qui n'arrive que trop souvent, augurait-il que la jument était vide?... Toujours est-il que la belle pouliche donna le jour à l'immortel Matador, le père de tout ce que la France possède de noble en races de demi-sang.

Qu'elles fussent nées avant son départ de Chenay, ou qu'elles soient nées depuis, les sœurs de la mère de Matador jetèrent un vif éclat sur cette maison. Parmi leurs descendantes on compte un grand nombre de juments fameuses : l'Impérieuse, grand'mère d'Ottoman, la fille de Néron blanc, la Tigris, dont descendit Fanchette, l'une des plus précieuses du Mesle-sur-Sarthe, la Séduisante, la fille de Snail, la Prétender, mère des trotteurs Y. Glocester et Regretté, la fille d'Oscar, la Sylvio, dont est issu Kepy, la célèbre Ordelia, la fille de Glocester, etc., etc., etc.

Un des arrière-descendants de la maison Marchand, après avoir habité la Blotterie, que nous venons de visiter à Montigny, est allé se fixer à Saint-Léger, dans le Mesle-sur-Sarthe, où nous le retrouverons bientôt.

La famille Touchard se cache, comme celle qui précède, dans les nuages de l'élevage, et dans cette carrière elle s'acquit une bonne renommée par le mérite de sa jumenterie et la production d'étalons de valeur.

N'oublions toutefois, occupé de ces belles jumenteries, de citer celle de M. Duval, qui venait de la maison Marchand, et dont deux rejetons, dans la personne de Képy et d'Ordelia, sont revenus enrichir le berceau de leurs aïeules.

On trouve à Chenay des prairies excellentes, mais peu de pâturages. La Sarthe est trop captive, au pied des grands coteaux, pour en pouvoir arroser une grande étendue. Mais il en est un, célèbre entre tous, célèbre dans tous les âges, le parc au Seigneur, où la famille Touchard faisait tous ses élèves.

CANTON DE SAINT-PATER

Le Chevain.

On y trouve un joli château, mais il n'offre aucun souvenir hippique. Il n'en est pas de même de l'antique castel de Cohon, situé non loin de là. Cohon fut autrefois la demeure de la famille Morin, dont l'élevage eut de la réputation. M. Godichon, fils de Jacques, que nous avons vu à Larré et au Mesnil-Erreux, lui a succédé et possédé deux poulinières fameuses de race pure, Chloris et Hélène, dont les deux derniers fruits ont été la Biche et Partisan. A côté de ces remarquables élèves et de la descendance de la jument de M. Langlais, de Coulmer (*voir* ce nom au Merlerault), M. Godichon compte plusieurs étalons de mérite, à la tête desquels apparaît Polyeucte. Tous ont grandi dans le parc de la Butte, que nous avons visité à Chassé.

Le Chevain eut encore une autre jumenterie, qui marqua dans son temps, celle de la famille Ruel, mais elle est complétement disparue aujourd'hui.

Voici les meilleurs herbages de cette localité : les deux grands parcs du Château, exquis pour tous les genres d'élevage; le pré du Moulin du Chevain et celui du Moulin de Montigny, pour juments poulinières; les huit herbages qui entourent Cohon, le parc Fortin, le pré de la Douve, le parc de la Tasse, le parc des Fontaines, les Fourneaux, les Terres-Fortes, le Plant et la Grouas, dont la spécialité s'adresse aux juments poulinières, au cheval de chasse et au petit carrossier.

Tout à côté du Chevain, dans la commune de Saint-Rigomer, est situé l'établissement d'élevage de M. Charles Fleury. Bien que sa famille ait tenu au Mesle-sur-Sarthe, où nous la verrons bientôt, le premier rang dans l'élevage du cheval de grande race, il préfère se livrer à la fabrication du cheval de commerce.

Saint-Pater.

On y visite avec un curieux intérêt un antique château que Henri IV honora de fréquentes visites. Des souvenirs galants, mais point de souvenirs hippiques.

Ce n'est que de nos jours qu'on y a vu, chez M. le comte de Saint-Pater, les débuts de l'excellent étalon Chactas. Sa carrière de courses, malgré le désavantage capital d'une absence complète d'entrainement, marquait d'une manière hautement significative, lorsqu'il se brisa une jambe sur l'hippodrome du Pin. La réduction fut heureusement opérée et on put ainsi, pour la reproduction, conserver un type précieux.

TROISIÈME PARTIE

LE MESLE-SUR-SARTHE.

Le Mesle, né d'hier, est un fils de ses œuvres, exemple frappant de l'influence, des soins et du savoir dans la création d'une race. La revue que nous entreprenons suivra pas à pas ses essais et nous en donnera la preuve.

Nous allons nous trouver en face de deux races opposées, qui grandiront simultanément sous nos yeux : une race étrangère, qui provient de types successivement introduits; une race *autochthone,* qui a ses racines dans le sol. Résultat d'un travail lent, mais constamment suivi, elle doit tout ce qu'elle est aux perfectionnements.

RACES INTRODUITES.

Avant 1789, on ne voit encore qu'une race; elle est dans la maison Bellier, à Saint-Julien-sur-Sarthe, et on la croit originaire du Merlerault, patrie de Mme Bellier. Quand une femme étrangère vient se fixer dans un pays, toujours par elle et avec elle arrivent les arts et les belles réminiscences de sa patrie.

Tout autour, partout, ce n'est que le cheval de trait, et partout le néant. Mais bientôt apparaît M. de Villereau, qui s'essaye avec une pouliche, que les conseils de M. Neveu, de Médavy, lui ont fait arracher des ruines du haras de Nonant. C'est sur sa terre de la Chauvinière (l'asile des chevaux), à Marchemaisons, qu'il a planté sa tente.

Au même temps à peu près, la maison Levesque, à Essay, achète quelques juments provenant de la jumenterie du Pin, que l'on venait de supprimer. Tel fut le travail d'importation jusqu'en 1806, environ, alors que M. le marquis de l'Aigle envoya dans sa ferme de Saint-Léger deux juments anglaises provenant du manège de Versailles.

Puis M. Le Tessier de la Broudière, revenant de la guerre

d'Allemagne, amène une jument arabe, ravie à un haras de Hongrie, et enrichit encore Marchemaisons.

Bouveuches, en Saint-Léger, se montre à son tour. A trois reprises, il puise aux meilleures sources : à Médavy et à Godisson dans le Merlerault, à Chenay dans la plaine d'Alençon.

L'exemple stimule le Petit-Bouveuches, situé dans la même commune, et cette ferme à la plaine d'Alençon emprunte son premier type.

Mais le Mesle est ingrat, s'il n'offre une couronne aux mânes de celui qui guida ses pas encore tremblants, au fermier de Bois-Aubert, à Marchemaisons, qui demanda à la jumenterie de Médavy, aux réformes du Pin, aux écuries de lord Seymour, du marquis de Mac-Mahon et de MM. de Béthune-Sully des types précieux.

M. Ragon jouit peu du fruit de ses travaux; mais les débris de son établissement, demeurés dans le pays, y ont laissé d'impérissables souvenirs, et sa science des croisements a trouvé d'heureux imitateurs.

RACE AUTOCHTHONE.

Ramené d'Angleterre par M. de Saint-Aubin, revenant de l'exil, un beau cheval de chasse commença, vers 1803, la monte au château de Faveries. Ce reproducteur d'élite, qui, jusqu'à l'extrême vieillesse, fut employé comme étalon et comme cheval de chasse, représente, avec un de ses fils, la seule, l'unique source d'où sortit une grande et merveilleuse famille, couvrant peu à peu la contrée de ses nombreux rameaux.

Empruntée au type percheron (pur alors de tout mélange), cette race, créée à la ferme de la Rabelaye, commune de Saint-Aubin, s'y embellit encore au contact de trois étalons de mérite, dont un fils de Y.-Morwick, du Haras du Pin. Plus tard, le Vieux-King, concédé par les haras à M. Forcinal, lui imprima un cachet de plus en plus anglais. Mais la robe neigée, qu'elle portait au berceau, traverse, sans laisser rien de sa blancheur, tous ces croisements divers, et la fait encore facilement reconnaître aujourd'hui. Bien que blanche comme elle, on ne saurait la confondre avec cette autre population trop hâtée et métisse, suant le percheron, et du jour au lendemain, travestie en anglais. Nouveaux venus, loin de vous anoblir, l'habit vous déclasse; laissez le gentilhomme et gardez la vieille blouse gauloise!...

DESCRIPTION ET GÉOGRAPHIE.

Ce pays, dont je cherche à faire la peinture, le Mesle, tient son nom d'un gros bourg bâti sur les bords de la Sarthe. Cette rivière y trace une large vallée, vers laquelle rayonnent quatre autres cours d'eau d'une moindre importance. Au sud-est, c'est l'Érine et sa sœur la Pervenche, avec leurs affluents descendant des coteaux qui séparent le bassin de la Sarthe de celui de l'Huisne, la rivière percheronne.

Au nord, c'est la Vesonne, et plus loin c'est la Tanche, venant toutes les deux des collines où l'Orne prend sa source, et entraînant avec elles le tribut de dix petits ruisseaux.

Cet ensemble forme un bassin herbager mesurant, de Saint-Aignan, au levant, à Saint-Paul, au couchant, une longueur de 26 kilomètres environ. Du Chalenge, au nord, aux Aulneaux, au midi, il mesure à peu près autant. Sa forme affecte celle d'un losange par de hardis coteaux nettement limité, sauf entre Boitron et Essay, où une large coupure laisse tout entrevoir la plaine d'Alençon.

Le centre est pittoresque et change à chaque pas. Ce ne sont que coteaux portant de beaux clochers; ce ne sont que grands bois, que dômes de forêts montant sur les collines, et semblant réunis sur cette pelouse pour danser un ballet.

Le Mesle, séparé par la forêt de Mesnil-Broust et les bois de Saint-Paul, de la plaine d'Alençon, étend, comme cette contrée, son territoire sur les départements de l'Orne et de la Sarthe.

Toute la rive droite est normande et appartient à l'Orne (arrondissement d'Alençon). La rive gauche est mancelle et percheronne et se partage entre le département de la Sarthe (arrondissement de Mamers) et le département de l'Orne (arrondissement de Mortagne).

Cinq cantons, renfermant vingt-neuf communes, dont voici les noms, se trouvent compris dans cette division : — Département de l'Orne. *Canton du Mesle-sur-Sarthe* : le Mesle-sur-Sarthe, Saint-Léger, le Mesnil-Broust, les Ventes-de-Bourse, Marchemaisons, Essay, Échuffley, Bursard, Boitron, Aulnay, Laleu, Saint-Aubin-d'Appenay, Coulonges. *Canton de Courtomer* : Bures, Sainte-Scolasse, Saint-Aignan, Montchevrel, le Chalenge, le Mesnil-Guyon. Canton de Pervenchères (ancienne province du Perche) : Barville, Saint-Julien, Viday, Pervenchères, Saint-Quentin. *Canton de Bazoches* (ancienne province du Perche) : Buré, la Mesnière. — Département de la Sarthe. *Canton de la Fresnaye* : Blèves, Roullée et Saint-Paul.

NATURE ET SPÉCIALITÉS DU SOL.

La vallée de la Sarthe est tout entière formée d'un terrain d'alluvion, et sa fertilité tient à cette opulente composition. Il en est de même de la vallée de l'Érine et des parties basses de la Pervenche, dont le cours supérieur chemine au milieu de sables noirs, extrêmement profonds.

Quant à la Vesonne, à la Tanche et à leurs affluents, le sol qu'elles arrosent est un mélange argilo-calcaire-sableux qui se rapproche de celui du Merlerault. Aussi les chevaux nourris dans ces diverses zones se ressentent-ils sensiblement des milieux dans lesquels ils vivent. Les herbes excrues sur le sol d'alluvion font le fort étalon et le grand carrossier. Le petit carrossier, le hunter et l'étalon léger sont le partage des zones où l'argile et le calcaire dominent.

ROUTES ET CHEMINS.

Trois grandes routes et quatorze voies plus petites sillonnent cette vallée, qu'elles couvrent de leur réseau.

Onze, comme autant de rayons, convergent vers le Mesle et le mettent en rapport avec Mortagne et Paris, Bellesme, Pervenchères, Mamers, Alençon (par la Fresnaye et par le Mesnil-Broust), Sées (par Essay et par Boitron), Courtomer et le Merlerault, Moulins-la-Marche, Bazoches et tout le nord du Perche. Les six autres, reliant entre elles les premières, permettent de ne laisser inexplorées aucune des parties de ce pays d'élevage.

CANTON DU MESLE-SUR-SARTHE.

Le Mesle-sur-Sarthe.

Le Mesle est ce gros bourg nonchalamment jeté sur les flancs d'un coteau que baigne la Sarthe, et qui va au loin s'allongeant sur la route de Paris et sur celle d'Alençon.

L'art apparaît peu dans ce groupe, mais un site riche, salubre et gai, une incomparable fraîcheur, font naître le désir d'y vivre de longs jours.

On y voit les ruines d'un château qu'y posséda Sully et qui aujourd'hui encore appartient à la maison de ce grand ministre. Aucune tradition, aucun titre écrit, ne nous apprennent s'il avait placé quelqu'un de ses nombreux haras dans les herbages magnifiques qui entourent le Mesle. Mais, tout à côté, à défaut de souvenirs, une autre maison va nous initier à tous les détails de l'histoire moderne. L'école de dressage du Mesle-sur-Sarthe, fondée vers 1840, par M. Louis Basille et dirigée encore en ce moment par ses soins, est le plus ancien établissement français de ce genre. Son excellente tenue, les succès incontestés que, dès l'abord, il obtint, et qui ne sont encore aujourd'hui dépassés par aucun des habiles cavaliers et dresseurs répandus sur tout le sol français, le recommandèrent à l'attention lorsqu'il s'agit de fonder les nombreuses écoles qui depuis ont surgi et auxquelles il a servi de modèle et de guide. C'est lui qui apprit à nos chevaux, demi-sauvages, à supporter le frein, et qui a fait, dans Paris et par toute l'étendue de la France, connaître le Mesle, dont on soupçonnait à peine le nom. Tous les beaux attelages qui ont refait la réputation de la Normandie, perdue depuis l'état de désuétude où était tombé le cheval de selle, presque tous les trotteurs qui ont fait parler d'eux, y ont pris leurs degrés ; presque tous les étalons de l'Orne, entrés dans les haras, y ont reçu l'entraînement préparatoire aux épreuves exigées. Un grand nombre d'étrangers visitent chaque année cet établissement et contribuent à la prospérité de la localité qui le possède.

Deux grandes solennités hippiques attirent encore au Mesle de nombreux visiteurs : la première est le concours de juments poulinières, magnifique réunion de premier ordre qui a lieu le 8 octobre. La seconde est la foire Saint-André, qui se tient la veille de la Saint-André de Mortagne, la plus forte réunion de France pour les poulains de lait. — Le Mesle, passage obligé de tout ce qui de la Normandie se dirige sur Mortagne, se trouve ce jour-là le rendez-vous de tous les grands éleveurs normands qui y achètent le premier choix des poulains de demi-sang. Mortagne, en fait de poulains de sang, ne voit que ceux restés invendus au Mesle-sur-Sarthe. Le territoir du Mesle est peu étendue et ne contient guère que le sol occupé par le bourg et un herbage magnifique, nommé la Morinière, Couchée en pente douce dans la direction du midi, toute couverte d'une herbe plantureuse, cette prairie convient également aux grands carrossiers, aux puissants étalons et aux poulinières des plus riches modèles.

Saint-Léger.

Saint-Léger est la plus curieuse commune de la vallée, et tout y captive l'attention. C'est d'abord un tumulus aux grandioses et magnifiques proportions, à la conservation parfaite.

En second lieu, le vieux château de Saint-Léger, qui fut un des berceaux de la belle race équestre du pays. M. le marquis de l'Aigle, qui le tenait des Château-Thierry, pour concourir à l'œuvre patriotique de la régénération de la race chevaline, y envoya, quelque temps après la reconstitution des haras, deux belles juments de selle, d'origine anglaise, et provenant du manége de Versailles. Il fit ce qu'avant lui avait fait, à Médavy-Saint-Cenery, M. le marquis de Brigges, il les confia à M. Le Loup, son fermier. Ces juments, accouplées avec les plus grands soins, devinrent la tige d'une magnifique lignée. L'une d'elles, qui était baie, et qui, en raison de sa robe, fut appelée l'Aigle baie, donna à M. Le Loup la fameuse Soubrette, qui devint mère d'Oscar et de l'Aigle du Haras du Pin. Puis, une autre fille de Bacha, sœur de la Soubrette, qui fut mère d'un fils de Camerton et de deux filles de D. I. O., dont l'une a produit les belles juments de MM. Lindet et l'autre la vieille et fameuse Vaillante de M. Gallant, du Petit-Bouveuches, auteur des plus belles juments de M. Cenery-Forcinal dans le Merlerault.

L'autre jument de M. de l'Aigle, qui était blanche, et dut à cette robe le nom de l'Aigle blanche, fut également alliée à Bacha, et donna à M. Le Loup des poulinières d'élite qui passèrent dans les maisons de MM. Lindet père et fils aîné, de M. Rigot, à Coulonges, et définitivement dans celle de M. Charles de Saint-Aubin, qui finit par les vendre au commerce. De cette façon, cette seconde branche, dont rien n'approchait pour la magnificence et l'énergie, a été perdue pour le pays. J'en ai vu le dernier rameau (la Railleuse), sortir des mains de M. le comte de Romanet, sans rien laisser après lui.

A M. Le Loup succéda, au logis de Saint-Léger, M. Lindet, qui suivit ses traces et produisit un bon nombre d'excellents chevaux. M. Lindet eut pour successeur son fils cadet, M. Vincent Lindet, qui a brillamment marqué dans l'élevage en produisant les belles juments la Vaillante, la Sylvio, la Railleuse, l'Emule, de Thou le vaillant trotteur, l'Eylau, issue de Pigriotte, jument arabe vendue par Eugène Süe ; Jongleuse, Railleur, le fameux étalon Bussy, lauréat de tous les concours, et Ouvrière, excellente jument de steeple-chases.

La troisième curiosité est le château de Bouveuches, où M. Fleury a produit un nombre considérable d'étalons et de juments de premier ordre. Lorsqu'il débuta, il avait un sol privilégié, mais il manquait d'éléments, et il n'hésita pas à se les procurer dans les meilleurs berceaux. En premier lieu, il acquit de M. Augustin, entraîneur de M. Neveu, de Médavy, une sœur du fameux Séduisant, connue sous le nom d'Augustine.— Ensuite, de M. le préfet de l'Orne il acheta Emilie, élevée par M. Erambert de Godisson, et qui descendait en droite ligne de l'une des filles de King-Pépin de M. Binet, de Montrond, ce qui veut dire qu'elle était des plus nobles du Merlerault. Elle a été mère de la fille d'Holbein et de l'étalon Henry, que son rare courage fit lutter avec avantage contre des chevaux de pur sang. — Dans la plaine d'Alençon, il puisa chez la maison Marchand (maison dont descend Mᵐᵉ Fleury) une petite-fille de l'Aleyrion, qui fut mère de la Windcliffe et de la Vaillante, dont est issue le fameux Sylvio, de M. le marquis de Croix, et une autre jument, nommée Fanchette, petite-fille de l'étalon Parfait. Cette dernière a eu des filles d'un mérite hors ligne, telles que Brillante, Victoria et Lisbeth, mère d'un fils de Voltaire, acheté poulain, au prix de 9,000 francs, pour la Russie, et la poulinière Brillante. — M. le marquis de Marescot, son propriétaire, lui procura, de son côté, une fille de Warwick, venue de la plaine d'Alençon, qui fournit également son contingent dans l'amélioration de cette jumenterie. — Plus tard, une jument anglaise, fameuse, nommée Louise, vendue par M. Gabriel Corbin, entra à Bouveuches et y produisit une race d'une rare énergie, dont on peut offrir comme spécimen la fille de Y. Reveller, de M. Duval, qui trois fois força un loup, luttant seule contre plusieurs relais. La fille d'Eylau, mère du trotteur Locomotif, et Volante, autre trotteuse de mérite. — Sans les avoir fait naître, M. Fleury éleva encore plusieurs chevaux d'une valeur éprouvée, tels que Lysimaque et le grand trotteur Marengo.

La situation de Bouveuches est exceptionnelle, dans le Mesle, pour l'élevage du cheval léger et d'énergie qui puise, dans ses herbes toutes les qualités dont le Merlerault tire gloire. C'est un coteau élevé, dominant la rivière qui lui sert de ventilateur. Bien tendu au midi, il se trouve en outre dans l'axe de deux forêts, dont la puissante végétation, absorbante de tous miasmes, lui procure un précieux assainissement par les courants qu'elles forment.

Même site, même salubrité, même nature de sol au Petit-Bouveuches où éleva autrefois M. Gallant, qui posséda plusieurs rejetons renommés de la jument, l'Aigle baie. Dispersés bientôt, ils furent recueillis par M. Ragon, dont nous parlerons en passant à Marchemaisons, et qui les laissa s'échapper à son tour. M. Cenery-Forcinal a toutefois été assez heureux pour en sauver un très-beau spécimen et en doter le Merlerault. — M. Gallant a eu pour successeur M. Ratthier, auquel a succédé M. René Ratthier, son second fils.

La race du Petit-Bouveuches fut importée longtemps après celle du Grand-Bouveuches. Elle tire son origine d'une fille de Vidvid née dans la plaine d'Alençon et issue d'une famille du Merlerault. Cette jument fut alliée à Éclatant, dont elle eut une fille qui produisit à son tour la Vaillante, mère de la Louve et de Cybèle, deux poulinières fameuses. Cybèle fut donnée à M. Charles Ratthier, que nous verrons tout à l'heure à la Haye de Poislé. La Louve, restée à Bouveuches, fut mère de Ganymède, Junot, Roméo, la fille d'Eylau, laquelle produisit la belle jument Tipple-Cider de M. Philibert Forcinal, et Ulysse, grand'mère de Mlle de Bouveuches.

Une autre poulinière, de la race autochthone, a donné à cette jumenterie la belle pouliche, la Mode.

La Haye de Poislé, où M. Charles Ratthier établit une des plus grandioses maisons d'élevage de l'Orne, Il y eut Cybèle, citée tout à l'heure, qui lui donna Quercitron et l'immortel Kramer.

Il y éleva Printemps, Ratisbonne et une foule de bons chevaux, dont une mort prématurée l'a séparé au plus fort de ses succès. Il y est aujourd'hui remplacé par M. Marchand, de Chenay (plaine d'Alençon), qui a signalé sa venue par la production du magnifique étalon Esculape, trop jeune encore pour être jugé.

Le château de Poislé, bâti récemment par M. de Château-Thierry, fils de celui dont le nom sera cité bientôt en parcourant Marchemaisons. Aucun souvenir équestre ne s'y rattache encore.

La ferme de Poislé, où séjourna quelque temps M. Hardouin, dont nous parlerons à Marchemaisons et à Barville,

La ferme de de la Motte, où vécut longtemps la maison Lindet et où M. Chardon élève aujourd'hui.

Le château des Noës, bâti par M. le marquis de Reverseau, et aujourd'hui habité par M. le marquis de Marescot, son gendre, n'offre aucun souvenir hippique. Une vacherie modèle y imprime seule du mouvement.

L'habitation de M. Cosme, où se pratique un bon élevage de chevaux de commerce, et où est née la grand'mère de la poulinière, la Mode.

Cette commune, d'une étendue considérable, est bordée au midi, dans toute sa longueur, par la Sarthe, qui arrose de nombreux herbages, abrités au nord par le rebord d'un plateau courant parallèlement à la rivière.

Voici les noms de ses meilleurs herbages :

Pour de forts étalons et de grands carrossiers, les deux grands et fameux parcs de la Guerche que se sont tour à tour disputés les meilleurs éleveurs du Mesle et d'Alençon, et ont nourri grand nombre d'étalons, en tête desquels il faut citer Kramer et Ratisbonne ; les Essarts, les Bordeaux, le parc au Sergent et la Bellangerie, où furent élevés de Thou et Bussy. — Pour de belles et fortes poulinières, le parc de Saint-Léger, où sont nés Bussy et Jongleuse, les herbages de la Haye de Poislé et de la Motte, patrie de produits renommés ; l'herbage de la Loge, la Rianderie et le parc de Poislé. — Pour poulinières de chasse et de phaéton, les herbages du Grand et du Petit-Bouveuches, renommés par le nerf et la grâce qu'ils impriment aux chevaux. — Quant aux Routis, aux Gains, à Cotte-Noire et à toute la zone de pâturages qui entourent Poislé, réservez-y une place pour chevaux de commerce et poulains secondaires.

Le Ménil-Broust.

Resserré au nord par la longue muraille qu'y forment au nord les deux forêts de Bourse et du Ménil-Broust et la rivière de Sarthe, qui leur est parallèle, le Ménil-Broust a tous ses herbages tendus au midi. Cette situation serait pour eux une source d'abris si la vallée, dans cet endroit, d'une largeur démesurée, n'était l'arène où les vents contrariés entre les deux forêts précitées et celle de Perseigne, se livrent de continuels combats, A cela joignez un terrain argileux, et vous connaîtrez une partie de ses herbages, les Grands-Epinay, les prés des Noës, Roncherolles et Paillerotte, qui ne sauraient faire que le cheval de commerce. Mais, au confluent de la Sarthe et de la Vesonne, à l'extrémité sud-ouest de la commune, une zone abritée contient une série de fertiles prairies d'une aptitude parfaite à toute les spécialités de l'élevage : le parc Fortin, la Métairie, les prés Madeleine, la Motte, le parc Pommier, la cour au Noble, l'herbage du Bourg et l'herbage du Moulin.

Le seul éleveur du Ménil-Broust est M. Le Noble, qui ne possède que quelques juments poulinières ; la seule curiosité, le logis de l'Épinay qui n'offre aucun intérêt hippique.

Le seul souvenir à recueillir dans cette localité, est celui de l'inauguration des premières courses de chevaux de l'Orne, qui eurent lieu, en 1818, dans les prairies de Roncherolles. C'était en ce lieu même que les seigneurs d'Alençon exerçaient leurs destriers à la course, et ce fut cette circonstance qui détermina le choix de l'administration. Mais cet essai ne fut pas heureux et ne dura qu'une année. Le sol argileux, humide et profond était beaucoup trop lourd, et l'hippodrome fut établi définitivement sur la lande de la Bergerie, près le Haras du Pin, où il est encore aujourd'hui.

Marchemaisons.

Marchemaisons possède deux qualités éminentes : fertilité du sol, douceur et égalité du climat. Un grand hémicycle de forêts et de coteaux boisés le ceint au nord et l'abrite contre les vents, en même temps que la plantureuse végétation des bocages semés sur toute son étendue y entretient une douce fraîcheur.

Les souvenirs les plus curieux se rattachent à son histoire chevaline. Chaque ferme sera pour nous une occasion de les retracer.

Parlons d'abord de la ferme de la Chauvinière (l'asile des chevaux), qui appartenait à M. de Villereau d'Eperrais. M. de Villereau d'Eperrais, dans le Perche, était né à Boitron, à la terre de la Bunetière, dont il avait porté le nom dans sa jeunesse. En 1793, il installa dans sa terre de la Chauvinière une magnifique pouliche, nommée la Coureuse, provenant de la jumenterie de Nonant et que, sur les instances réitérées de M. Neveu de Médavy, il sauva ainsi d'un oubli qui la menaçait comme plus d'une de ses sœurs.

Cette jument produisit une nombreuse lignée, dans laquelle on remarque la fameuse Culotte, fille de Neptune; la célèbre fille de Matador, la Jonquille, la fille d'Hyghflyer, la Villerotte et la vieille Lodgick, qui vivait, il y a quelques années encore, chez M. Valluet, auquel elle donna l'étalon Ratisbonne.

La ferme de Bois-Aubert, où M. Ragon avait fondé un établissement d'élevage qui fut, pendant quelques années, l'un des plus considérables de l'Orne. Sa jumenterie, rassemblée à grands frais, était des plus magnifiques. On y voyait la Jeune-Mignonne, l'une des perles de la maison de Médavy, qui avait pendant quelque temps été possédée par M. le marquis de Mallart; la Belle-Eastham; Easthamine; la fille de Phaéton, achetée jeune de M. Dujarrier éleveur à Buré et vendue à M. le marquis de Flers de Villebadin; Ouricka et Mouche, acquises au Haras du Pin; la Valiente, de M. Gallant, du Petit-Bouvenches, à Saint-Léger; la fameuse Impérieuse, de M. Trotté d'Hauterive, et la fameuse Paysanne, de lord Seymour; la jument anglaise Punnecott; la fille de Prince; une jument anglaise et l'étalon Prince, de M. le marquis de Mac-Mahon; la fille de Pied-de-Chêne, de M. le comte d'Osmond. Ce fut là que naquirent grand nombre d'étalons et de juments fameux : Xerxès et Bourgeois-Gentilhomme; la Ragonne, l'une des meilleures poulinières des temps modernes; la Pick-pocket; un splendide étalon, fils d'Eastham, dont le nom m'échappe, et qui fut le dernier rejeton de la Matador de M. Morin, d'Exmes, laquelle était la dernière représentante de la race de M. l'Abbé des Mares, de Montmarcé, dans le Merlerault; la belle jument Royal-Oak; la fille de Pontchartrain; Emilia; les poulains Polyeucte, élève de M. Godichon, de Cohon (plaine d'Alençon), et Quillebœuf, élevé par M. Herbinière, de Godisson, dans le Merlerault.

M. Ragon fut assez cosmopolite. Nous l'avons vu à Marmouillé, dans le Merlerault, et nous le retrouverons encore plusieurs fois, pendant le cours de cette excursion, après son départ de la ferme de Bois-Aubert, où il avait débuté. La fortune toujours lui fut adverse, et sa jumenterie fut complétement dispersée. Ses débris devinrent pour plusieurs maisons la source de leur prospérité en apportant chez elles un sang généreux et longuement confirmé.

Après M. Ragon, Bois-Aubert a vu M. Hardouin, dont la race, remontant à une fille d'Aimable (née chez M. Jouaux, à Saint-Julien-sur-Sarthe, et issue d'une percheronne), a produit des rejetons d'un mérite exceptionnel : la fille d'Eclatant, la fille de Voltaire, la fille de Xerxès, la fille de Gradivus, le trotteur Géomètre, les étalons Porphyrion, Tic-tac et Quintessence. —

M. Hardouin a quitté Bois-Aubert pour Saint-Léger, où nous l'avons vu en passant, et a été remplacé par M. Valluet, dont le nom a été cité à la Chauvinière, et qui possède la Pickpocket de M. Ragon et plusieurs autres belles poulinières issues d'elle.

La ferme de la Métivinière, où M. Chollet possédait une jumenterie excellente, d'où sortit la mère du Vieil-Émilius, qui était du Merlerault; la mère du Saumon et d'Ukase, qui était, par le vieil Émilius; la fameuse Impérieuse, qui fut mère de Windcliffe et de la Chasseur de M. Poupard, l'une des meilleures trotteuses de son temps.

Le logis de la Broudière, où M. Le Tessier possédait une précieuse jument arabe qu'il avait ramenée de Hongrie après la bataille de Wagram. Devenue poulinière, cette jument donna le jour à une précieuse descendance, dont l'action a été toute-puissante dans l'anoblissement de la race de cette contrée.

Le logis de la Giroudière, à M. de Château-Thierry. Neveu de M. Le Tessier, de la Broudière, M. de Château-Thierry lui acheta sa jument arabe, et se constitua avec elle et avec une autre jument célèbre, nommée la Solide, achetée de M. Trotté d'Hauterive (plaine d'Alençon), une jumenterie qui, pendant quelque temps, jeta un vif éclat. Il fit naître la D. I. O., le fameux trotteur Windcliffe et les étalons Carnassier et Lord-Jersey.

L'établissement où élevait M. Esnault, qui depuis est allé se fixer à Larré, dans la plaine d'Alençon, où nous l'avons nommé. Il avait constitué son élevage avec deux vieilles juments, venues du Merlerault, la Lottery, de M. Bazière de Loucey (cité commune de Courmesnil), et l'anglaise Sophia, achetée de M. Valentin, de Nonant, qui lui donna le trotteur National-Oak, les étalons Radical, Rubini et la mère de la jument Brillante.

Les maisons de MM. Morel et Le Villain, dont les jumenteries remonteraient à l'étalon de M. de Saint-Aubin, allié à une poulinière indigène.

Quant à l'antique manoir de Bois-Gervais, il n'offre aucun souvenir hippique.

Les herbages de Marchemaisons donnent tous une herbe douce et abondante, convenant éminemment aux juments poulinières et à l'élevage des pouliches de mérite. Voici les noms des meilleurs : le grand parc de Bois-Aubert, la Chauvinière, le parc de la Giroudière, la Fontaine, Groutel, les herbages de la Métivinière, le grand parc de la Clergerie et la cour de Bois-Aubert.

Les Ventes-de-Bourse.

Cette commune, comme celle de Marchemaisons, est adossée à une forêt, mais le sol en est d'une qualité inférieure.

On y visite avec intérêt la ferme de Pêcheloche, où élevait, il y a quelques années, M. Le Bâcheur. On y voyait des types des deux races opposées : la race introduite et la race du pays. La race introduite, descendue de la Jonquille, de M. de Villereau, avait pour représentantes une fille de Phaéton et une fille de Napoléon. La race du pays, remontant à une jument de M. Froc de Coulonges, était représentée par une D. I. O. et par sa fille la Sylvio.

Un autre éleveur, M. Le Cordier, disparu depuis longtemps, avait aux Ventes une jumenterie, dont les qualités étaient appréciées.

Quant au vieux logis des Ventes, rien n'y parle du cheval, et les souvenirs sont muets.

Voici les noms de ses meilleurs herbages : les grands Prés, le pré Carré, le parc de Pêcheloche, sont des fonds excellents pour juments et poulains. Le cheval de commerce et le cheval adulte, pour lequel on ne redoute pas le voisinage des hôtes des forêts, peuvent seuls être donnés aux grands et maigres parcs qui avoisinent le logis des Ventes.

Echuffley.

On y remarque l'antique manoir de Rouilly, dont la ferme a été toujours le berceau des chevaux de mérite. M. Maine, que nous verrons à Saint-Paul, dans le Maine, y a longtemps élevé.

M. Aguinet, que nous avons vu successivement à Cour-Lévesque, près Moulins-la-Marche, dans le Merlerault, à Valframbert et à Semallé, dans la plaine d'Alençon, élève aujourd'hui dans cette commune.

Voici les noms de ses meilleurs herbages : le grand et fameux parc des Rigoux, dont la plantureuse tonicité se prête à tous les genres d'élevage ; les prés de Rigoux, où M. Delacour de Cerisey se plaisait à placer des poulains d'ordre élevé ; le parc Belin et les herbages de Rouilly, excellents pour les poulinières et pour donner de la tournure à de jeunes élèves.

Essey.

Essey, antique capitale des Essui, n'a plus aujourd'hui que les proportions d'un petit bourg. On y visite toutefois avec intérêt les ruines de la maison de plaisance des seigneurs d'Alençon et d'un monastère qu'ils avaient fondé pour les filles nobles de leurs Etats. Prise et reprise vingt fois dans les guerres dont la Normandie fut le théâtre, cette ville porte les stigmates de toutes ses souffrances, mais elle aime à garder le souvenir de la défaite

d'une armée anglaise, qui bientôt fut suivie de la déroute de For-
migny.

Les Anglais, occupés à pêcher sur l'étang d'Avès, aujourd'hui
desséché et converti en prairie, furent surpris par Mallart, capitaine de Boitron. Un grand nombre fut tué et un plus grand nombre encore disparut sous les eaux. Mallart, le héros dé cette
journée, nommé capitaine héréditaire d'Essey et de Boitron, fut
le chef de la maison Mallart, dont nous avons retracé le souvenir
lors de nos excursions à Falendre et à Médavy-Saint-Cenery.

On visite à Essey le beau et antique château de Villiers, le
moderne et délicieux château de Matignon, bien que l'un ni l'autre n'aient jamais marqué dans l'élève du cheval. Le vieux manoir
des Genettes, autrefois aux Mallart, et depuis à l'illustre famille
des Dufriche des Genettes-Valazé. Tous les grands noms de
cette race ont vu le jour dans cette modeste demeure, aujourd'hui
possédée par M. Hubert, dont nous avons parlé déjà en passant
à Larré, dans la plaine d'Alençon.

Essey fut le berceau de l'une des plus anciennes races chevalines du Mesle-sur-Sarthe. M. Levesque, acquéreur du monastère
d'Essey, y établit, vers 1793, une jumenterie dont les éléments
provenaient de la vente du Haras du Pin. Plus tard, une réforme
opérée dans ce même établissement lui fournit la jument Corinne,
et la mort de M. Gaillet, d'Aunou, bientôt suivie d'une vente, lui
procura une fille de Massoud, issue de la fameuse Lilly.

M. Levesque élevait dans les herbages de Gisnay, près le Haras
du Pin, et c'est là que virent le jour et que grandirent Mithridate,
Minos, l'Exalté et la belle jument Biche, qui depuis fut vendue à
M. Boschet de Marcey.

Ce fut à Essey que naquit, chez M. Henry Vantorte, l'étalon
Egus, et ce fut sur le territoire de cette commune, à la terre de
Margérard, que M. Salley, dit Lacoste, débuta dans l'élevage.

Voici les noms de ses meilleurs herbages : les herbages de
Matignon, la Boyère, le parc du Monastère, les prés d'Essey ou
d'Avès, l'étang de Corday, que leur fertilité peut rendre aptes à
toutes les spécialités de l'élevage du cheval léger; l'herbage de
Villiers, qui convient au cheval de commerce et au petit carrossier.

Bursard.

Tout l'intérêt de cette commune se concentre sur le château
de Bois-Roussel, habité par M. le comte Rœderer. C'est là que se
voit sa belle jumenterie, formée des débris du haras de Viroflay
et grossie depuis de nombreuses acquisitions. C'est là que sont
nés : Agar, Muséum, Conquête, Oubli, Brocoli, Papillote, Bois-

Roussel, Vermout, Billet-Doux, Anecdote, Vertugadin, Vera-Cruz, Matamore; qu'Angus et Fidélité ont été élevés, et que Bois-Roussel est, en ce moment, placé comme étalon.

Cette jumenterie prend ses ébats dans deux herbages fameux, qui s'étendent sous les yeux du château, mollement couchés en pente douce dans la direction du midi, protégés par les massifs du parc contre les vents du nord. Ces herbages, nommés les Fontaines et les Vaux, joignent à une admirable fertilité une tonicité qui l'égale, et nul doute qu'il ne leur revienne une large part des succès des poulains fortifiés par leurs sucs nourriciers.

Une jumenterie de mérite, qui ne se compose que de types de demi-sang, a été fondée, depuis quelques années, à Vende par M. Arsène La Coste. Deux types bien différents y ont été mis en présence : celui du Merlerault, représenté par le sang d'une mère qui venait de la race précieuse de M. Charlotte Férdult de Saint-Germain-de-Clairefeuille; celui de la race primitive du Mesle-sur-Sarthe. Cette dernière famille y est représentée par les rejetons des poulinières de M. Constant La Saussaye de Ferrières, dans le Merlerault, lesquelles venaient de la race de Saint-Aubin, dans le Mesle-sur-Sarthe.

Près de Vende est la ferme de la Sicotière, où est venu mourir, il y a quelques années, M. Ragon, dont nous avons parlé à Marchemaisons, et que nous rencontrerons encore en visitant Coulonges.

Quelques bons herbages se remarquent dans la vallée de la Vende, ceux de Vende, ceux de la Commanderie-de-Monmouth et ceux du Moulin-de-Boux. On les classe parmi les fonds qui conviennent aux juments poulinières.

M. Collet, que nous avons vu succéder à M. Delacour, à la Cour de Cerisay (plaine d'Alençon), partit de la ferme de Matignon, située à Bursard, et commença sa jumenterie avec une percheronne qui portait le nom de cette ferme.

Excursion à Nauphle.

Nauphle est une commune agricole, qui ne possède qu'un petit nombre d'herbages. Aussi son nom ne trouve-t-il place ici qu'en souvenir de la maison Dubois qui, avant de s'éteindre, a compté plusieurs générations d'éleveurs.

Boitron.

Boitron se reconnaît au loin à un cône élevé, d'une fière prestance. Escarpé de toutes parts, et formé d'une roche siliceuse, il s'isole, à plus d'une lieue loin, de toutes les collines environnantes et se dresse au milieu des fertiles bocages et du réseau de petites vallées dont est entrecoupée cette partie du Mesle. Une vieille tour, aujourd'hui transformée en un moulin, aux ailes agitées sous les efforts du vent, le surmonte et nous offre le débris d'une forteresse importante, dont furent chassés les Anglais par le capitaine Mallart, qui, à Essay, renouvela le même exploit. Ce double coup de main lui valut le titre héréditaire de capitaine de ces deux places, et sa famille a longtemps vécu à l'ombre des lauriers cueillis par son chef. On voit encore les restes de son antique manoir au milieu des herbages de Fontaine. La situation de cette demeure, au sein des plantureuses prairies, et le fer à cheval que l'on remarque dans les armes de Mallart, ne peuvent permettre de douter du goût de ses maîtres pour les chevaux. Des cavaliers assez amoureux du cheval, pour retracer sur leur écusson une image qui remplissait leur pensée, auraient-ils pu ne pas glisser sur la douce pente qui les entraînait vers l'élevage, dans un milieu si propre à satisfaire cette passion.

La situation de Boitron et la nature de son sol le rapprochent infiniment du Merlerault, et toujours il s'est montré entre ces deux localités des affinités marquées. Il est même démontré qu'on y élevait, il y a plusieurs siècles, le cheval de race, et c'est, sans nul doute, la première localité de la vallée où ait été pratiquée, pour plus tard disparaître, l'éducation chevaline.

Jean de Saint-Aignan, écuyer du roi Henri II, dont nous nous sommes entretenus lors de notre excursion à la Grimonnière, dans le Merlerault, tenait par sa naissance à Boitron. Cadet de l'antique maison de Saint-Aignan, il possédait la seigneurie de la Brétesche à Boitron, qu'il habitait avant que le château de la Grimonnière ne lui eût été apporté par l'héritière de cette maison. C'est à la Brétesche que des traditions de famille le représentent acclimatant les belles poulinières qu'il avait eues jusque-là dans les herbages de Montrond, passés par partage entre les mains de son frère aîné. Cette terre a été vendue et est aujourd'hui la propriété de M. Després-Taillis, qui fait le cheval de demi-sang, et chez lequel on vit autrefois la belle poulinière la Valiente. Il faut visiter encore à Boitron le vieux manoir du Jardin, autrefois aux Mallart, et où élève aujourd'hui M. Després; Cornilly, où élève M. Croiset, qui possède un rameau de la race de M. Ragon; la ferme de la Houardière, où M. Poulain avait formé, avec une percheronne de grand ordre, une famille précieuse, dont le sang coule, en ce moment, représenté par les descendantes de sa fille, la Jaggard, dans les meilleures jumenteries; le beau et moderne château de Beaufossé, élevé par les soins de M. de Corcelles, sur l'emplacement qu'occupait le berceau de la puissante maison de Puysaie.

Voici les noms des meilleurs herbages de Boitron :

Le grand et fameux parc de Fontaine, au milieu duquel on voit encore la vieille tour des Mallart, la Brairie, qui le surpasse encore en fertilité, sont aptes à toutes les spécialités de l'élevage ; l'herbage du Jardin, excellent pour des poulinières de mérite et de jeunes pouliches ; les Vaux, la Brétesche, la Houardière, Cornilly, pour juments poulinières, chevaux de chasse et petits carrossiers. Quant à Bernières, le Soufflet, la Tuquère, on ne saurait leur demander que le cheval de petit luxe et de remonte.

A l'extrémité nord de la commune de Boitron, on aperçoit une touffe majestueuse dominant un coteau. C'est le bouquet de Médavy, que nous avons visité en parcourant le Merlerault, et qui sert de trait d'union entre les deux contrées.

Aulnay.

Aulnay s'étend sur les flancs opposés d'un coteau dont le sommet est couvert de futaies, et il offre des expositions extrêmement variées. Toutes, de quelque côté qu'elles regardent, jouissent de puissants abris et sont rafraîchies par les assainissants ventilateurs des forêts.

On y remarque un château magnifique, que sa position, son architecture, ses souvenirs classent parmi les plus remarquables de l'Orne. Il a toujours été, depuis les temps les plus reculés de l'histoire féodale, habité par les Bonvoust, barons d'Aulnay, qui jouissaient près des seigneurs d'Alençon des titres d'écuyers et de chambellans.

Un autre monument précieux, qu'à tous égards on ne saurait oublier, forme le corollaire de la visite du château : la chapelle funéraire de Mme la comtesse de Romanet et de sa jeune sœur, Mlle de Mésenge, les deux héritières de l'antique domaine des Bonvoust.

La grande forêt, avec ses chênes séculaires, qui abritent le château, par sa végétation, la majesté de ses arbres et la poétique magnificence de ses sites, forme le but de l'une des plus curieuses excursions que l'on puisse rêver. On y remarque plusieurs arbres prodigieux, le chêne du Corbeau, qui domine toute la forêt, et le chêne Gamard, qui porte le nom de l'un des capitaines des chasses des ducs d'Alençon. Ce géant aura peut-être abrité quelque bel hallali des Valois, dont la reconnaissance l'aura doté du nom de celui qui présidait à leurs plaisirs.

Visitez les deux fermes du château, où M. Mitteau, qui a fait naître la fameuse percheronne Bijou, et M. Branchard se livrent avec un succès complet à l'élevage du cheval percheron ; la ferme de l'Ogrière, où élève M. Le Royer, chez lequel on trouve des rejetons de la fameuse jument Paysanne, de lord Seymour, citée à Marchemaisons ; sa fille, issue de Royal-Oak, lui a donné le bon trotteur Débutant et Jason, le cheval fameux de steeple-chase et Candidat ; la ferme de la Chevallerie, où M. Troussard possédait une jumenterie dont la naissance se rattachait à la race autochthone de Saint-Aubin.

Voici les noms de ses meilleurs herbages :

Pour juments poulinières, les herbages des Fontaines, du Drugeon et du Vaux-Renoult, qui entourent le château, la Plesse, l'Etang, les Sapins et les herbages de l'Ogrière, où sont nés Jason, Débutant et Candidat. Les Roulandières ne sont bonnes que pour les chevaux de commerce.

Saint-Aubin.

Saint-Aubin, berceau de la race autochthone du Mesle-sur-Sarthe, occupe le sommet d'une haute colline, toute couverte de bois. Séparée par une profonde et large vallée de la forêt d'Aulnay, que nous venons de quitter, et des coteaux de Montchevrel, que nous aborderons bientôt, il possède, dans cet espace, une série nombreuse d'herbages parfaitement abrités. On comprend, en le parcourant, que l'on a dû y pratiquer l'élevage aussitôt que les éléments en eurent été fournis.

On y remarque plusieurs habitations curieuses, que nous passerons en revue en faisant l'historique de la race chevaline :

1° Les Faveritz, cachés au fond d'un petit vallon herbu, qui s'est creusé un lit dans l'un des recoins de la vallée principale, étaient, au moyen âge, l'apanage d'une famille équestre, dont le nom était Le Coq des Faveritz. Tous les documents écrits nous montrent cette maison comme les d'Aché (*voir* Congé et Larré, plaine d'Alençon), occupant la charge héréditaire d'écuyers près des comtes et des ducs d'Alençon, et leur nom se trouve mêlé à tous les tournois, à toutes les chasses, à toutes les batailles auxquelles assistèrent leurs maîtres. Avec les ducs d'Alençon, le nom des seigneurs des Faveritz disparaît ; mais, plusieurs siècles après, un homme de cheval éminent, un sportsman complet, apparaît aux mêmes lieux. Au moment de la tourmente révolutionnaire, M. de Saint-Aubin partit pour l'Angleterre ; mais, à l'encontre de presque tous les gentilshommes qui passaient tristement leur vie dans des labeurs fastidieux, la sienne s'écoula au milieu des chasses au renard, et cette occupation lui permit de connaître les chevaux qui se montraient les plus brillants dans cet exercice. Aussi, en 1802, lorsqu'il obtint de rentrer en France, eut-il la pensée de ramener dans son pays un des meilleurs reproducteurs de la race des hunters, et cet homme, malgré les glaces dé l'âge, arriva-t-il, chevauchant, aux Faveritz, comme aux beaux jours de sa jeunesse. Il montait un magnifique étalon anglais, dont il avait su apprécier les qualités et que, depuis son débarquement, il n'avait plus quitté. Moderne Centaure, l'homme et le cheval ne faisaient qu'un, et, pendant longues années, M. de Saint-Aubin, toujours à cheval, exécuta souvent avec son fidèle compagnon le voyage des Faveritz en Bretagne, où résidait sa famille, suivant rarement les chemins battus et aimant à courir à vol d'oiseau vers son but. Le printemps seul mettait un terme à ces fréquents voyages, et le bel anglais, que ses qualités avaient fait vivement apprécier, trouvait, près des juments des fermiers de M. de Saint-Aubin, des occupations qui ne firent que grandir sa renommée.

Bientôt ses enfants se distinguèrent de leurs mères, qui n'étaient que de modestes percheronnes, et parmi ses fils on ne tarda pas à trouver un héritier qui sembla digne de lui succéder. Ce cheval appartenait à M. Aimable Forcinal, qui lui fit faire la monte, et lui donna peu après pour renfort un de ses frères, puis un fils de Y. Morwick, issu de l'une des filles du vieil étalon. Quant à celui-ci, devenu lui-même trop vieux pour chasser, il avait été confié à M. Forcinal, chez lequel il mourut en faisant la monte.

Quelque temps après, l'étalon King, jugé trop cassé pour être conservé au Haras du Pin, fut concédé à M. Forcinal, auquel il donna des produits toujours excellents, et il périt dans un fossé qu'il avait voulu franchir encore, dans le but d'abréger la distance qui le séparait d'une vive affection.

2° Ceci se passait au vieux logis de la Rabelaye, où ont vu le jour MM. Forcinal, frères, qui ont étendu sur toute la contrée du Mesle et du Merlerault la science de l'élevage que leur avait léguée leur père.

Ce fut donc de la Rabelaye que sortit, en petits ruisseaux, ce grand fleuve équestre qui, grâce à l'intelligence des croisements, vivifia toute la vallée de la Sarthe. MM. Le Sage et Le Bacheur, parents de M. Forcinal, puis ses voisins, MM. Cosme et Delouche, de Laleu; Mannoury, de Rouilly; Froc, de Coulonges; Jouaux, de Saint-Julien; Poullain, de Boitron, puisèrent chez lui les premiers éléments de leur élevage.

Parmi les produits les plus renommés nés ou élevés à la Rabelaye, on compte : chez M. Forcinal père, une fille de Y. Morwick, une fille de King, une fille de D. I. O., une fille d'Eclatant, deux filles de Phaéton, une fille de Xercès, et deux filles de Chasseur, toutes deux devenues la propriété de M. Constant La Saussaye, de Ferrières, dans le Merlerault.

Chez M. Philibert Forcinal, son fils cadet, qui lui succéda à la Rabelaye, une fille de Doyen, une fille de Prince et une fille de Pontchartrain (provenant de la jumenterie de M. Ragon); plusieurs produits de l'étalon Prince, achetés également de M. Ragon ; deux filles de Tipple-Cider, une fille de Kramer, les étalons Sinople, Eminence, Héliotrope, Langlois, Débutant, Rabelais et Tippler, enfants de la vieille Emilia, du Haras du Pin ; les trotteurs Supérior et Filateur ; les chevaux de steeple Dagobert, Y. Mastrillo, Franc-Normand, Julien, etc., etc.

M. Forcinal fait naître à la Rabelaye, mais il élève dans les herbages du Mesnil, à Saint-Léonard-des-Parcs (*voir* le Merlerault).

3° L'antique manoir de Ouilly, où élève M. Luc Le Sage, représentant de plusieurs générations d'éleveurs qui se sont succédés au même lieu. On se souvient encore d'avoir vu chez lui deux précieuses poulinières, filles d'Eclatant, et la fille de Napoléon, issues de la race de Saint-Aubin, les descendants de la belle jument Mahomet, de M. Lalignel, du Ménil-Erreux, dans la plaine d'Alençon. Il possède également les rejetons d'une poulinière de mérite, achetée chez M. Gérard Rouvray, fermier à Ferrières, dans le Merlerault, et ceux de la Pickpocket, de M. Ragon, de Marchemaisons. Une fille d'Emule, une de Boléro et une d'Iéna s'y faisaient particulièrement remarquer.

M. Le Sage fait naître à Ouilly, mais il élève dans les herbages du Mesnil-Froger et ceux de la Charterie, commune de Talonney (*voir* le Merlerault).

4° L'Arcangerie, où élevait M. Eléonor Le Sage, frère de celui dont nous venons de parler.

5° Le bois d'Ouffay, habité par un éleveur nommé également Le Sage, et dont la jumenterie est formée de rejetons de la race de M. Le Bacheur, des Ventes-de-Bourse.

6° Le vieux logis de Tanche, qui n'offre aucun souvenir équestre.

Cette dernière excursion nous ramène vers les Faveritz, que nous avions quittés pour suivre notre pensée, dirigée vers l'élevage de la Rabelaye. Ils sont aujourd'hui habités par M. Bourdon, seul possesseur du sang de la fameuse Solide, de M. de Château-Thierry, de Marchemaisons, dont il a obtenu une belle poulinière, issue de Boléro.

Voici les noms des meilleurs herbages de Saint-Aubin :

Le parc de Tanche, au sol uni comme une glace, la Thuilerie, jetée sur le flanc méridional d'un coteau, sont, par leur fertilité, aptes à toutes les spécialités de l'élevage. Les Faveritz, les cinq herbages d'Ouilly, le bois d'Ouffay, la cour de l'Arcangerie, rélament des juments poulinières. La Tahurière, l'herbage de la Rabelaye et le parc de Saint-Aubin, tous deux suspendus aux flancs d'une colline, sont pour chevaux de petit luxe et chevaux d'escadron.

Laleu.

Laleu comptait autrefois plusieurs jumenteries de mérite ; il n'en demeure plus qu'une seule, celle de M. Fossey, qui éleva la Gradivus et produisit la fille de Tipple-Cider et l'étalon Va-de-bon-Cœur, tous issus de la race de Saint-Aubin, mais nourris (sauf Fossey, vendu jeune à M. Fleury de Saint-Léger) dans le bois Hérisson, à Brullemail (*voir* le Merlerault).

Les autres jumenteries étaient celles de M. Delouche, issue de la race du pays, et dont sont sortis l'étalon Janson et la tige des juments de Maine de Saint-Paul ; celle de M. Monnier, qui posséda une fille de D. I. O., issue de la jument arabe de M. Le Tessier, de Marchemaisons, et dont il eut la fameuse Valient, mère des étalons Basly et Traveller ; celle de M. Cosme, issue de la race du pays, et dont est sorti le fameux trotteur de Thou ; celle de M. Mannoury, issue, comme la précédente, de la race du pays. M. Mannoury habitait le château de Rouilly, berceau des d'Aythenaise, l'un des plus vieux noms chevaleresques de la Normandie.

Les herbages de Laleu sont peu nombreux, et l'on n'y peut compter que cette belle collection de pâturages, groupés autour du manoir de Rouilly et s'étendant jusqu'à la Bordinière, où commence la vallée de Saint-Aubin. L'un d'eux avait le privilége de nourrir les pouliches de M. Delacour, de Cerisay, dans la plaine d'Alençon.

Coulonges.

Le commune de Coulonges, étendue en partie sur le flanc méridional du coteau qui enserre la vallée de la Sarthe, doit à cette situation des pâturages à la fois précoces et abondants.

On y visite avec intérêt le château du Mesnil, habitation de M. le comte de Coulonges, que son site, exceptionnellement gracieux, classe parmi les plus belles demeures de Normandie ; mais il ne se recommande par aucun souvenir équestre.

L'antique manoir du Tertre, où élevait M. Charles de Saint-Aubin, fils de celui des Faveritz, à Saint-Aubin. Ce fut chez lui que s'éteignit la famille de la poulinière fameuse l'Aigle-Blanche, que nous avons vue à Saint-Léger. Après M. de Saint-Aubin, M. Cosme éleva quelque temps au Tertre, et son écurie, procédant de celle de son prédécesseur, appartenait à la race du pays. La maison

Cosme et sa jumenterie n'existent plus, et M. Bignon, qui leur a succédé, se livre à l'industrie du cheval percheron.

L'antique château de Courpotin, où la famille Froc possédait une bonne jumenterie, dont l'origine remontait à l'étalon de M. de Saint-Aubin. Un rameau de cette jumenterie fut détaché en faveur de M. Le Bâcheur, dont nous avons parlé en passant aux Ventes-de-Bourse.

Ne quittons point Coulonges sans parler encore de M. Ragon, qui vint s'y fixer en quittant Marchemaisons, et s'y signala, comme dans toutes ses haltes, par un élevage d'un mérite exceptionnel. De toutes ces jumenteries, il ne demeure que le souvenir, et toutes les maisons qui couvrent l'étendue de la commune s'occupent exclusivement de la race percheronne, malgré la présence d'herbages exceptionnels dont voici les meilleurs :

L'herbage Gras, l'herbage du Lavoir, l'herbage du Gué, l'herbage du Tertre, l'herbage de Souvelle, où naquirent Dagobert, Y. Mastrillo et Despote ; les prés de Souvelle, que leur plantureuse abondance rend aptes à toutes les spécialités de l'élevage.

Le parc Clogenson, où élevait M. Ragon, pour juments poulinières et carrossiers de moyenne grandeur ; le parc du Château, pour une poulinière de mérite ; les herbages de Courpotin et la cour du Château pour les juments poulinières de second ordre

CANTON DE COURTOMER.

Bures.

Malgré la fertilité de ses herbages, Bures ne garde aucun souvenir de l'élevage du cheval distingué. On s'y est livré toujours et on s'y livre encore exceptionnellement à l'éducation du cheval percheron, qui réussit d'une façon toute particulière dans cette zone.

Les plus anciennes et les meilleurs maisons, dans cette spécialité, étaient celles des Bignon de Montgazon, aujourd'hui fixés à la Rabouine, dans la même commune ; les Lancelin, de la Cour de Bures, aujourd'hui à Launay, dans la même commune, et à la ferme de Courtomer, dans le Merlerault ; les Le Blond à la Rivière. M. Tafforeau, fermier actuel de la Cour de Bures, y élève, comme les Lancelin, de bonnes juments. Il en est de même à la ferme de la Maison-Rouge, où l'on trouve, chez M. Fossey, un excellent choix de percherons ; mais ils n'appartiennent pas au type du pays : ce sont des poulains de Montdoubleau, qu'on y amène enfants.

Voici les noms des meilleurs herbages de cette commune :

Les trois parcs de la Maison-Rouge, la Bigotière, l'herbage de Long-Pont, le Grand et le Petit-Pluviers, l'Étang, les Grandes-Coutures, qui conviendraient éminemment à des poulinières et à le petits carrossiers ; la cour de la Maison-Rouge et celles de la Rabouine, de Launay et de Courpoteney, à des juments poulinières.

Tout à côté de la Rabouine, on trouve sur le territoire de la commune de Champeaux-sur-Sarthe, dont il est seul morceau remarquable, le pré du Pont-au-Secq, que sa fertilité et ses qualités toniques placent au premier rang parmi les meilleurs pâturages de la vallée. Il tient son nom d'un pont jeté sur ses rives, au moyen âge, pour réunir la Normandie et le Perche, et dont la famille le Secq de Bernières avait la garde héréditaire.

Sainte-Scolasse.

Sainte-Scolasse est un joli bourg, situé à la rencontre des routes de Mortagne à Sées, et du Mesle-sur-Sarthe à Moulins-la-Marche et à Courtomer. Les herbages, que leur taille et leur fertilité rendent dignes d'un classement, s'y rencontrent en petit nombre, et les souvenirs équestres y sont inconnus.

Toutes les fermes s'occupent du cheval percheron, et, parmi les industriels que recèle ce bourg, M. Valembras, marchand de chevaux, ne vend que des percherons.

Voici les noms de ses meilleurs herbages :

Le grand parc du Ménil, où M. Lindet de Saint-Léger élevait ses pouliches, et le Petit-Ménil, conviennent à des poulinières de mérite, des pouliches et de petits carrossiers. Pour poulinières de second ordre, chevaux de demi-luxe et chevaux d'escadron, Falendrin, les herbages de Chailloué, de la Haye, de la Morillière, de la Nerté, de la Grillonnière et de Glapion.

Près de ce dernier herbage, on remarque les restes du manoir des sires de Glapion, dont le nom se retrouve dans toutes les listes des chevaliers normands qui teignirent de leur sang les champs de bataille d'Hastings et de la Palestine.

Saint-Aignan.

Berceau de l'antique maison de Saint-Aignan, dont le manoir a disparu depuis quelques années à peine, cette commune ne tient plus aucune place dans les souvenirs équestres. La branche aînée de ses seigneurs s'est éteinte depuis longtemps, et ses héritiers ont vendu. Quant aux gentilshommes qui habitèrent le manoir de la Barre, situé tout à côté, les de La Haye et les du Rouil, ils ne se sont jamais occupés de chevaux.

7

Voici les noms de ses meilleurs herbages :

Le grand et le petit parc de Saint-Aignan, où élève M. Avenel, pour juments poulinières et petits carrossiers; le parc de la Lizottière, où naquit Médicis, pour fortes poulinières; l'herbage du Josselin, celui de la Lizottière et celui de la Haye, pour chevaux de petit luxe et d'escadron.

Montchevrel.

Il nous faut resserrer notes et crayons en traversant le Plantis, commune essentiellement agricole, sylvicole et bocagère, dont le seul éleveur, M. Gérus, ne fait que le cheval percheron. Ce n'est qu'après l'avoir quittée que l'on retrouve, à Montchevrel, la zone des herbages.

Montchevrel offre de bons souvenirs équestres, et il a compté, dans son sein, bon nombre d'éleveurs :

Les diverses branches de la famille Le Moine, les La Planche et les Chambillon ; la maison Pontonnier, qui fit naître la Pisenor, la fille de Fortuné, l'étalon fameux, Olympien, et les non moins fameuses juments l'Aimable et la Pontonnière, laquelle forma souche chez M. Erambert, de Godisson, dans le Merlerault ; la maison Després-Taillis ; la maison Le Sage ; la maison Moreuil et la maison Masson.

Son territoire occupe les pentes opposées d'une haute chaîne de collines, et plusieurs vallées divergentes se rattachent à cette arête. Il en résulte que les expositions y sont nécessairement variées. Le sol est, en général, assez maigre, et les herbages propres à nourrir le cheval de moyen luxe y sont les plus nombreux.

Voici les noms des meilleurs :

Les deux parcs Prompt, les Petites-Rozières, la cour de Montchevrel, trop peu étendus, mais d'une fertilité qui les rend aptes à tous les genres d'élevage. Pour juments poulinières, pouliches et petits carrossiers, le grand parc de la Gislière, où élève M. Hubert, d'Essay ; le Croq, le Chesnay, le Pont-à-l'Ogre, où élève M. Moreuil; la Bersollière, le Biot, la Percochère, les Couchants, la Vannerie, les Couchages, la Rozière, le parc du Bois, les herbages de la Rochelle, pour petits carossiers, chevaux de chasse, de commerce et d'escadron.

La Chalenge.

Le Chalenge occupe les pentes méridionales des collines de Montchevrel, et il en résulte que son exposition est généralement plus douce et plus tempérée. On n'y rencontre pas de récents souvenirs équestres, mais ceux de la chevalerie y tiennent une large place. L'antique château du Tertre, du sommet d'un côteau dominant toute la vallée, rappelle les Nollent, et celui des Hayes est toujours plein de la renommée des Mallart, que nous avons rencontrés plus d'une fois dans le cours de nos excursions. Les ruines du Buisson-Barville, berceau de la maison de Barville qui, sous Louis XV, s'est éteinte dans la personne du beau Nocé. Le château du Chalenge que, depuis quelques années, M. Delangle a fait bâtir.

Voici les noms de ses meilleurs herbages :

Pour juments poulinières, pouliches et petits carrossiers, le grand parc des Poiriers, que le chemin de Mortagne à Sées vient de couper en deux parts ; le Tertre, le parc Godet, la Bruyère, Eperon, l'herbage des Hayes pour chevaux de chasse, de moyen luxe et d'escadron.

Le Mesnil-Guyon.

Le Mesnil-Guyon est situé dans une vallée qu'abritent de hautes collines boisées ; les bois et les vergers y tiennent une large place. Il en résulte que l'herbage y est petit, peu nombreux, et qu'en raison de leur exiguïté les quelques morceaux de mérite qui s'y rencontrent perdent le droit d'être classés.

On y compte toutefois trois familles d'éleveurs : les Le Sage-la-Chevallerie, les Pissot et les Poullain, dont nous avons parlé à Boitron. Mais tous nourrissent dans des herbages situés en dehors de cette commune.

Partie située dans l'ancienne province du Maine.

CANTON DE LA FRESNAYE (SARTHE).

Saint-Paul.

Pour atteindre la partie méridionale de la vallée du Mesle, située dans le département de la Sarthe, il nous faut traverser de nouveau plusieurs communes déjà visitées. La route qui mène au pont de Saint-Paul, réunissant la rive normande du Mesnil-Broust à la rive mancelle de Saint-Paul, nous fait repasser par Boitron, Essay et Echuffley. Nous cheminerons ensuite sous les grands ombrages des forêts de Bourse et du Ménil-Broust, que nous avons déjà vues, pour déboucher à la pointe des prairies de Roncherolles, où fut, au moyen âge, l'hippodrome des ducs d'Alençon.

La commune de Saint-Paul, enserrée entre la Sarthe, qui la baigne au nord, et le versant septentrional d'une grande montagne que couvre la forêt de Perseigne, doit à cette situation une exposition froide et sujette à être battue par les vents. La partie la plus rapprochée de la forêt est pierreuse et peu fertile ; l'autre, toute d'alluvion, est d'une extraordinaire abondance, mais elle est sans abris, et exposée à toutes les variations de l'atmosphère.

On y remarque le château, qui n'offre aucun souvenir équestre. Il n'en est pas de même de la ferme ; elle jouit d'une bonne renommée. MM. Maine, partis des communes du Ménil-Erreux et d'Échuffley, y ont importé une belle jumenterie, dans laquelle deux filles d'Henry et une fille de Tipple-Cider se faisaient remarquer. — Biards, où élevait M. Levesque, dont la jumenterie se rattachait au Merlerault par un emprunt fait à celle de M. Morin de Saint-Germain, de Clairefeuille.

Les herbages qui entourent le château, ceux de Biards et ceux de la Loge, autre ferme située sur la même ligne, sont excellents pour poulinières et pouliches. Quant à la longue et vaste zone qui avoisine la Sarthe, et dont la plus grande partie est connue sous le nom de Roncherolles, l'élément qui lui convient est le cheval d'apparat et le grand carrossier.

Roullée.

Cette commune, limitrophe de la précédente, occupe un site pareil. Elle a, en général, les mêmes qualités et les mêmes défauts ; mais comme elle est plus étendue, l'importance de ses pâturages est plus considérable.

On remarque à Roullée le manoir gothique de Garenne, qu'aucun vieux souvenir hippique ne convierait à notre attention, s'il n'était le siège de l'élevage de M. Guitton, qui possède et a fait naître bon nombre de sujets de mérite.

Non loin de là réside M. Cordier, qui a quitté depuis quelques années les Ventes-de-Bourse, où nous avons prononcé son nom.

On visitait autrefois à Roullée une antique jumenterie, qui jouissait d'une haute renommée pour ses juments de selle. Une fille de Tigris surtout s'y faisait remarquer. Cet établissement tirait son origine de la plaine d'Alençon et s'y rattachait complétement par les tendances et le genre d'élevage de son possesseur.

Les herbages de Roullée, que leur fertilité rend aptes à tous les genres d'élevage, mais principalement à celui du fort étalon et du grand carrossier, sont :

La Grande et la Petite-Livrée, toutes deux aussi plantureuses que belles ; les fameux prés le Comte, qui tiennent le premier rang parmi les meilleurs de la vallée, et où M. Fleury de Saint-Léger a élevé tous les chevaux renommés qui ont fait l'honneur de sa maison ; le parc de Hertré, Roncherolles, l'Étang, les Frilleux, Villeray et Garenne.

Blèves et le château de la Gastine.

Blèves, arrosé par de fertilisantes eaux, possède bon nombre d'herbages de mérite ; mais comme aucun souvenir équestre ne s'y rattache, passons rapidement, en portant nos pas vers la commune de Louzes, dans laquelle est situé le château de la Gastine.

Après la bataille d'Essling, où le duc de Montebello avait trouvé la mort, la jument qu'il montait fut achetée par M. le comte de Semallé, propriétaire du château de la Gastine, et de précieux détails lui furent alors donnés sur elle.

Cette jument, nommée Mascarille, enlevée au prince Gallitzin, dont elle était l'idole, venait de son haras, où elle était destinée à transmettre le noble sang arabe-tartare qu'elle tenait de ses aïeux. Bien que fécondée par un étalon arabe d'une famille aussi illustre, Mascarille n'en avait pas moins été sacrifiée aux nécessités de la guerre, et avait, pendant toute la campagne, traversé batailles et périls. A peine devenue la propriété de M. de Semallé, elle mourut, laissant une pouliche, qu'un lait étranger dut nourrir. Cette pouliche, qui avait reçu le nom de Ida, devint une des plus magnifiques juments de l'époque, et, après avoir servi de Hack à Mme de Semallé, lui donna la fameuse Zoé, que nous avons vue chez M. de Bourgeauville, au Ménil-Erreux (plaine d'Alençon), et une non moins fameuse jument, nommée Olga, par Valient. Olga appartint successivement à M. Contencin, chez lequel elle donna le fameux cheval Grenadier ; à M. Souchey du Merlerault ; à M. Lamarre de la Genevraye, et à M. Cenery Forcinal, de Saint-Léonard-des-Parcs, où elle a été mère de l'étalon Orne, auquel sa perfective beauté valut ce nom si brillant, mais si redoutable à porter.

Partie située dans l'ancienne province du Perche.

CANTON DE PERVENCHÈRES (ORNE).

Barville.

Barville est au confluent de la Pervenche et de la Sarthe. Abrité par une petite chaîne de collines boisées, avant-coureur des beaux côteaux du Perche, et par la partie bocagère de la com-

mune de Saint-Léger-sur-Sarthe, il possède des herbages d'une
haute fertilité. Malgré cette circonstance, ni le château de Blavette, qui fait l'ornement de cette commune, ni aucune de ses
fermes, n'ont eu de réputation dans l'élève du cheval de figure.
On n'a cité, dans le passé, que la maison Le Conte, dont la jumenterie avait fourni à M. Morin de Saint-Germain, de Clairefeuille (voyez le Merlerault), une fille de Valient, souche dont
sont sorties sa magnifique poulinière la Railleuse et la Lucain.

Après les Le Conte, silence absolu, jusqu'à ces temps derniers,
où M. Hardouin, dont nous avons parlé à Marchemaisons et à
Saint-Léger, a porté à Barville ses pénates et son élevage.

Voici les noms de ses meilleurs herbages, que leur abondance
rendent aptes à tous les genres d'élevage, spécialement à celui
du fort étalon et du grand carrossier : le parc et les herbages de
Blavette, l'herbage du Moulin, Boterel, la Rivière, les prés le
Comte et les Gués du Bois.

Saint-Julien.

Saint-Julien occupe les deux versants opposés d'une colline
boisée, connue sous le nom de Buttes-de-Montgoubert. Il a des
eaux et des bois ; son sol est profond et généralement d'alluvion ;
sa fertilité est parfaite, ses herbages d'une rare abondance.

Divisé en deux parties bien distinctes, la partie rurale et la
partie urbaine, il tient, par cette dernière, au Mesle-sur-Sarthe,
dont il n'est séparé que par la rivière, et avec lequel il forme une
agglomération considérable. Cette portion, qui possédait la sta-
tion des étalons de l'État et l'école de dressage , fondée par
M. Louis Bazille, avant que ces deux établissements n'eussent été
simultanément installés de l'autre côté de l'eau, n'a plus d'autre
spécialité hippique que la maison de M. Valembras, marchand de
chevaux et principalement de poulains, qui a fait naître Julien.
Quant à la partie rurale, elle est curieuse à étudier.

Voici d'abord le Vieux-Logis-des-Aîtres , où M. Bellier posséda
les premières juments de sang que l'on eût vues au Mesle. Elles
venaient du Merlerault, patrie de Mme Bellier, qui avait voulu,
sans doute, introduire dans sa nouvelle famille les produits aimés
de son pays. C'est toujours par les femmes qu'arrivent dans une
contrée les usages et les goûts du pays dont elles viennent. Ce fut
à l'occasion d'un mariage que le Mesle, peuplé exclusivement de
chevaux percherons, vit arriver le cheval de race. Ce fut aussi à
la suite d'un mariage que le Merlerault, si fier et si entiché de sa
race sans pareille, vit une percheronne s'introduire, sous le nom
de fille de Bacha, dans une jumenterie renommée et mêler un

sang commun au sang confirmé qui y régnait exclusivement auparavant.

Si, dans le Merlerault et la plaine d'Alençon, on trouve aujourd'hui, comme on ne le voit que trop dans le Mesle-sur-Sarthe, quelqu'un de ces êtres dont l'harmonie n'a point modelé la structure; qui n'ait plus ce tride et cette noble fierté d'autrefois; qui n'ait plus, en un mot, ce beau idéal qui rendit le Merlerault sans rivaux, il faut s'en prendre aux mésalliances percheronnes ou aux croisements avec les étalons que nous a fournis la vallée d'Auge, la plaine de Caen ou le Poitou.

La maison Bellier, après avoir brillé longtemps, s'est divisée en plusieurs rameaux, et aucun d'eux n'a rien conservé de la race primitive. M. Bellier et M. Valembras, qui élèvent en ce moment aux Aîtres, se livrent plus particulièrement à l'industrie du cheval de commerce.

Le château de Fournival, malgré sa situation exceptionnellement hippique, ne rappelle aucun souvenir. — Le château moderne de Montgoubert, rebâti par M. Druet-Desvaux, ne peut offrir au tourisme que des légendes féodales.— Mais le Bas-Montgoubert, à M. Chardon, a toujours été le centre d'un nombreux et riche élevage, dont le retentissement fût sorti des bornes de la contrée si le cheval de commerce n'y eût formé la très-grande majorité. — La ferme de Stron possède quelques poulinières, et M. Jouaux continue un nom toujours cité pour ses bonnes juments, dont l'origine remonte à l'alliance de l'étalon de M. de Saint-Aubin avec une percheronne. C'est d'une fille d'Aimable, appartenant à cette maison, qu'est sortie la jumenterie de M. Hardouin, dont nous avons parlé à Marchemaisons, à Saint-Léger et à Barville.

Voici les noms de ses meilleurs herbages :

Le grand et le petit parc de Fournival, les Défaits, le parc Faloquet, la cour du Bas-Montgoubert, pour toutes les spécialités de l'élevage et principalement le grand carrossier; la Motte, les prés de Gournay, les herbages des Aîtres, le Cachoir, les Couchages, pour juments poulinières; les herbages de Stron et ceux de Montgoubert, pour poulinières et chevaux de moyen luxe.

Viday.

Viday compte peu dans l'élevage du cheval de race, et on ne se souvient que d'une seule maison, les Chardon de Belle-Noë, qui s'y soit livrée autrefois. Le percheron y règne carrément, et c'est à lui que l'on réserve aujourd'hui les excellents herbages des Défaits, de Belle-Noë et toute cette plantureuse coulée qu'arrose la Pervenche.

Pervenchères.

Pervenchères tire son nom, soit de la Pervenche, qui y prend sa source, soit de la quantité énorme de pervenches qui tapissent les bois et les talus de tous les chemins et de tous les fossés. On y voit les ruines merveilleuses du manoir de Vauvineux, que Rachel de Cochefilet, héritière de sa maison, apporta au grand Sully.

C'est à Vauvineux que la tradition place l'un des nombreux établissements hippiques qu'avait créés Sully, comme elle consacre également au même usage les herbages du Mesle-sur-Sarthe.

Aujourd'hui, le cheval percheron est le seul qui apparaisse dans cette commune, l'une des mieux dotées de la vallée pour le nombre et la fertilité de ses pâturages, tous en mesure de faire la forte poulinière et le grand carrossier.

Répandus dans les nombreuses et profondes vallées dont cette commune est coupée, voici les noms des meilleurs :

L'Etang de Vauvineux, l'Hôtel-Blot, la Fossardière, la Chevric, le Pré-du-Coq, Chiray, l'Hôtel-Montgain, les herbages de Chisevers, où M. Tafforeau élève d'excellentes juments percheronnes.

Saint-Quentin-de-Blavoust.

Cette commune fut témoin de la bataille fameuse de Blavoust, l'une des plus sanglantes du moyen âge. Elle eut lieu au milieu des grands bois qui couvrent les collines, dont les longues arêtes s'étendent de cette localité jusqu'à Pervenchères.

On y trouve deux excellentes maisons d'élevage : 1° Celle de M. Vaux, renommée dans les concours pour les magnifiques juments percheronnes qu'elle y présente. — C'est chez M. Vaux, à Saint-Quentin, chez M. Bellanger que nous allons voir tout à l'heure à Buré, chez M. Mitteau, dont nous avons parlé à Aulnay-les-Bois, chez M. Lamy Godichon, à Larré (plaine d'Alençon), que se trouvent les types les plus parfaits des juments percheronnes. — 2° Celle de M. Mitteau, également livrée avec succès à l'éducation du cheval percheron.

Coupé, comme Pervenchères, par de hautes et ombreuses collines qui forment un réseau de vallées profondes, Saint-Quentin possède de grands et fertiles herbages pour fortes poulinières et pour grands carrossiers :

Le fameux Gué-Fauveau, dont la plus grande partie appartient à la commune de Buré ; l'immense Beaudrière, la Goisberie, Chisevers, les trois Drouettières, les quatre herbages de la Mazure, la Crétochère, la Grande-Cornillière, les Buttes, la Rozière, la

Rivière et les Mesnuls, où M. Vaux élève ses belles percheronnes. Pour poulinières et chevaux de moyen luxe : les Menetz, le Couchage, la Petite-Cornillière et l'herbage de Couffy.

Buré.

Buré est coupé, de l'est à l'ouest et dans toute sa longueur, par une puissante chaîne de collines couvertes de grands bois. La partie qui regarde le midi forme une zone de verdure d'une incomparable fertilité. Le côté du nord, composé de bocages, ne comprend que des herbages d'une médiocre étendue.

L'extrémité est de la colline principale est chargée de trois tumulus magnifiques, assis côte à côte, comme trois majestueux donjons. L'histoire est muette sur l'origine de ces ouvrages, qui doivent vraisemblablement recéler des tombeaux. Serait-ce la sépulture de cette grande hécatombe de guerriers tombés à la bataille de Blavoust, ou bien, si l'on en croit la tradition, les tombes de trois rois maures, aujourd'hui ignorés, et moins heureux que leurs blancs destriers qui furent les pères des blanches cavales du Perche, dont cette contrée nourrit les types les plus renommés?...

Un autre tumulus, également remarquable, bien que moins important que les premiers, se voit non loin d'eux, dans la même commune. Élevé sur un monticule, au lieu de Montizambert, on peut, de son sommet, embrasser un coup d'œil magnifique sur le Perche et se donner un avant-goût de cette province.

La commune de Buré compte depuis longtemps, à l'hôtel Geslin, dans la maison Dujarrier, une excellente écurie. M. Bellanger, héritier de cette maison, par le goût éclairé qu'il apporte dans l'élevage, a surpassé les traditions qu'il y avait recueillies. Sa maison, rivale de celle de M. Vaux de Saint-Quentin, offre le *nec plus ultrà* de la jument percheronne.

On visite à côté, avec un intérêt que cette jumenterie ne saurait amoindrir, la ferme de la Bouhourdière, où M. Philibert Forcinal, de Saint-Aubin-d'Appenay, installe chaque automne ses poulains de sevrage, et où il place, dans l'âge adulte, quelques types de grand ordre.

Voici les noms des meilleurs herbages, que leur haute fertilité rend aptes à toutes les spécialités de l'élevage :

Le fameux Gué-Fauveau, arrosé par un petit ruisseau qui le coupe en deux parts, est le premier peut-être en bonté et en beauté de toute la vallée; une partie appartient, comme nous venons de le voir tout à l'heure, à la commune de Saint-Quentin-de-Blavoust. Les deux petits Gués-Fauveau, dont la fertilité égale

7.

celle de leur voisin ; les trois parcs de la Bouhourdière ; les deux herbages de l'hôtel Geslin et les prés qui avoisinent le Moulin-du-Gué.

La Mesnière.

La Mesnière est séparée de Buré par la rivière d'Érine, que l'on passe sur le beau pont de Montizambert, bâti par le père du maréchal Catinat.

La maison de Catinat, l'une des gloires du Perche, est originaire du village de Vaugelet, dans la Mesnière, et dut, vers 1400, son anoblissement à une action d'éclat de l'un de ses enfants. La pensée de cet heureux soldat tourmentait sans doute cet autre Catinat lorsqu'il quittait la robe pour l'épée, qui lui valut, à son tour, le bâton de maréchal de France.

Une autre curiosité historique de la Mesnière, c'est la grande maison de Puisaye, l'une des plus puissantes de la province. Elle y eut son berceau et elle s'y éteignit. Son nom lui vient de la terre de Puisaye, située au midi de la commune ; et si l'on veut suivre cette maison jusqu'à sa dernière étape, il faut visiter le château des Joncherets, bâti non loin de là, où naquirent les deux généraux de Puisaye et où mourut le marquis en qui s'éteignit ce vieux nom.

Plusieurs autres curiosités, tenant également à l'histoire, s'y font tour à tour remarquer : ce sont les tumulus de Villependue, du Gué et de Longpont ; les ruines du château, bâti par la reine Blanche, et qu'habita saint Louis.

A côté de ces souvenirs féodaux, le cheval eut naturellement sa place.

On vit pendant longtemps aux Joncherets un haras renommé, mais des croisements continuels du demi-sang avec le percheron, et réciproquement, l'empoisonnèrent sans retour. Il ne lui restait plus rien de son ancienne splendeur, lorsqu'il s'éteignit devant la ridicule nullité de ses produits. Une autre jumenterie, également de demi-sang, celle de M. Dujarrier de Villependue, a aussi complétement disparu et fait place au percheron.

La commune de la Mesnière, malgré l'excellence de ses herbages, au nombre desquels on cite les Tros-Larges, les herbages du Gué, des Joncherets, de Longpont, de la Coudrelle et de Puisaye, qui feraient la forte poulinière et le grand carrossier, ne s'occupe plus en aucune façon du cheval de demi-sang. Elle est nettement et résolument entrée dans la voie du cheval percheron.

A Puisaye ; à Villependue, chez M. Dujarrier ; aux Joncherets, chez M. Dujarrier, frère du précédent ; à la Coudrelle. chez M. Avignon ; à Condé, chez M. Ollivier ; chez M. Bignon, etc., etc., on ne voit que des percherons, mais on les y fait excellents. Exempts de tout mélange avec le demi-sang, ils sont *sui generis*, bien réussis, n'offrant nulle part ce décousu inhérent aux produits de deux races trop éloignées l'une de l'autres pour pouvoir être assimilables.

Éleveurs du demi-sang, gardez-vous de cette tendance de vouloir, en deux générations, transformer en prétendus chevaux nobles, vos races travailleuses ; de vouloir, *per fas et nefas*, fabriquer de grands carrossiers ; de vouloir grossir vos races légères avec ces puissants étalons que souvent l'on vous donne pour des types accomplis, et qui ne sont, pour la plupart, que des percherons infusés d'anglais, et vêtus de cette livrée qu'on appelle aujourd'hui la robe sombre. Un produit décousu sort constamment de cette alliance, qui marque de son sceau vingt générations.

On obtiendra souvent beau dessus, belle tête, mais l'*ischion* trop bas et l'*ilion* trop haut, l'encolure courte, sans grâce et trop chargée, des tendons constamment faillis, des membres grêles, des sabots larges et plats.

Mais vous, éleveurs du Perche, ayez assez de force pour conserver intacts vos solides chevaux ; donnez-leur des tendons, mais conservez leur torse, leur blanche robe orientale ; trop de fin, trop de sang, les manquerait en les enlaidissant.

Et vous n'avez d'ailleurs ni l'écurie commode, ni l'herbage abondant, ni les chemins unis, ni les plaines sans fin, ni cet homme d'écurie stylé, praticien et correct, qui les forme au prix de coûteux sacrifices. A vos rustiques et primitives leçons, le cheval de sang se montrerait impatient, insoumis.

A vingt mois, vos poulains savent gagner leur vie ; à trente mois, au poids de l'or, on vient vous les ravir. Les tares n'en font point des rebuts d'écurie ; les bons triplent leur prix ; les mauvais sont encore d'un écoulement lucratif et facile.

Vous avez la main faite à cette marchandise. On a, pour le même prix, le double de poulains ; deux fois, tous les quatre ans, on retrouve sa mise ; ils augmentent toujours sans demander de soins.

QUATRIÈME PARTIE

STUD-BOOK DU DEMI-SANG

Origines des chevaux de demi-sang, dont les noms se rencontrent dans le cours de ces excursions. — Quant aux individualités de race pure, voir le *Stud-Book* français. — On pourra, pour les *performances*, consulter le *Livre des Courses en France* et celui des *Trotteurs*.

A

Africain (ex-Falendre), pur sang, né chez M. le marquis de Falendre, à Lignères.

Agar, par *Sting*, pur sang, née chez M. le comte Rœderer, à Bursard.

Aicha, pur sang, née chez M. de Sérans, à Ecouché.

Alcantara, pur sang, née chez M. de Sérans, à Ecouché.

Anecdote, pur sang, née chez M. le comte Rœderer, à Bursard.

Angus, pur sang, né chez M. le comte Rœderer, à Bursard.

Arab, pur sang anglaise, à M. de la Rocque, au Merlerault.

Armagnac, pur sang, né chez M. Benoist, à Coupigny.

Aslan, étalon turc, appartenant aux Haras en 1821.

Abrantès, étalon de l'État, né chez M. Marchand, à Courtomer, en 1853, par *Waldemar*, et fille de *Noteur* (née à Valframbert et issue d'une jument d'attelage de la plaine d'Alençon), élevé par M. Le Cœur.

Acacia, né chez M. Dunoyer, au Merlerault, en 1801, par *Oiseau* (arabe) et fille du jeune *King-Pepin*. Il devint le cheval favori de l'Empereur.

La sœur de l'*Acacia*, née chez M. Dunoyer, au Merlerault, en 1800, vendue à M. Souchey, au Merlerault.

Achille, étalon normand, appartenant à l'État, né en 1835, par *Y Rattler* et une fille de *Jaggard*, issue d'une inconnue. (Il n'est cité qu'à cause de son petit-fils *Kœnigsberg*.)

AGATHE, née chez M. Nau, à Silly, en 1808, par *Volontaire* et *Scety*, arabe.

ADONIS, étalon de l'Etat, né chez M. Gaillet de Boissey, en 1814, par *Bacha* et la fille du *Parfait* (la mère de *Matador*).

Fille d'Aï, née chez M. le comte de Narbonne, à la Roche en 1844, par *Aï* (étalon normand de la vallée d'Auge, fils de *Y Rattler* et d'une fille de *Cleveland*) et fille de *D. I. O.*

Fille d'Aï, née chez M. Charlotte Férault, à Saint-Germain de Clairefeuille en 1842, par *Aï*, et fille de *Cook ; Buffalo : Fidèle*; normande inconnue,

AIKA, née chez M. Souchey, au Merlerault, en 1865. par *Marmot* et *Victoria* par *Jaggard*, vendue à M. le marquis de Falendre.

l'AIGLE, bai, anglaise, appartenant à M. le marquis de l'Aigle, à Saint-Léger-sur-Sarthe, en 1812.

l'AIGLE, blanche, anglaise, appartenant à M. le marquis de l'Aigle à Saint-Léger en 1812.

l'AIGLE, chez M. le comte de Blangy, à Canteloup (vallée d'Auge), en 1840, par *Voltaire* et fille de *Y. Rattler :* Y. *Topper ;* inconnue.

l'AIGLE, née à la jumenterie du Pin, par *Highflyer* et *Soubrette*, par *Bacha*.

Fille de l'AIMABLE, née chez M. Jouaux, à Saint-Léger-sur-Sarthe, en 1822, par l'*Aimable* (étalon normand né dans le Cotentin) et une jument d'origine percheronne.

Fille de l'AIMABLE, née chez M. Pontonnier, à Montchevrel, en 1817, par l'*Aimable* et fille de *Piscnor*.

l'ALEYRION, étalon anglais, appartenant à M. Marchand, de Chenay, et venant des écuries de la reine Marie-Antoinette.

Fille de l'ALEYRION, née chez M. Marchand de Chenay, vers 1801, par l'*Aleyrion* et fille de *Parfait*.

Fille d'ALEXANDRE, née chez M. Hubert à Larré en 1823, par *Alexandre* (normand inconnu) et normande par *Neptune* et une inconnue.

AMARYLLIS, née en 1843, chez M. Le Conte, à Montrond, par *Hector* et *Vénus*, par *Impérieux*.

AMICE, née en 1812, chez M. de la Rocque, à Echauffour, par *Lattitat* et *Roxelane*, anglaise inconnue.

ANALIE, jument de pur sang, née au Haras du Pin, élevée par M. Le Conte, à Montrond.

ANTHONY, né chez M. le comte de Narbonne, à la Roche, en 1832 par *Vampyre* et *Palmyre*, par *Massoud*, vendu à M. Aumont.

l'AQUILON, né chez M. Souchey, au Merlerault, en 1823, par *D. I. O.* et fille d'*Iris*.

l'ARC-EN-CIEL, étalon anglais demi-sang, appartenant à l'Etat, avant 1789.

Fille de l'ARC-EN-CIEL, née chez M. Chambay, à Valframbert, vers 1795, par l'*Arc-en-ciel*, et une jument anglaise qui lui avait été donnée par M. Julien, intendant de la généralité d'Alençon.

Jument arabe, appartenant à M. le marquis de Roncherolles, à Cizay; elle fut mère de la fille d'*Impérieux*, de M. Fleury, de Champhaut, et des deux filles de *Massoud*, de M. Daupeley, d'Echauffour.

Jument arabe, appartenant à M. Le Tessier de la Broudière, à Marchemaisons.

ARDOISÉ, étalon de l'Etat, né chez M. Vienne, à Cerizay, en 1825, par *Pretender* et fille de *Dominant*.

ARDROSSAN, étalon anglais, demi-sang, appartenant à l'Etat, né en 1815.

ARMELINE, née en 1858 chez M. Collet, à Cerizay, par *William* et fille d'*Héraclius*.

ARPENTEUR, étalon de l'Etat, né chez M. Gaillet, de Boissey, en 1809, par *Highflyer* et fille du *Parfait*.

ARLEQUIN, né en 1829, chez M. de la Rocque, au Merleraull, par *Tigris* et *Ida* par *Y Rattler*.

l'ASLANE, née en 1824, chez M. Souchey, au Merlerault, par *Aslan* et fille de *Volontaire-Docteur*, de M. Binet.

AUGUSTINE, née en 1815, chez M. Neveu, à Médavy, par *Séduisant* et fille de *Lancastre*, donnée à M. Augustin, qui la vendit à M. Fleury, de Saint-Léger sur-Sarthe.

AZIZA, née chez M. le docteur Lacouture, à Nonant, en 1855, par *Lully* et fille d'*Hospodar*, issue d'une *December*, née chez M. Monnier de Saint-Germain, laquelle était issue d'une *Mahomet*, sortant elle même d'une jument d'attelage de M. de Sancy de Montmarcay.

AVANT-GARDE, née chez M. Jules Delahaye, à Chailloué, en 1831, par *Wildfire* et fille d'*Epaminondas*. Vendue à M. Basly.

B

BACHA, étalon turc, appartenant aux Haras, en 1811.

BABOUINO (depuis *Franc-Picard*), pur sang, né chez M. le comte Curial, à Alençon.

BATHILDE, pur sang, née au Haras du Pin. Elle appartient aujourd'hui à M. Benoist, à Coupigny.

BALTHAZARD, pur sang, née chez M. Basly, dans la plaine de Caen.

BEGGARMAN, étalon de pur sang anglais, appartenant à l'Etat.

BELLE-DE-NUIT, pur sang, née au haras du Pin. Elle appartient à M. de Moloré, à Sées.

BICHE, pur sang, née et élevée chez M. de Sérans d'Ecouché.

BIRON, étalon de pur sang, né au Haras du Pin.

BOIS-ROUSSEL, pur sang, né chez M. le comte Rœderer, à Bursard.

BOLÉRO, étalon de pur sang, né au Haras du Pin.

BON-ESPOIR, pur sang, né chez M. Jules Delahaye à Chailloué, en 1851.

BROCOLI, pur sang, né chez M. le comte Rœderer, à Bursard.

La BACHATE, de M. Neveu de Médavy, née chez M. Brissot, à Marmouillé, en 1812, par *Bacha* et fille de *Zéphyr*. Vendue, dans sa vieillesse, à M. Buisson des Authieux.

La PETITE-BACHATE, de M. Neveu de Medavy, née chez lui, en 1812, par *Bacha* et fille de *Y. Morwick*. En 1825, elle fut vendue à M. du Hays, puis à M. Neveu de Nonant, puis à M. Basly.

La GRANDE-BACHATE, de M. le comte de Narbonne, née chez lui à la Roche, en 1817, par *Bacha* et *Emilie*, par *Piccadilly*.

La PETITE-BACHATE, de M. de Narbonne, ou la BACHATE-BESNARD, née chez M. Besnard, à Nonant, en 1815, par *Bacha* et fille de *Thornthon*. Vendue à M. le comte de Narbonne.

La BACHATE, de M. Héron, née chez lui, au Merlerault, en 1814, par *Bacha* et une fille de la jument *Novice*, de M. l'abbé des Mares.

Fille de BACHA, née chez M. Duparc Mauny, à Almenesches, vers 1817, par *Bacha* et fille d'*Highflyer*, issue d'une inconnue.

Fille de BACHA, née chez M. de la Pallu, à Coupigny, en 1812, par *Bacha* et normande d'ancienne race. Donnée à M. Benoist de Coupigny.

Petite-fille de BACHA, de M. Buisson, née chez lui, aux Authieux, en 1823, par *Vidvid* et fille de *Bacha-Dagout*. Vendue à M. Jacques Godichon, au Mesnil-Erreux.

La GRANDE-BACHATE, de M. Buisson, née chez lui aux Authieux, en 1814, par *Bacha* et fille de *Dagout*.

La BACHATE, de M. de la Rocque, née chez M. Buisson, aux Authieux, en 1815, par *Bacha* et fille de *Dagout*.

La BACHATE, de M. Lamy Godichon, née chez lui, à Larré, en 1815, par *Bacha* et fille de *Neptune*.

La BACHATE (sœur de *Soubrette*), de M. Leloup, née chez lui, à Saint-Léger, en 1820 par *Bacha* et l'*Aigle-Bai*.

La BACHATE, de M. le Loup, née chez lui, à Saint Léger, en 1825, par *Bacha* et l'*Aigle-Blanche*. Vendue à M. Ragot, à Coulonges, puis à M. de Saint-Aubin.

La BACHATE, de M. Lindet de Saint-Léger, née chez M. le Loup, en 1818, par *Bacha* et l'*Aigle-Blanche*.

La Bachate, de M. Bazière, née chez lui, à Courmesnil, en 1815, par *Bacha* et normande inconnue.

La Bachate, de M. Souchey, née chez Mlle Geneviève Binet, en 1814, par *Bacha* et fille de *Y. Morwick.*

La Barrière, née en 1825, chez M. Barrier, à la Genevraye, par *Y. Rattler* et une fille d'*Hylactor.*

Bassompierre (ex *Y. Performer*), étalon de l'Etat, né chez M. le marquis de Falendres, à Lignères, par *Performer* et fille de *Sylvio* (la *Clôture*). Elevé par M. Philibert Forcinal.

Basile, né chez M. Danpeley, à Echauffour, en 1832. Elevé chez M. Souchey au Merlerault, par *Tigris* et *Diane*, par *Gallipoly.*

Basly, étalon de l'Etat, né chez M. Monnier, à Laleu, en 1834, par *Eastham* et fille de *Valient*. Elevé par M. Basly.

Bayadère, née chez M. Ch. Thiercelin à Tournay-sur-Dives, en 1859, par *Phœnomenon* et *Bayadère*, par *Ramsay.*

Bayadère, née en 1854, chez M. Lefebvre Montfort, dans la vallée d'Auge, par *Ramsay* et *Marquise*, trotteuse anglaise.

Belle-de-Jour, née chez M. le marquis de Falendres, à Lignères, en 1857, par *Performer* et *Etoile-du-Soir*, par *Sylvio.*

Berthe, née chez M. Delacour, à Cerisay, en 1842, par *Eylau* et fille de *Pretender*. Vendue à M. Berthe, revendue à M. Le Cœur.

Berthier, né chez M. Marchand, à Saint-Cenery, en 1846, par *Gaveston* et fille de *Héraclius*. Elevé par M. Basly.

Bergère, à M. de la Genevraye, née chez M. Le Cœur, à Courtomer, en 1811, par le fils de *Sommerset* et normande inconnue.

Bergère, née chez M. de la Rocque, à Echauffour, en 1827, par *Tigris* et *Amice*, par *Lattitat.*

Bêtise, née chez M. Chagrin de Saint-Hylaire à Courtomer, en 1841, par *Y. Emilius* et *Lise*, par *Impérieux.*

Biche, née chez M. de Carpentin, à Echauffour, en 1815, par *Gallipoly* et jument anglaise (qui est mère aussi de *Diane*). M. Daupeley, à Echauffour. M. Barrier, de la Genevraye.

Biche, née chez M. Levesque, à Essay, en 1833, par *Valient* et la fille de *Massoud* de M. Gaillet. Vendue à M. Boschet de Marcay.

La Biennaise, née chez M Biennais à Almenesche, en 1800, d'une race des plus nobles du Merlerault. Vendue à M. Neveu de Médavy.

Fille de Boléro, née chez M. Bourdon, à Saint-Aubin-d'Appenay, en 1850, par *Boléro* et *Solide*, par *Oscar.*

Bon-Cœur, étalon, né chez M. Cenery Forcinal, à Saint-Léonard-des Parcs, en 1856, par *Prince-Colibry* et *Dame-de-Cœur*, par *Wildfire*. Vendu à M. le duc de Vicence.

Fille de Boléro, née chez M. Luc-le-Sage, à Saint-Aubin-d'Appenay, en 1850, par *Boléro* et fille de *Xercès-Eclatant.*

Le Borgne (ou le *Jeune-Docteur*), étalon né chez M. Neveu, à Médavy, en 1800, par *Docteur* et la *Vieille Mignonne*, par *Mignon* .

Borisow, étalon de l'État, né au haras du Pin en 1853, par *Napoléon* et *Rattler filly*.

Boucannier, étalon de l'État, né chez madame Gaillet d'Aunou en 1853, par *Chasseur* et fille de *Y. Rattler* (bai).

Bourgeois-Gentilhomme, étalon de l'État, né chez M. Ragon, à Marchemaisons, en 1833, par *Hamilton* et la fille de *Phaéton*.

Bourgeois-Gentilhomme, étalon né en 1857, chez M. Le Mignier des Forêts, par *Lully* et fille de *Diomède* de M. Chappey. Vendu à M. A Simon, à Saint-Lambert.

Brillante, née chez M. Fleury, à Saint-Léger, en 1853, par *Fitz Pantaloon* et *Lisbeth* par *Emule*.

Brigand, étalon de l'État, né chez M. Neveu à Nonant, en 1835, par *Pick-Pocket* et fille de *Vidvid*.

Fille de Brigand, née chez M. Lacour-Brissot, à Marmouillé, en 1827, par *Brigand* (pur sang) et fille de *Volontaire*.

Brillante, née chez M. Fleury, à Saint-Léger-sur-Sarthe, en 1848, par *Voltaire* et *Fanchette* par *Prétender*.

Brillante, née chez M. Esnault, à Lané, en 1855, par *Pledye* et fille de *Noteur* (Jouvence).

Brillante, née chez M. Cenery Forcinal, à Saint-Léonard-des-Parcs, en 1855, par *Kramer* et fille de *Dangerous*.

Brunswick, étalon de l'État, né chez M. Lamy Godiché, à Larré, en 1857, par *William* et *Vendetta*, par *Eylau*.

Bucéphale, étalon de l'État, né chez M. Gaillet de Boissey, en 1803, par *Phénix* (étalon normand) et jument normande d'ancienne race.

Buffalo, étalon de l'État, né en Angleterre en 1821, par *Holme* et fille du *Petit Isaac*.

Fille de Buffalo, née chez M. le Muet, à Mahéru, en 1831, par *Buffalo* et fille d'*Eclatant*, normande inconnue.

Bussy, étalon de l'État, né. en 1856, chez M. Vincent Lindet, à Saint-Léger-sur-Sarthe, par *Solide* et fille de *Eylau*.

C

Calderstone, étalon de pur sang anglais, appartenant à l'État.

Camerton, étalon de pur sang anglais, appartenant à l'Etat, en 1818.

Captain-Candid, étalon de pur sang anglais, appartenant à l'État, en 1829.

Capucine, pur sang, née chez M. Benoist, à Coupigny.

CATS-PAW, pur sang anglais (courses d'obstacles).

CAVATINE, pur sang, née chez M. Eugène Aumont.

CHESTERFIELD-JUNIOR, étalon de pur sang, appartenant à l'État.

CHACTAS, étalon de pur sang, né chez M. de la Rocque, à Nonant.

CHLORIS, jument de pur sang anglais, concédée par l'État à M. Godichon.

CURÉ-DE-SILLY, étalon de pur sang, appartenant à l'État, né chez M. Nau, à Silly.

CORYSANDRE, jument de pur sang, née chez M. Lavignée, au Sap.

COSSACK, étalon de pur sang anglais, appartenant à l'État.

CONQUÈRE, jument de pur sang, née chez M. le comte P. Rœderer, à Bursard.

CORINNE, jument de pur sang, née et élevée chez M. de la Rocque, à Nonant, en 1834.

CALIFORNIE (ex-*Omphale*). *Voir* ce nom.

CANCAN, étalon de l'État, né en 1835, chez M. Belhomme à Saint-Léonard-des-Parcs, par *Marmot* et jument percheronne. Elevé par M. Souchey, à Merlerault.

CALLIOPE, née en 1827, au haras du Pin, par *Y. Rattler* et l'*Aigle*, par *Highflyer*. Vendue à M. le Goulx Longpré.

CAMÉLIA, née chez M. Le Conte, à Neuville, en 1860, par *Utreck* et fille de *Schamyl.*

La CAMERTONNE, née en 1819, chez M. Besnard, à Nonant, par *Camerton* et fille de *Jupiter*. Vendue à M. le comte de Narbonne, à la Roche.

La CAMERTONNE, née chez M. Grégoire, à Almenesche, en 1847, par *Camerton* et fille d'*Highflyer*. Vendue à l'État pour la jumenterie du Pin.

CANDIDAT, né, en 1845, chez M. Le Royer, à Aulnay, par *Eylau*, et fille de *Royal-Oak.*

CARMINE, née, en 1850, chez M. Léonor Forcinal, au Merlerault, par *Waldemar* et la fille de *Sylvio.*

Fils de CAMERTON, étalon de l'État, né en 1819 chez M. Le Loup, à Saint-Léger-sur-Sarthe, par *Camerton* et l'*Aigle-Bai*. Elevé par M. Neveu de Médavy.

CASTOR, étalon de l'État, né dans la vallée d'Auge en 1836, par *Y. Rattler* et fille d'*Héraclius*, issue d'une normande inconnue.

Fille de CASTOR, née chez M. Luc Lesage, à Saint-Aubin-d'Appenay, vers 1847, par *Castor* et normande inconnue. Elle appartient aujourd'hui à M. Buisson, à Sées.

Fille de CAPTAIN-CANDID, de M. Chappey, née chez lui à Nonant, en 1833, par *Captain-Candid* et fille de *Y. Rattler.*

Fille de CAPTAIN-CANDID, de Mme Lacour-Brissot, née chez elle à Marmouillé, en 1831 par *Captain-Candid* et fille de *Jaggard*.

CHASSEUR, étalon de l'Etat, né en 1828 chez M. Barrier, à la Genevraye, par *Eastham* et la *Marquise* par *Y. Rattler*.

Fille de CHASSEUR, née chez M. Chollet, à Marchemaisons, en 1834, par *Chasseur* et fille d'*Impérieux*. Vendue à M. Poupard, à Villiers près Mortagne.

CAPUCIN, né chez M. Forcinal à Saint-Léonard, en 1858, par *Merlerault* et la fille de *Valient*, de M. Gallant.

Fille de CHASSEUR, née chez M. Philibert Forcinal, à Saint-Aubin d'Appenay en 1836, par *Chasseur* et fille-de-*Phaéton*, issue d'une jument d'attelage. Vendue à M. Cotterel la Saussaye, à Ferrières.

Fille de CHASSEUR, née chez M. Forcinal, à Saint-Aubin, 1835, par *Chasseur* et-fille-d'*Eclatant*.

Fille de CHACTAS, née en 1854, chez M. du Hays, à Saint-Germain de Clairefeuille, par *Chactas* et une fille de *Sylvio*. Elevée chez M. Lalouet, à Montigny.

La CHATELLIÈRE, née chez M. Souchey, au Merlerault, en 1835, par *Jaggard* et une fille de *Vidvid*, issue de l'*Aslane*. Elevée par M. Chatellier, au Merlerault.

Fille de CHASSEUR, née chez M. Chagrin de Saint-Hylaire, en 1850, par *Chasseur* et *Bétise* par *Y. Emilius*. Vendue à M. Chabaret, du Mesle-sur-Sarthe.

Fille de CHASSEUR, née aux environs du Mesle-sur-Sarthe vers 1835, par *Chasseur* et normande inconnue. Elle est mère d'*Orgie*.

Fille de CHESTERFIELD, née chez M. Herbinière, à Godisson, en 1852, par *Chesterfield Junior* et une fille de *Sylvio*.

Fille de CHESTERFIELD, née chez M. Deforges, à Saint-Germain de Clairefeuille en 1852, par *Chesterfield Junior* et fille de *Sylvio*, issue d'une *Cancan*, qui était issue elle-même d'une normande d'attelage.

Fille de CHAMPION, née chez M. Brard, au Merlerault, vers 1808, par *Champion* (normand inconnu) et normande de haute race.

CHEVREUIL, né chez M. Neveu, à Médavy, en 1817, par *Hyghflyer* et fille de *Matador* (la *Belle Matador*).

CHRONOMÈTRE, né chez M. le comte de Narbonne, à la Roche en 1834, par *Captain Candid* et une fille de *Statesman*.

Le CENTAURE, étalon anglais, non tracé, appartenant à l'Etat avant 1790.

CENTAURE (ex-CAPITAINE), étalon de l'Etat, né chez M. Deshayes, aux Authieux, en 1858, par *Séducteur* et fille de *Merlerault*. Elevé par M. Buisson.

La Vieille CÉRÈS, née au Haras du Pin en 1808, par *Commode* (étalon anglais non tracé), et *Mignonne*, jument limousine par *Unique* et *Aglaé*, mecklembourgeoise. Vendue à M. Neveu, de Médavy.

La Jeune CÉRÈS, née chez M. Neveu, à Médavy, en 1815, par *Highflyer* et la *Vieille Cérès* par *Commode*. Vendue à l'Etat, pour la jumenterie du Pin.

La COCHÈRE, née chez M. le comte de Narbonne, à la Roche, en 1849, par *Impérieux* et *Zaïre* par *Napoléon*.

COLIBRI, étalon de l'Etat, né au Haras du Pin, en 1821, par *Tigris* et l'*Heureuse*, normande.

La CLOTURE, née chez M. le marquis de Falendre, à Lignères, en 1852, par *Sylvio* fille de *Y. Rattler*.

COLONEL, cheval anglais (courses d'obstacles). par *Mus* et jument de 1/2 sang.

COMMANDANT, étalon de l'Etat, né chez Mme Lacour Brissot, à Marmouillé, en 1858, par *Merlerault* et fille d'*Incomparable*. Elevé par M. Esnault de Larré.

CONFIANT, étalon de l'Etat, né chez M. Gaillet de Boissey, vers 1810, par *Y. Morwick* et fille de *Parfait*.

CONQUÉRANT, étalon de l'Etat, né dans le Cotentin, en 1858, par *Kapirat* et *Elise*, par *Corsaire*. — *Kapirat*, par *Voltaire* et fille de *The Juggler*. — Elevé par M. Basly.

CONSTANT, né chez M. Le Conte, à Montrond, en 1827, par *Eastham* et fille de *Streat-lam-lad*.

CLEVELAND, étalon carrossier anglais, appartenant à l'Etat, en 1820.

La COUREUSE, jument anglo-normande, d'une race renommée, née chez M. le marquis de Narbonne en 1793. Achetée cette même année, par M. de Villereau, de Marchemaisons, auquel elle donna 19 à 20 produits, dont plusieurs de premier ordre.

CORINNE, née chez M. de la Rocque, à Echauffour, en 1832, par *Captain-Candid* et *Lisette*, par *Y. Rattler*, vendue à M. Deforges, à Nonant.

CORYSANDRE, née chez M. Cotterel La Saussaye, à Saint-Léonard-des-Parcs, en 1856, par *Kramer* et fille d'*Hospodar*, issue d'une *Québec* issue de la fille de *Léger*.

CARNASSIER, étalon de l'Etat, né chez M. de Château-Thierry, à Marchemaisons, en 1835, par *Chasseur* et la *Solide*, par *Oscar*.

La CULOTTE, née chez M. de Villereau, à Marchemaisons, en 1810, par *Neptune* (étalon de l'Etat, par *Merlin*, mecklembourgeois et normande inconnue), et la *Coureuse*, jument normande venant du haras de Nonant.

CYBÈLE, née chez M. Rathier, à Saint-Léger-sur-Sarthe, en 1837, par *Chasseur* et fille de *Valient*.

CYBÈLE, née chez M. Souchey, au Merlerault, en 1837, par *Royal* et *Victoria*, par *Jaggard*. Vendue à M. Cornel, dans la vallée d'Auge.

CYRILLE, née chez M. Charlotte Férault, à Saint-Germain-de-Claire-feuille, en 1859, par *Umber* et fille de *Voltaire Aï*.

D

DAGOUT, étalon turc, appartenant à l'Etat, en 1808.

DANGEROUS, étalon de pur sang, appartenant à l'Etat, en 1835.

D. J. O., étalon de pur sang, appartenant à l'Etat, en 1818.

DUCHESS, jument de pur sang, appartenant à M. le baron Nivière.

DAGOBERT, étalon de l'Etat, né chez M. Chabaret, à Coulonges, en 1859, par *Prince* et fille de *Chasseur*. Elevé par M. Forcinal, de Saint-Aubin-d'Appenay.

DAGOBERT, étalon, né chez M. Lamy Godichon, à Larré, en 1860 par *Vidocq* et *Bijou*. Vendu à M. Adolphe Simon, à Saint-Lambert. — *Vidocq*, par *Quimperlé* et jument percheronne, née chez M. Godichon. — *Bijou*, jument percheronne née au Mesnil-Hubert près Gacé, élevée chez M. Godichon.

La DANGEROUS, de M. Grégoire, née chez lui à Almenesches, en 1837, par *Dangerous* et fille d'*Eastham*.

La DANGEROUS, de M. Cenery Forcinal, née chez M. Souchey, au Merlerault, en 1837, par *Dangerous* et fille de *Talma* (*Désirée*).

La DANGEROUS, de M. Deshayes, de la Grimonnière, née chez lui en 1837, par *Dangerous* et fille de *Jaggard*.

DANGEREUX, étalon de l'Etat, né chez M. M. Le Dangereux, à Clairay, vers 1780.

Fille de DANGEROUS, née chez M. le comte de Narbonne, à la Roche, en 1837, par *Dangerous* et une normande d'attelage nommée *Bergère*.

DAME-DE-CŒUR, née chez M. Chagrin de Saint-Hylaire, à Courtomer, en 1853, par *Wildfire* et fille de *Friedland*, issue d'une fille d'*Aï*, laquelle était issue de *Lise* par *Impérieux*. Vendue à M. Cenery Forcinal, à Saint-Léonard-des-Parcs.

La DAGOUT de M. Buisson, née chez lui, aux Authieux, en 1810, par *Dagout* et une fille de *Glorieux*.

La DAGOUT, de MM. Vienne, née chez eux, à Cerizay, en 1809, par *Dagout* et la Vieille *Docteur*.

La DAGOUT, de M. Le Roux, née chez lui, à Cerizay, en 1803, par *Dagout* et normande inconnue.

DART, étalon carrossier anglais, appartenant à l'Etat, en 1833.

La DANSEUSE, née au Haras du Pin, en 1821, par *Y. Rattler* et fille de l'*Yémen*, jument arabe limousine.

DANAE, née chez M. Le Conte, à Montrond, en 1859, par *Thésée* et *Amaryllis*, par *Hector*.

DARDANUS, étalon, né chez M. le duc de Narbonne, en 1853, par *Sylvio* et la *Cochère*, par *Impérieux*.

Fille de DART, née chez M. Châtellier, à Damigny, en 1835, par *Dart* (anglais demi-sang) et une fille d'*Habile*, issue d'une *Séducteur*, normande inconnue

DÉBUTANT, étalon, né chez M. Le Royer, à Aulnay, en 1859, par *Séducteur* et fille de *Royal-Oak*. Élevé par M. Ph. Forcinal, à Saint-Aubin-d'Appenay.

DELPHINE, née chez M. Le Conte, à Montrond, en 1853 par *Tigris* et *Distribution* par *Truffle*.

DÉCEMBER, étalon de l'Etat, né dans le Val-de-Saire en 1837, par *Minster* et une fille de *Lucholl*, issue d'une normande d'ancienne race.

DÉCIDÉE, troteuse, née chez M. Mesnel, à Saint-Hilaire-sur-Rilles, par *Othon* (étalon demi-sang, par *The Juggler* et une fille d'*Extrême*) et fille d'*Envié*, issue d'une percheronne.

Fille de DÉCEMBER, née chez M. Lecœur, à Echauffour, en 1845, par *Décember* et une fille d'*Ocasr*.

DÉSIRÉE, née chez M. Souchey, au Merlerault, en 1833, par *Talma* et *Victoria* par *Jaggard*. Vendue à M. Paul Paysant, dans la vallée d'Auge.

(DÉSIRÉE avait une sœur d'un an plus jeune qu'elle, vendue également à M. Paysant.)

DESPOTE, cheval d'obstacles, né chez M. Chabaret, à Coulonges en 1860, par *Mastrillo* et fille de *Chasseur*. Elevé par M. le baron de Hérissem,

DIANE, de M. de Carpentin, née à Echauffour en 1818, par *Gallipoly* et une jument anglaise, qui fut également mère de *Biche*. Vendue à M. Constant Daupeley, à Echauffour.

DICTATEUR, étalon de l'Etat, né chez M. Duchemin, à Canteloup, en 1859, par *Hospodar* et fille de *Tipple-Cider*. Elevé par M. Basly.

La D. I. O., de M. le comte de Narbonne, née chez lui à la Roche, en 1821, par *D. I. O.* et la *Bachate-Besnard*.

La fille de D. I. O. de M. Le Conte, de Montrond, née chez lui en 1821, par *D. I. O.* et une fille de *Gallipoly*.

La D. I. O., de M. Le Loup, née chez lui, à Saint-Léger-sur-Sarthe, en 1822, par *D. I. O.* et fille de *Bacha*, issue de l'*Aigle-bai*. Vendue à M. Lindet.

La D. I. O., de M. Le Loup, née chez lui, à Saint-Léger-sur-Sarthe, en 1824, par *D. I. O* et fille de *Bacha*, issue de l'*Aigle-Bai*. Vendue à M. Gallant.

La D. I. O., de M. Bassière, née chez lui, à Courmesnil, en 1822, par *D. I. O.* et fille de *Bacha*. Vendue à M. Lavigne Berthaume au Merlerault.

La D. I. O., de M. de Château-Thierry, né chez M. Le Tessier, à Marchemaisons, en 1822, par *D. I. O.* et sa jument arabe.

La D. I. O., de M. Le Monnier, de Laleu, née chez M. Le Tessier de la Broudière, à Marchemaisons en 1824, par *D. I. O.* et sa jument arabe.

La D. I. O., de M. Le Bâcheur, née chez M. Froc, à Coulonges, en 1827, par *D. I. O.* et jument demi-sang, issue de la race de l'étalon Saint-Aubin.

La D. I. O., de M. Forcinal, née chez lui, à Saint-Aubin-d'Appenay, en 1824, par *D. I. O.* et fille de *King*.

Diomède, étalon de l'Etat, né dans la vallée d'Auge, en 1837, par *Y. Rattler* et fille de *Y. Topper*. Elevé par M. Basly.

La Diomède, de M. Chartel, au Merlerault, née chez lui, en 1843, par *Diomède* et la *Railleuse*, par *Railleur*. Vendue au roi Louis-Philippe.

Diomède, étalon de l'Etat, né chez M. Pontonnier, à Montchevrel, en 1821, par *Streat-lam-lad* et fille de *Pisenor*. Elevé par M. Le Conte, de Montrond, et envoyé dans le Midi.

La Diomède, de M. Chappey, née chez lui, à Nonant, en 1843, par *Diomède* et une fille de *Y. Rattler*. Vendue à M. Le Mignier des Forêts, au Pin.

Dispos, étalon de l'Etat, né chez M. Neveu, à Nonant, en 1817, par *Bacha* et la vieille *Cérès*, par *Commande*.

Distribution, née au haras de Meudon, en 1828, par *Trufffe* et *Expectation*, anglaise. Vendue à M. Le Conte, à Montrond.

Dochs, née chez M. Gaillet, de Boissey, en 1813, par *Highflyer* et la fille de *Parfait* (la mère de *Matador*). Vendue à M. Le Conte, de Montrond.

Docteur, étalon anglais, appartenant à l'Etat avant 1789, par *Doctor* et une jument de chasse.

Fils de Docteur (ou le *Préféré*), né chez M. Vienne, à Cerizay, en 1800, par *Docteur* et fille de *Gloreux*. (*Voir* le *Préféré*).

Fille de Docteur, de M. Binet, née chez lui, à Montrond, en 1800, par *Docteur* et une *Glorieux*, issue de la fille de *King-Pépin*, celle qui a été élevée chez lui.

Fille-de-Docteur, de M. Neveu, née chez lui, à Médavy, en 1803, par *Docteur* et la vieille *Mignonne* par *Mignon*.

Le jeune Docteur (ou le *Borgne*), étalon appartenant à M. Neveu, de Médavy, chez lequel il était né, en 1800, et chez lequel il perdit un œil dans un incendie en 1807, par *Docteur* et la vieille *Mignonne*.

DOCTEUR, cheval d'obstacles, né chez M. le docteur Lacouture, à Nonant, en 1860, par *Noteur* et *Aziza*, par *Lully*. Elevé par M. Ph. Forcinal à Saint-Aubin-d'Appenay.

Fille de DOCTEUR, ou la *Vieille-Docteur*, née chez MM. Vienne, à Cerizay, en 1801, par *Docteur* et fille de *Glorieux*.

Fille de DOCTEUR, de M. Aubry, née chez lui, à Saint-Cenery, vers 1798, par *Docteur* et fille de *Glorieux*.

Fille de DOCTEUR, née chez M. Brissot, à Marmouillé, en 1803, par *Docteur* et normande d'ancienne race.

DOMINANT, étalon de l'Etat, né chez M. Besnard, à Nonant, en 1816, par *Highflyer* et la première *Matador* de M. Landon.

DOLORÈS, née chez M. le marquis de Falendre, à Lignères, en 1858, par *Ratisbonne* et *Mancia*, par *Royal*. Elevée par M. R. Ratthier, à Saint-Léger-sur-Sarthe.

Petite-fille de DOCTEUR, ou la *Préférée*, née chez MM. Vienne, à Cerizay, en 1818, par le jeune *Docteur* (ou le *Préféré*) et fille de *Dagout*. — Voyez la fille de *Préféré*.

La DOMINANTE, née chez MM. Vienne à Cerizay, en 1824, par *Dominant* et la petite fille de *Docteur*, par le jeune *Docteur* ou le *Préféré*.

DORUS, étalon de l'Etat, né dans la vallée d'Auge, en 1835, par *Y. Rattler* et fille de *Prosélyte*.

DOYEN, étalon de l'Etat, né chez M. Aguinet, à Cour-Levesque, en 1835, par *Sylvio* et fille de *Buffalo*, issue d'une fille de *Mythridate*, issue elle-même d'une jument bretonne. Elevé par M. Deshayes de la Grimonnière.

Fille de DOYEN, née chez M. Ph. Forcinal, à Saint-Aubin, d'Appenay, en 1843, par *Doyen* et fille d'*Eclatant*, issue de la D. I. O,

DUCHESSE, née chez M. Cenery Forcinal, à Saint-Léonard-des-Parcs. en 1839, par *Wanderer* et une jument anglaise.

DUPLEIX, étalon de l'Etat, né chez M. Souchey, au Merlerault, en 1836, par *Pick-pocket* ou *Royal*, et la *Marquise*, par *Y. Rattler*.

La DUPLEIX, de M. Buisson, née chez lui, aux Authieux, en 1841, par *Dupleix* et la *Pilott*, par *Pilott*.

DURZIE, jument arabe, née dans les Pantouillères, à Almenesches, en 1824, par *Durzy* (arabe) et fille de *Pacha*, née en 1818, par *Pacha* (arabe) et une jument espagnole, appartenant à M. Poulain du Mas, en Anjou. Vendue pour la cour ; elle fut donnée, par le roi Charles X, à M. Esnault, vétérinaire au Merlerault, lors de son passage dans cette localité.

E

EASTHAM, étalon de pur sang, appartenant à l'Etat en 1825.

EGMONT, pur sang, né chez M. Aumont.

ELIANE, pur sang, née chez M. Marcadé, à Nonant.

ELECTRIQUE, étalon de pur sang, appartenant à l'Etat en 1853.

EMILIE, pur sang, née chez M. Cenery Forcinal, à Saint-Léonard-des-Parcs.

Y. EMILIUS, étalon de pur sang, appartenant à l'Etat en 1834.

EMELINA, jument de pur sang, appartenant à l'Etat, puis concédée à M. Ph. Forcinal.

EMIR, étalon arabe, appartenant à l'Etat, offert par l'émir Abd-el-Kader.

EPERON, étalon de pur sang, appartenant à l'Etat.

EYLAU, étalon de pur sang, appartenant à l'Etat, né au Haras du Pin en 1835.

Fille d'EASTHAM, née chez M. Happel la Chesnaye, à O, en 1831 par *Eastham* et fille de *Y. Rattler*.

EASTHAMINE, née chez M. Ragon, à Marchemaisons, en 1830, par *Eastham* et la jeune *Mignonne*, par le jeune *Highflzer*. Vendue à M Herbinière, à Godisson.

Fille d'EASTHAM, de M. Jacques Godichon, du Mesnil-Erreux, née chez M. Levesque, à Essay, en 1827, par *Eastham* et normande d'ancienne race, de M. Langlois de Coulmer.

La Belle EASTHAM, née chez M. Ragon, à Marchemaisons, en 1828, par *Eastham* et la jeune *Mignonne*, par le jeune *Highflyer*. Vendue à M. Erambert.

Fils d'EASTHAM, étalon appartenant à l'Etat, né chez M. Morin, à Exmes, en 1829, par *Eastham* et fille de *Matador*, issue de la fille de *Prince*. Elevé par M. Ragon, à Marchemaisons,

Fille d'EASTHAM, de M. Deshayes de la Grimonnière, née chez lu en 1830, par *Eastham* et une fille de *Y. Rattler*.

l'EASTHAM-BAI de M. Neveu, née chez lui, à Nonant, en 1831, par *Eastham* et la *Meunière,* par le jeune *Highflyer*.

l'EASTHAM (*Sultane*), de M. Neveu, née chez lui, à Nonant, en 1829, par *Eastham* et la *Meunière,* par le jeune *Highflyer*.

Fille d'EASTHAM, née chez M. Grégoire, à Almenesches, en 1833, par *Eastham* et une fille d'*Highflyer*.

ECLAIREUR, étalon, né chez M. Roch Morard, à Gisnay, en 1860, par *Noteur* et fille de *Sacklavy*. Elevé par M. C. Forcinal, à Saint-Léonard-des-Parcs.

ECLATANT, étalon de l'Etat, né chez M. Besnard, à Nonant, en 1846 par *Bacha* et la fille d'*Highflyer*, de M. Besnard.

Fille d'Eastham, née chez M. Chappey, à Nonant, en 1832, par *Eastham* et fille de *Y. Rattler*. Vendue à M. Basly, qui en a eu plusieurs étalons, vendus à l'Etat.

Fille d'Eclalant, née chez M. Jouaux, à Saint-Julien-sur-Sarthe, en 1830, par *Eclatant* et fille de l'*Aimable*. Elevée par M. Hardouin, de Marchemaisons.

Fille d'Eclatant, née chez M. Forcinal, à Saint-Aubin, d'Appenay, en 1830, par *Eclatant* et fille de *D. I. O*, issue d'une fille de *King*.

Fille d'Eclatant, née chez M. Ratthier, à Saint-Léger-sur-Sarthe, en 1820, par *Eclatant* et fille de *Vidrid*.

Fille d'Eclatant, née chez M. Le Sage, à Saint-Aubin, d'Appenay, en 1830, par *Eclatant* et une jument de demi-sang issue de la race de l'étalon, *Saint-Aubin*.

Eclipse, trotteur fameux, né chez M. le comte de Narbonne, à la Roche, en 1845, par *Performer* et *Palmyre* par *Massoud*. Après avoir appartenu à MM. Bosly et de la Motte, il fait aujourd'hui la monte aux environs de Craon.

Ecureuil, étalon de l'Etat, né chez M. le Roux, à Cerizay, en 1835, par *Mahomet* et fille de *Snail*.

Ecureuil, étalon de l'Etat. né chez M. Forcinal, à Saint-Léonard, en 1850, par *Séducteur* et *Rouge-Terre*, par *Hospodar*.

Egrillard, étalon de l'Etat, né dans la vallée d'Auge, en 1835, par *Mahomet* et fille de Y. *Topper*.

Egus, étalon de l'Etat, né chez M. H. Vautorte, à Essay, en 1838, par *Chasseur* et une fille de *Jaggard*, issue d'une jument percheronne.

Fille d'Egus, née chez M. Lamy-Godichon, à Larré, en 1845, par *Egus* et fille d'*Impérieux*.

Electeur, trotteur fameux, étalon de l'Etat, né chez M. Cenery Forcinal, à Saint-Léonard des-Parcs, en 1860, par *Phœnomenon* et *Herminie*, par *Wildfire*.

Elise (mère de *Conquérant*), née dans le Cotentin, par *Corsaire* (trotteur anglais) et *Elise*, jument de l'Anjou, par *Marcellus* (pur sang) et jument anglaise de chasse.

Electric, étalon de l'Etat, né chez M. Cenery Forcinal à Saint-Léonard des-Parcs, en 1860, par *Phœnomenon* et *Brillante*, par *Kramer*.

Emilia, née chez M. Ragon, à Coulonges, en 1842, par *Y. Emilius* et fille de *Valient*. Elevée par M. Delacour, à Cerizay.

Emilie, née au Haras de Borculo, en Hollande, en 1814, élevée au Haras du Pin, par *Piccadilly* et jument mecklembourgeoise. Vendue a M. le comte de Narbonne.

EMILIE, née chez M. C. Danpely, à Echauffour, en 1835, par Y. *Emilius* et fille d'*Impérieux*, issue de la fille de *Massoud*.

EMILIE, née chez M. Vienne, à Nonant, en 1836, par Y. *Emilius* et fille de Y. *Rattler* de M. Nau de Silly.

EMILIE, née chez M. Erambert, à Godisson, en 1825, par Y. *Rattler* et fille de *Néron-Blanc*. vendue à M. le Préfet de l'Orne, re-Vendue à M. Fleury, de Saint-Léger.

EMILIUS, ou le *Vieil-Emilius*, étalon de l'Etat, né chez M. de Villereau, à Marchemaisons, en 1816, par *Fortuné* et jument normande du Merlerault.

EMILIUS, cheval d'obstacles, fameux, étalon de l'Etat, né chez Mme Lacour Brissot, à Marmouillé, en 1844, par Y. *Emilius* et fille de *Captain-Candid*. Vendu à M. le vicomte Artus Talon.

Fille du vieil EMILIUS, née chez M. Henriet, à Hauterive, en 1822, par le vieil *Emilius* et normande d'ancienne race.

Fille du vieil EMILIUS, née chez M. Trotté, à Hauterive, en 1822, par le vieil *Emilius* et normande d'ancienne race.

Fille du vieil EMILIUS, née chez M. Le Tessier, à Marchemaisons, en 1824, par le vieil *Emilius* et sa jument arabe. Vendue à M. Chollet, à Marchemaisons.

EMULE, étalon de l'Etat, né au Haras du Pin, 1838, par *Eastham* et *Rattler filly*, par Y. *Rattler*.

Fille d'EMULE, née chez M. Morin, à Saint-Germain de Clairefeuille en 1838, par *Emule* et fille de *Jaggard*, (sœur de la *Chatellière*), issue d'une *Vidvid*, issue de l'*Aslane*.

Fille d'EMULE, née chez M. Lindet, à Saint-Léger-sur-Sarthe, en 1845, par *Emule* et fille de *Railleur*.

Fille d'EMULE, née chez M. Luc Le Sage, à Saint-Aubin-d'Appenay, en 1845, par *Emule* et fille de *Picpocket* de M. Ragon.

l'ENGAGEANT, étalon de l'Etat, né chez M. Gaillet de Boissey, en 1809, par Y. *Morwick* et jument normande.

Fille de l'ENGAGEANT, née chez M. Vienne, à Cerizay, en 1820, par l'*Engageant* et la *Vieille-Docteur*, par *Docteur*.

Fille d'EPAMINONDAS, trotteuse renommée, née chez M. Le Conte, à Montrond, en 1845, par *Epaminondas* et une jument d'attelage. Vendue à M. Jules Delahaye, à Séez. *Epaminondas* était né chez M. Le Conte, en 1838, par *Pickpocket* et fille de *D. I O.*

ENVIÉ, étalon de l'Etat, né chez M. Brissot, à Marmouillé, en 1821, par Y. *Rattler* et fille d'*Highflyer*.

ERASISTRATE, étalon de l'Etat, né chez M. Esnault, au Merlerault, en 1838, par *The Juggler* et *Durzie*, arabe; élevé par M. Des-de la Grimonnière.

ESCULAPE, étalon de l'Etat, né chez M. Marchand, à Chenay, en 1860, par *Utrecht* et *Ordillia* par *Kœnigsberg*.

ESPÉRANCE, née chez M. Guerrie, à Bernay, en 1860, élevée par M. le marquis de Croix, par *Phœnomenon* et la *Mal-Jugée*, par *Rob-Roy*.

ESSLING, trotteur, né chez M. Esnault, à Cerizay, en 1860, par *Prince* et fille de *Gallion*, issue d'une inconnue.

ETÉ, étalon de l'Etat, né chez M. Herbinière, à la Mussoire, en 1861, par *Thésée* et fille de *Chesterfield*. Elevé par M. Buisson des Authieux.

ETINCELLE, née au Haras du Pin, en 1819, par *Kurde* (arabe), et fille de l'*Yémen*, et jument arabe limousine. Concédée à M. le comte de Narbonne, à la Roche.

ETOILE-DU-SOIR, née chez M. le marquis de Falendre, à Lignères, en 1848, par *Sylvio* et fille de *Y. Rattler*, qui est aussi mère de *Rattler filly*.

ETUDIANT, étalon de l'Etat, né chez M. Neveu, à Nonant, en 1838, par *Eastham* et fille de *Léger*.

EUGÈNE, étalon de l'Etat, né chez M. Deshayes de la Grimonnière, en 1844, par *Y. Reveller* et fille d'*Eastham*.

l'EXALTÉ (ex-*Eclair*), né chez M. Levesque, à Essay, en 1816, par *Muphty* (étalon prussien) et une fille d'*Inconstant*, issue d'une normande inconnue. — *Inconstant* normand inconnu, vivait au Pin avant 1789.

EXCELLENCE, étalon de l'Etat, né chez M. Ph. Forcinal, à Saint-Aubin, en 1838, par *Impérieux* et fille de *D. I. O.*, issue d'une fille de *King*.

Fille d'EYLAU, née chez M. Le Roux, à Cerizay, en 1840, par *Eylau* et fille d'*Impérieux*, *Snail*, *Dagout*.

Fille d'EYLAU, née chez M. Vincent Lindat, à Saint-Léger sur-Sarthe, en 1845, par *Eylau* et *Pegryote*, arabe.

Fille-d'EYLAU, née chez M. Fleury, à Saint-Léger-sur-Sarthe, en 1841, par *Eylau* et *Louise* jument irlandaise.

Fille d''EYLAU, née chez M. René Rathier, à Saint-Léger-sur-Sarthe, en 1841, par *Eylau* et la *Louve*, par *Chasseur*.

F

FAUGH-A-BALLAGH, étalon de pur sang, appartenant à l'Etat.

FIDÉLITÉ, pur sang, née chez M. le comte Frédéric de Lagrange.

FILLE-DE-L'AIR, pur sang, née et élevée chez MM. Benoist, Coupigny.

FITZ-EMILIUS, étalon de pur sang, appartenant à l'Etat, né et élevé chez M. Aumont.

FITZ-GLADIATOR, étalon de pur sang, appartenant à l'Etat, né et élevé chez M. Aumont.

FITZ-PANTALOON, étalon de pur sang, appartenant à l'Etat.

THE-FLYING-DUTCHMAN, étalon de pur sang, appartenant à l'Etat.

FORTUNÉ, étalon de pur sang, né au Haras du Pin, en 1831.

FRANC-PICARD (ex *Babouino*). — Voir *Babouino*.

FRAGOLETTA, pur sang, née chez M. le comte d'Osmond.

FRIEDLAND, étalon de pur sang, né au Haras du Pin, en 1835.

FRUGALITY, pur sang, née chez M. le baron de Rothschild.

FALIÉRO, étalon de l'Etat, né en 1839, chez M. Chatellier, à Damigny, par *Sylvio* et fille du *Dart*, issue d'une inconnue demi-sang.

FAVORI, étalon de l'Etat, né chez M. Buisson, aux Authieux, en 1819, par le fils d'*Highflyer* de M. Brard, et une fille de *Bacha*, issue d'une *Dagout*.

FANCHETTE, née chez M. Roussel, à Congé, par *Prétender* et fille de *Tigris*. Elevée par M. Fleury, de Saint-Léger-sur-Sarthe.

Fils de FARMER'S-GLORY, étalon né chez Mme la comtesse de Chamoy. dans le Perche, en 1860, par *The-Farmer's-Glory* (étalon de trait du *Norfolk*), et une jument percheronne. Vendu à M A. Simon, à Saint-Lambert-sur-Dives.

FATIBELLO, étalon de l'Etat. né chez M. Delacour, à Cerizay, en 1838, par *Sylvio* et la petite fille de *Docteur* (ou la *Préférée*) par la jeune *Docteur* (ou le *Préféré*).

Fille de FATIBELLO, née chez M. Delacour, à Cerizay, en 1845, par *Fatibello* et la *Ragonne*, par *Railleur*.

La FAVORITE, née chez MM. Vienne, à Cerizay, en 1826, par *Favori* et fille du *Préféré* ou du jeune *Docteur*.

Fille de FAVORI, née chez M. Duparc-Mauny, à Almenêches, vers 1830, par *Favori* et une fille de *Bacha*, *Highflyer*, *Volontaire* et normande de l'ancienne race.

FICH-TONG-KAN, né chez M. Chappey, à Nonant, en 1847, par *Royal-Oak* et fille de *Y. Rattler*. Elevé par M. Basly.

FILATEUR, né chez M. Philibert Forcinal, à Saint-Aubin-d'Appenay, en 1861, par *Phænomenon* et une percheronne croisée.

FIGARO, né chez M. Ch. Tiercelin, à Tournay, en 1851, par *Coleraine* (anglais de demi-sang) et *Lutine*, anglaise.

FIRE-AWAY, étalon anglais, appartenant à l'Etat, en 1834.

Fille de FIRE-AWAY, née chez M. Le Roux, à Cerizay, en 1837, par *Fire-Away* et fille d'*Ardrossan*, *D. I. O. Dagout*, inconnue.

Fille de FIRE-AWAY, de M. Deshayes, de la Grimonnière, née chez M. Erambert, à Godisson, par *Fire-Away* et fille de *Jaggard*.

Fille de FIRE-AWAY, née chez M. Bourdon, à Semallé, en 1840, par *Fire-Away* et fille de *Sylvio*, *Buffalo*, *Zéphyr* et normande inconnue.

Fille de FIRE-AWAY, née chez M. Erambert, à Godisson, en 1842, par *Fire-Away* et la *Pontonnière*, par *Jaggard*.

8.

FORESTIER, étalon de l'Etat, né chez M. Brard, au Merlerault, en 1816, par son étalon fils d'*Highflyer* et une fille de *Léger*. Elevé par M. Gaillet, de Boissey,

FORTUNÉ, étalon de l'Etat, né chez M. le comte de Turgot, en 1805, de père et mère anglais.

Fille de FORTUNÉ, née chez M. Pontonnier, à Montchevrel, en 1824, par *Fortuné* et fille de l'*Aimable*.

Fille de FORTUNÉ, née chez M. Delacour, à Cerizay, en 1835, par *Fortuné* (pur sang) et la petite-fille de *Docteur*, par *Préféré* (fils du *Docteur*) ou le *jeune Docteur*.

Fils de FORTUNÉ, étalon né chez M. Chauvin, au Pin en 1814, par *Fortuné* et fille de *Minto*, issue d'une normande inconnue. Vendu à M. le duc de Richelieu.

FOSSEY, ou *Fousset*, né chez M. Fleury, à Saint-Léger-sur-Sarthe, en 1844, par *Emule* et fille d'*Eylau*. — Voir *Locomotif*.

FRANC-CŒUR, né chez M. Cenery-Forcinal, à Saint-Léonard-des-Parcs, en 1851, par *Phœnomenon* et *Herminie* par *Wildfire*.

FRIDOLINE, née chez M. Th. Thiercelin et Montfort, à Tournay-sur-Dives, en 1857, par *Schamyl* et *Marquise*, anglaise.

FRÉTILLON, née chez M. le marquis de Falendre, à Lignères, en 1850, par *Boléro* et *Etoile-du-Soir*, par *Sylvio*.

La FRIEDLAND, de M. Lavigne Berthaume, du Merlerault, née chez M. Gaillet, d'Aunou en 1845, par *Friedland* et fille de *Y. Rattler*, alezane.

FRÉJUS, étalon normand du Cotentin, né en 1838, par *Eastham* et fille d'*Impérieux*.

La FRIEDLAND, de M. Chagrin, de Saint-Hylaire, née chez lui à Courtomer, en 1842, par *Friedland* et fille d'*Aï*, issue de *Lise* par *Impérieux*.

Fille de FRIEDLAND, née chez M. Le Muet, à Mahéru, en 1844, par *Friedland* et fille d'*Impérieux*, *Buffalo*, *Eclatant*, inconnue.

FRISE-POULET, née chez M. Chappey, à Nonant, en 1846, par *Performer* et fille de *Captain-Candid*. Elevé par M. Basly.

FRANC-NORMAND, né chez M. Bisson, à Sées, en 1850, par *Chactas* et fille de *Castor*, issue d'une normande inconnue. Elevé chez M. Forcinal, à Saint-Aubin.

FRONTIGNAN, né chez M. C. Forcinal, à Saint-Léonard, en 1851, par *Phœnomenon* et fille de *Kramer*, issue de la *Dangerous*.

FUMÉE, jument de pur sang, née chez Mme de Moloré, de Sées, dans son herbage de Villeneuve. Elevée par M. Aumont.

G

GALATHÉE, jument de pur sang, née au Haras du Pin, concédée à M. de Sérans d'Ecouché.

GALLIPOLY, étalon arabe, appartenant à l'Etat, en 1812.

GÉDÉON, pur sang, né chez MM. Nivière et de la Grange, à Nonant, en 1861.

GÉORGIE, pur sang, née chez M. Marcadé, à Nonant,

GENTILLE-ANNETTE, jument de pur sang, née chez M. le comte d'Auger, à la Chapelle.

GLADIATOR, étalon de pur sang, appartenant à l'Etat.

Y. GLADIATOR (ex-Achille), étalon de pur sang, né chez M. Amédée Le Clerc.

GOELETTE, jument de pur sang, née chez M. le prince de Beauvau.

GLENLYON, cheval d'obstacles, pur sang, né en Angleterre.

GOVERNOR, étalon de pur sang, appartenant à l'Etat, en 1845.

GRINGALETTE, jument de pur sang, née au Haras du Pin. Elevée chez M. le marquis de Falendre.

GABRIEL, étalon de l'Etat, né chez M. Lamy-Godichon, à Larré en 1839, par *Sylvio* et la fille de *Mahomet*.

GALLION, étalon de l'Etat, né dans la vallée d'Auge, en 1839, par *Voltaire* et fille de *Y. Rattler*. Il est père de la mère d'*Essling*.

Fille de GALLIPOLY, de M. Le Conte de Montrond, née chez lui en 1818, par *Gallipoly* et la *Volontaire*, de M. Binet, née en 1806.

La GALLIPOLY, née chez M. le comte de Narbonne, à la Roche, en 1817, par *Gallipoly* et fille de *Statesman*.

GANYMÈDE, étalon de l'Etat, née chez M. Ratthier, à Saint-Léger-sur-Sarthe, en 1839, par *Xercès* et la *Louve*, par *Chasseur*. Elevé chez M. Basly.

GAVESTON, étalon de l'Etat, né chez M. Neveu, à Nonant, en 1839, par *Napoléon*, et fille d'*Eastham* (la *Sultane*).

GÉNÉRAL, étalon de l'Etat, né dans la vallée d'Auge, en 1836, par *The-Juggler* et fille de *Prosélyte*.

GÉOMÈTRE, né chez M. Hardouin, à Marchemaisons, en 1845, par *Eylau* et fille de *Voltaire*. Elevé par M. Basly.

GIBOYER, étalon né chez Mme Herbinière, à la Mussoire, en 1852, par *Pledge* est fille de *Chesterfield Junior*. Elevé par M. Le Conte, à Montrond.

Fille de GLANDIER, née chez M. Lavigne Berthaume, au Merlerault, en 1845, par *Glandier* (étalon de la vallée d'Auge, par *Voltaire*), et la *Marquise* par *Y. Rattler*.

GLEMMOUR, étalon de l'Etat, né chez M. Le Conte, à Montrond, en 1845, par *Infortuné* et *Analie* (jument de pur sang).

GLOCESTER, étalon de l'Etat, né en Angleterre, en 1831, par *Régent* et jument de demi-sang.

Y GLOCESTER, né chez M. Marchand, à Chenay, en 1844, par *Glocester* et fille de *Prétender*. Elevé par M. Marion.

La Glocester, de M. Charlotte Férault, de Saint-Germain-de-Claire feuille, née chez lui en 1840, par *Glocester* et fille de *Jaggard*.

La Glocester, née chez M. Marchand, à Chenay, en 1842, par *Glocester* et fille de *Sylvio*, née en 1845, issue de la *Pretender*.

Glorieux, étalon anglais, appartenant à l'Etat avant 1784.

Le Glorieux, de M. Landon, étalon né chez lui à Nonant, en 1785, par *Glorieux* et jument de haute race, venant de la jumenterie du marquis de Narbonne, de Nonant.

La Glorieuse, de M. Landon, née chez lui, à Nonant, en 1797, par *Glorieux* et la mère de *Glorieux*, ci-dessus relaté.

La Jeune Glorieuse, de M. Landon, née chez lui, à Nonant, en 1804, par son étalon le *Glorieux* et la fille de *Glorieux*.

La Glorieuse, de M. Aubry, née chez lui à Saint-Cenery, vers 1790, par *Glorieux* et une fille de *King-Pépin*.

La Glorieuse, de M. Binet, née chez lui, à Montrond, en 1790, par *Glorieux* et fille de *King-Pépin*, élevée par M. Le Prévost, de Fourches.

La Glorieuse, de M. Binet, née chez lui en 1790, par *Glorieux* et la fille de *King-Pépin*, élevée chez lui.

La Glorieuse, de M. Buisson, née chez lui, aux Authieux, en 1805, par le *Glorieux* de M. Landon, et une normande inconnue. Vendue pour les haras impériaux en Autriche, en 1818.

Fille de Glorieux, de M. Brard, du Merlerault, née chez lui, vers 1802, par le *Glorieux*, de M. Landon, et normande de bonne race.

La Glorieuse, de MM. Vienne, née chez eux, à Cerizay, vers 1792, par *Glorieux* et normande d'ancienne race.

Godichon, étalon de l'Etat, né en 1838, chez M. Godichon Lamy, à Larré, par *Sylvio* et fille de *Mahomet*.

Gouffern, étalon de l'Etat, né chez M. Duval, à Silly, en 1844, par *Y. Emilius* et *Taglioni*, par *Mameluke* ou *Sylvio*.

Graciosa, née chez M. Deforges, à Nonant, en 1845, par *Royal-Oak* et *Corinne*, par *Captain-Candid*. Elevée par M. Chauvin, à Aunou.

Fille de Gradivus, née chez M. Hardouin, à Marchemaisons, en 1845, par *Gradivus* et fille d'*Eclatant*. Elevée par M. Fossey, à Laleu. — *Gradivus*, étalon de la vallée d'Auge, par *Voltaire* et fille de *Y. Rattler*, issue d'une normande inconnue.

The-Great-Western, étalon anglais, appartenant à l'Etat, en 1852.

Grenadier, né chez M. Contencin, à Mamers, en 1835, par *Pretender* et *Olga*, par *Valient*.

H

HARLEQUIN, étalon de pur sang, appartenant à l'Etat en 1844.

HÉLÈNE, jument de pur sang, née au Haras du Pin, concédée à M. Godichon, du Cohon.

HOLBEIN, étalon de pur sang, appartenant à l'Etat en 1833.

HERCULE, étalon de pur sang, appartenant à la guerre en 1843.

HÉROÏNE, jument de pur sang, née chez M. d; Sérans, à Ecouché.

THE-HUNTSMAN, étalon de pur sang, appartenant à l'Etat.

Fille d'HABILE, née chez MM. Vienne, à Cerizay, en 1829, par *Habile* et fille de *Dominant.—Habile*, normand né en 1321, par *Aimable* et normande inconnue.

HAMILTON, étalon de l'Etat, né chez M. Neveu, à Médavy, en 1821, par *Y. Rattler* et une fille d'*Highflyer*, issue de la 2e *Mignonne.*

Fille d'HAMILTON, née chez M. Godichon, au Mesnil Evreux, en 1833, par *Hamilton* et fille d'*Eastham.*

Fille d'HAMILTON, née chez M. Chagrin de Saint-Hylaire, à Courtomer, en 1828, par *Hamilton* et une vieille jument anglaise de chasse, ayant appartenu à M. du Hays.

HERSILIE, née au Haras du Pin, en 1831, par *Eastham* et *Rattler-Filly* par *Y. Rattler.* Cédée à M. Duparc-Mauny, à Almenêches.

Fille-d'HERCULE, née chez M. Neveu, à Médavy, en 1808, par *Hercule* et fille de *Sommerset.*

HARMONICA, étalon de l'Etat, né dans la vallée d'Auge, en 1841, par *Voltaire* et fille de *Sylvio.*

HERCULE, étalon de l'Etat, né en Prusse, en 1803, par *Hercule* (turc) et *Ida* (anglaise)

HECTOR, étalon né chez M. Le Muet, à Mahéru, en 1837, par *Québec* et fille de *Buffalo.* Elevé par M. Le Conte, à Montrond.

HÉLIOTROPE, né chez M. Ph. Forcinal, à Saint-Aubin, en 1841, par *Xercès* et fille de *D. I. O.*, ou fille d'*Eclatant*, issue d'une *D. I. O.*

HENRY, étalon de l'Etat, né chez M. Fleury, à Saint-Léger-sur-Sarthe, en 1841, par *Napoléon* et *Emilie*, par *Y. Rattler.* Elevé par M. Basly.

Filles d'HENRY, de M. Maine, de Saint-Paul, nées chez M. Delouche, à Laleu, en 1845. L'une est par *Henry* et fille d'*Oscar, D. I. O.* normande inconnue; l'autre est par *Henry* et fille d'*Hamilton*; *Eclatant*, normande inconnue.

HERMION, étalon de l'Etat, né en 1841, chez M. Deshayes, de la Grimonnière, par *Paradox* (pur sang anglais) et fille de *Sylvio.*

HERMINIE, née chez M. Cenery-Forcinal, à Saint-Léonard, en 1852, par *Wildfire* et la *Capitaine*, jument limousine, par *Massoud* (arabe).

HÉRODE, étalon de l'État, né chez M. le duc de Narbonne, à la Roche, en 1859, par *Noteur* et une fille de *Sylvio*, issue d'une fille d'*Aï*.

HERSCHELL, étalon de l'État, né chez M. Delacour, à Cerizay, en 1841, par *Eylau* et fille de *Prétender*.

Fille d'HÉRACLIUS, née chez M. Collet, à Cerizay, en 1847, par *Héraclius* (étalon de l'État, né en 1840, par *Voltaire* et fille d'*Héraclius* Ier) et fille de *Sylvio*, issue d'une *Oscar*, qui sortait d'une percheronne.

Fille d'HÉRACLIUS, née chez M. Marchand, à Saint-Cenery, en 1830, par *Héraclius* (anglais demi-sang) et la fille de *Séduisant*, de M. Aubry.

HERTZ, étalon de l'État, né chez M. Marchand, à Montigny, en 1841, par *Eylau* et fille d'*Impérieux*.

HIGHFLYER, étalon de l'État, né dans le Mecklembourg, en 1801, par un fils d'*Highflyer* (pur sang anglais) et *Xantipe*, anglaise non tracée.

Le jeune HIGHFLYER, né chez M. Neveu, à Médavy, en 1812, par *Highflyer* et une fille d'*Hercule*.

Le jeune HIGHFLYER, étalon né chez M. Neveu, à Médavy, en 1812, par *Highflyer* et la seconde *Mignonne*, par un fils de *Docteur*. Vendu pour l'étranger.

Le jeune HIGHFLYER, appelé aussi le petit *Matador*, né chez M. Neveu, à Médavy, en 1812, par *Highflyer* et la belle *Matador*. Vendu pour l'étranger.

Le jeune HIGHFLYER, étalon né chez M. Besnard, à Nonant, en 1812, par *Highflyer* et la première *Matador*, de M. Landon.

Le jeune HIGHFLYER, né chez M. Neveu, à Médavy, en 1812, par *Highflyer* et la *Lancastre*. Vendu pour les Haras impériaux en Autriche.

Fils d'HIGHFLYER, né chez M. Brard, au Merlerault, en 1812, par *Highflyer* et une fille de *Glorieux*. Vendu pour la Russie, au prix de 12,000 francs.

Fille d'HIGHFLYER, née chez M. Neveu, à Médavy, en 1813, par *Highflyer* et une fille de *Matador* (la belle *Matador*).

Fille d'HIGHFLYER, à M. Besnard, de Nonant, née chez lui en 1811, par *Highflyer* et la deuxième *Matador*, de M. Landon. Cette jument trottait d'une manière prodigieuse pour l'époque, et fut achetée pour la maison du Roi.

Fille d'HIGHFLYER, née chez M. Brissot, à Marmouillé, vers 1814, par *Highflyer* et fille de *Séduisant*, issue d'une *Docteur*. Elevée par M. de Larocque, à Echauffour.

Fille d'HIGHFLYER, de M. Héron, du Merlerault, née chez lui en 1816, par *Highflyer* et une petite-fille de la jument *Novice*, de M. l'abbé des Mares.

Fille d'HIGHFLYER, née chez M. Gaillet, à Aunou, en 1812, par *Highflyer* et la *Pontmesnil*, par *Docteur*

Fille d'HIGHFLYER, de M. Buisson, des Authieux, née chez lui en 1812, par *Highflyer* et fille de *Dagout*. Vendue pour les Haras impériaux en Autriche.

Fille d'HIGHFLYER, née chez M. Neveu, à Médavy, en 1815, par *Highflyer* et fille d'*Hercule*.

Fille d'HIGHFLYER, née chez M. Besnard, à Nonant en 1815, par *Highflyer* et la deuxième *Matador*, de M. Landon, vendue à M. le comte de Narbonne à la Roche.

Fille d'HIGHFLYER, née chez M. Buisson, aux Authieux, en 1822, par *Highflyer* et fille de *Glorieux*.

Fille d'HIGHFLYER, de M. de Villereau, née chez lui, à Marchemaisons, en 1815, par *Highflyer* et fille *Matador*.

Le jeune HIGHFLYER, né chez M. Neveu, à Médavy, en 1812, par *Highflyer* et la vieille *Mignonne*. Vendu pour l'étranger en 1818.

Fille d'HIGHFLYER, née chez M. Brissot, à Marmouillé, en 1812, par *Highflyer* et fille de *Séduisant*, issue d'une *Docteur*.

Fille d'HIGHFLYER, de Grégoire d'Almenêches, née chez lui, en 1821, par *Highflyer* et une fille de *Matador*.

Fille d'HIGHFLYER, née chez M. Chambay, à Valframbert, en 1821, par *Highflyer* et une fille de *Mercure*.

Fille d'HIGHFLYER, de M. Neveu, née chez lui, à Médavy, vers 1814, par *Highflyer* et la deuxième *Mignonne*, par le fils de *Docteur*.

Fille d'HOLBEIN, de M. Fleury de Saint-Léger, née chez lui, en 1835, par *Holbein* et *Emilie*, par Y. *Rattler*.

HOMÈRE, étalon de l'État, né chez M. Cousin, à Condé, en 1841, par *Impérieux* et fille de *Séducteur*, issue d'une D. I. O., issue elle-même d'une normande inconnue. Elevé par M. Basly.

HONORABLE, étalon de l'État, né dans la vallée d'Auge, en 1841, *Voltaire* et fille d'*Emule*.

HOSPODAR, étalon de l'État, né chez M. Bassière, à Courmesnil, en 1841, par *Impérieux* et fille de Y. *Rattler*. Elevé par M. Vienne, à Nonant.

Fille d'HOSPODAR, de M. Chappey, née chez lui, à Nonant, en 1846, par *Hospodar* et une fille de *Xercès*, issue de la fille de *Captain-Candid*.

Y. HOSPODAR, étalon né chez M. Aumoitte, près Ecouché, en 1852, par *Hospodar* et fille de *Glocester*, *Jaggard*, normande d'ancienne race. Vendu à M. Simon, à Saint-Lambert.

Fille d'HYLACTOR, née chez M. Barrier, à la Genevraye ; vers 1815, par *Hylactor* et normande sans origine. — *Hylactor*, normand 1/2 sang de famille inconnue.

I

Iago, étalon de pur sang, appartenant à l'État en 1855.

Inkerman, pur sang, né chez M. Benoist, à Coupigny.

Ishmael, pur sang, né chez M. de Sérans, à Ecouché.

Ida, de M. de La Rocque, née chez lui, en 1824, par Y. *Rattler* et *Amia*, par *Lattitat*.

Ida, de Mme de Semallé, née chez elle, en 1811, par un étalon arabe et *Msacarille*, arabe-tar' are.

Ida, de M. Lalouet, à Montigny, née chez M. Marchand, au même lieu, en 1843, par *Basly* et fille d'*Impérieux*.

La Jeune-Ida, à M. Lalouet, née chez lui, à Montigny, en 1858, par *William* et *Ida*, par *Basly*.

Ida, à M. Esnault de Cerizay, née chez lui, en 1861, par *Utrecht* et fille de *Paradis*.

Irma, née chez M. Esnault, à Cerizay, en 1860, par *Utrecht* et fille de *Paradis*.

Iena, étalon de l'État, né chez M. Vienne, à Nonant, en 1842, par *Mameluke* et une fille de Y. *Rattler*, issue d'une normande inconnue, née chez M. Bonnevent, à Gacé.

Fille d'Iena, née chez M. Luc-le-Sage, à Saint-Aubin d'Appenay, en 1848, par *Iena* et fille de *Chasseur* (ou d'*Eylau*), issue de la fille d'*Eclatant*.

Idalis, étalon de l'État, né dans le Cotentin, en 1842, par *Don-Quichotte* et fille de *Chapman*.

Impérial, étalon de l'État, né chez M. Souchey, au Merlerault, en 1842, par *Eylau* et *Désirée*, par *Talma*. Elevé par M. Paul Paysant et par M. Basly.

Impérieux, étalon de l'État, né chez M. Aubry de Grandlay, commune d'Aunou, en 1822, par Y. *Rattler* et fille de *Volontaire*. Elevé par M. Le Conte, à Montrond.

Fille d'Impérieux, née chez M. Delacour, à Cerizay, en 1835, par *Impérieux* et fille de *Séducteur*, issue de la *Favorite*.

Fille d'Impérieux, née chez M. Fleury, à Champhaut, en 1828, par *Impérieux* et la jument arabe de M. le marquis de Roncherolles. Vendue à M. C. Daupeley, à Échauffour.

Fille d'Impérieux, née chez M. Daupeley, à Échauffour, en 1830, par *Impérieux* et fille de *Massoud*.

Fille d'Impérieux, née chez M. Lavigne Berthaume, au Merlerault, en 1849, par *Impérieux* et fille de *Glandier*.

Fille d'Impérieux, née chez M. Marchand, à Chenay, en 1834, par *Impérieux* et fille d'*Ardrossan*, issue d'une fille de *Snail*.

Fille d'Impérieux, née chez M. Lamy Godichon, à Larré, en 1852, par *Impérieux* et fille d'*Hamilton*, issue d'une *Bacha*, issue d'une fille de *Neptune*.

Fille d'Impérieux, née chez M. Masson, à Lignères, en 1835, par *Impérieux* et normande de demi-sang, inconnue Vendue à un boucher de Paris et rachetée par M. Masson, elle donna plusieurs chevaux de mérite, et notamment la jument nommée les *Bas-Blancs*, par *Friedland*.

Fille d'Impérieux, de M. Godichon de Godisson, née chez son père, M. Lamy Godichon, à Larré, en 1845, par *Impérieux* et *Vendetta*, par *Eylau*.

Fille d'Impérieux, de M. de Château-Thierry, de Marchemaisons, née chez M. Chollet, au même lieu, en 1830, par *Impérieux* et une fille de *D. I. O.*, issue d'une fille du *Vieil-Emilius*.

Fille d'Impérieux, de M. Hubert, à Larré, par *Impérieux* et normande d'ancienne race, née chez M. Trotté, à Hauterive, en 1834.

Fille d'Incomparable, née chez Mme Lacour-Brissot, à Marmouillé, en 1847, par *Incomparable* (1841) et fille de *Captain-Candid*.

Incomparable, étalon de l'Etat, né chez M. Gaillet de Boissey, en 1817, par *Y. Morwick* et la fille du *Parfait*.

Incomparable, étalon de l'Etat, né chez M. Deshayes de la Gimonnière en 1841, par *Olivier-Cromwell* et fille de *Pickfocket*.

Inès, née chez M. Legoux-Longpré, près Ecouché, en 1840, par *Pick-Pocket* et *Calliope*, par *Y. Rattler*. Vendue à M. du Hays. Revendue à M. Godichon de Godisson.

Infortuné, étalon, né chez M. Le Conte, à Montrond, en 1835, par *Marmot* et fille de *Snail*.

Fils d'Infortuné, étalon de l'Etat, né en 1848, chez M. Louis Saillard, à Alençon, par *Infortuné* et sa jument anglaise.

Fille d'Infortuné (dite la *Fesse-Caille*), née chez M. Le Conte, à Montrond, en 1839, par *Infortuné* et *Victoria*, par *Jaggard*.

Introuvable, étalon de l'Etat, né chez Mme Lacour-Brissot, à Marmouillé, en 1842, par *Diomède* et fille de *Jaggard*.

l'Ingénieur, étalon de l'Etat, né chez M. Neveu, à Médavy, en 1822, par *Y. Rattler* et fille de Y. *Morwick*. Elevé par M. Le Conte.

Iris, né chez M. Cotterel La Saussaye, à Saint-Léonard, en 1825, par *Colibry* et fille de *Y. Rattler*, issue d'une fille de *Léger*. Elevé par M. de Sancy.

Fille d'Iris, de M. Souchey, née chez lui, en 1818, par *Iris* et normande inconnue. Achetée de M. Dunoyer du Merlerault.

Iris, étalon de l'Etat, né chez M. Lavignée, à Sarceaux, en 1812, par *Y. Morwick* et fille de *Matador*.

Isabelle, née chez M. S. Buisson, aux Authieux, en 1861, par *Phœnomenon* et jument normande.

J

Jarnicoton, pur sang, née chez M. de Moloré, à Exmes.

The Juggler, étalon de pur sang, appartenant à l'Etat en 1837.

Jupiter, étalon de pur sang, appartenant à l'Etat en 1808.

Janissaire, étalon de l'Etat, né chez M. Gaillet de Boissey, en 1813, par *Bacha* et la fille du *Parfait*.

Janson, étalon de l'Etat, né chez M. Délouche, à Laleu, en 1843, par *Doyen* et fille de *Y. Reveller*.

Jason, cheval d'obstacles, né chez M. Le Royer, à Aulnay, en 1859, par *Séducteur* et fille de *Royal-Oak*. Elevé par M. Forcinal à Saint-Léonard.

Jaggard, étalon anglais, de la race des trotteurs, appartenant à l'Etat, en 1819.

Fille de Jaggard, de M. Charlotte Férault, de Saint-Germain-de-Clairefeuille, née chez M. Daupeley, à Echauffour, en 1840, par *Jaggard* et *Diane*, par *Gallipoly*.

La Jaggard, ou la *Pontonnière*, née chez M. Pontonnier, à Montchevrel, en 1831, par *Jaggard* et fille de *Fortuné*. Vendue à M. Erambert, à Godisson.

La Jaggard, de M. Deshayes, de la Grimonnière, née chez M. Labbé, au Merlerault, en 1833, par *Jaggard* et une fille de *Y. Rattler*, laquelle était née chez M. Neveu, de Médavy, et était issue d'une *Bacha*, issue elle-même d'une *Zéphyr* et d'une normande d'ancienne race. *Zéphyr* était un fils de *Glorieux*

Fille de Jaggard, née chez M. Lacour-Brissot, à Marmouillé, en 1832, par *Jaggard* et fille de *Brigand*, *Volontaire*; *Docteur*, jument d'ancienne race. *Brigand* était un étalon anglais pur sang appartenant à l'Etat.

Fille de Jaggard, de M. Poulain, de Boitron, née chez lui, en 1835. Cette jument, qui a donné plusieurs étalons et plusieurs poulinières de mérite, était par *Jaggard* et une *Buffalo*, issue d'une percheronne, née chez M. Poulain, et d'une conformation magnifique.

Jeanne-d'Arc, née chez Mlle Geneviève Binet, à Montrond, en 1815, par *Y. Morwick* et fille de *Volontaire* (celle de 1806). Elevée par M Erambert, à Godisson, et morte sans postérité.

Jéricho, étalon de l'Etat, né chez M. Duchemin, dans la vallée d'Auge, en 1843, par *Biron* et l'*Aigle*, par *Voltaire* et une fille de *Y. Rattler*, issue d'une *Topper*.

JÉROBOHAM, étalon de l'Etat, né chez M. Erambert, à Godisson, en
1843, par *Diomède* et la *Pontonnière*, par *Jaggard*. Elevé par
M. Deshayes, de la Grimonnière.

JONGLEUSE, née chez M. Vincent Lindet, à Saint-Léger, en 1855,
par *The Juggler* et fille de *Tipple-Cider*.

La JONQUILLE, née chez M. de Villereau, à Marchemaisons, en
1803, par *Lancastre* et la *Coureuse*.

JOSÉPHINE, de M. de La Rocque, née chez lui, au Merlerault, en
1830, par *Tandem* et *Ida*, par *Y. Rattler*.

JOUVENCE, née chez M. Esnault, à Marchemaisons, en 1851, par
Noteur et *Miss-Sophia*, anglaise.

JUGURTHA, étalon de l'Etat, né chez Mᵐᵉ Gaillet, d'Aunou, en
1842, par *Y. Emilius* et la *Rattler-Bai*. Elevé par M. Vienne, de
Nonant.

JUNOT, étalon de l'Etat, né chez M. Ratthier, à Saint-Léger, en
1842, par *Friedland* et la *Louve*, par *Chasseur*. Elevé par
M. Basly.

Fille de JUNOT, née chez M. Lavigne-Berthaume, du Merlerault, en
1848, par *Junot* et fille de *D. I. O.*

Fille de JUPITER, de M. de Narbonne, née chez M. Besnard, à
Nonant, en 1808, par *Jupiter* et la fille de *Glorieux*, de M. Lan-
don, celle de 1797. Vendue à M. le comte de Narbonne, à la
Roche.

K

KING-PÉPIN, étalon de pur sang anglais, appartenant à M. le comte
d'Artois, vers 1780.

KOHEL, pur sang, né chez M. de Sérans, à Écouché.

KADMOR, étalon de l'Etat, né chez Mᵐᵉ Chartel, au Merlerault, en
1844, par *Sylvio* et la *Railleuse*, par *Railleur*. Elevé par M. Deshayes, à la Grimonnière.

KEPY, étalon de l'Etat, né chez M. Duval, à Chenay, en 1844, par
Hercule et fille de *Sylvio*. Élevé par M. Marchand, à Montigny.

Fils de KEPY, étalon né chez M. Fossey, à Laleu, en 1856, par
Kepy et une fille de *de Voltaire*, issue d'une normande inconnue.
Élevé par M. Basly, il fait la monte chez M. A. Simon, à Saint-
Lambert.

KŒNIGSBERG, étalon de l'État, né chez M. Grégoire, à Almenêches,
en 1844, par *Fréjus* et une fille d'*Achille*, issue d'une jument
d'attelage.

KENILWORTH, étalon de l'État, né chez M. Delacour, à Cerizay, en
1844, par *Biron*, ou *Fatibello*, fille de *Prétender*.

Fils de KING-PÉPIN, étalon né au Haras du Pin, en 1780, par *King-*

Pépin et une jument de haute race, d'origine inconnue. Élevé par M. Binet, de Montrond.

Fille de KING-PÉPIN, née au Haras du Pin, en 1780, par *King-Pépin* et jument de haute race, d'origine inconnue. Élevée par M. Le Prévost, de Fourches, et vendue à M. Binet, de Montrond.

Fille de KING-PÉPIN, de M. Aubry, née chez lui, à Saint-Cenery, en 1780, par *King-Pépin* et normande de haute race, appartenant à M. le marquis de Brigges.

Fille du jeune KING-PÉPIN, née chez M. Dunoyer, au Merlerault, 1792, par le jeune *King-Pépin* et une jument issue d'un étalon oriental du Haras du Pin. (Elle est mère de l'*Acacia*.)

KING, étalon anglais, appartenant à l'État, en 1808. Concédé à M. Forcinal, à Saint-Aubin, en 1821.

Fille de KING, née chez M. Forcinal, à Saint-Aubin-d'Appenay, en 1820, par *King* et une fille du jeune *Y. Morwick*, issue d'une fille de l'étalon anglais de M. de Saint-Aubin avec une jument percheronne.

KŒNIG, étalon de l'État, né chez M. Forcinal, à Saint-Léonard, en 1844, par *Hégésippe* et la fille de *Vallient*, de M. Gallant. — *Hégésippe*, étalon de l'État, né chez M. Forcinal, en 1841, par *Friedland* et une fille d'*Oscar*, de M. Le Dangereux, issue d'une *Tigris*. Il a fait la monte à deux ans.

KRAMER, étalon de l'État, né chez M. Charles Ratthier, à Saint-Léger-sur-Sarthe, en 1844, par *Hercule* et *Cybèle*, par *Chasseur*.

Fille de KRAMER, née chez M. G. Buisson, aux Authieux, en 1850, par *Kramer* et la *Pilott*, par *Pilott*.

Fille de KRAMER, née chez M. Ph. Forcinal, à Saint-Aubin-d'Appenay, en 1849, par *Kramer* et fille de *Doyen*.

Fille de KRAMER (*Fleur-d'Épine*), née chez M. Forcinal, à Saint-Aubin, en 1855, par *Kramer* et fille de *Doyen*.

Fils de KRAMER, étalon né chez M. C. Forcinal, à Saint-Léonard, en 1847, par *Kramer* et fille de *Sylvio-Vallient*. Vendu pour l'étranger.

Fils de KRAMER, étalon né chez M. Léonor Forcinal, au Merlerault, en 1847, par *Kramer* et fille de *Sylvio*. Élevé par M. C. Forcinal, à Saint-Léonard, et vendu pour l'étranger.

Fille de KRAMER (*Brillante*), née chez M. G. Forcinal, à Saint-Léonard, en 1851, par *Kramer* et fille de *Dangerous*.

L

LADY-SADDLER, jument de pur sang, née à l'Institut agronomique de Versailles. Élevée à Godisson, par MM. Simon et Chedeville.

LANERCOST, étalon de pur sang, appartenant à l'État.

Lignères, pur sang, né chez M. le marquis de Falendre, à Lignères.

Light, pur sang, né chez M. le duc de Fitz-James, en Anjou.

Lisette, jument de pur sang, née au Haras du Pin. Elevée par M. Le Conte, à Montrond.

Lord-Jersey, pur sang, né chez M. de Château-Thierry, à Marche-maisons.

Lottery, étalon de pur sang, appartenant à l'État en 1835.

Lully, étalon de pur sang, né au Haras du Pin.

Lancastre, étalon anglais, appartenant à l'État avant 1780.

La fille de Lancastre, née chez M. Neveu, à Médavy, en 1787, par *Lancastre* et fille du *Vieux-Renard,* de M. Beaulavon.

Lattitat, étalon anglais, de race inconnue, appartenant à l'État en 1811.

Lattitat, étalon de l'État, né chez M. le comte de Narbonne, à La Roche, en 1813, par *Lattitat* et fille de *Jupiter.*

Lattitat, vieux, étalon de l'État, né chez M. Nau, à Silly, en 1813, par *Lattitat* et *Agathe,* par *Volontaire.* Élevé par M. Neveu, à Médavy.

Lattitat, jeune, étalon de l'État, né chez M. Neveu, de Médavy, en 1814, par *Lattitat* et la fille de *Lancastre.*

Fille de Lattitat-Vieux, née chez M. Neveu, à Médavy, en 1820, par *Lattitat-Vieux* et fille de *Y. Morwick.* Vendue en 1825.

Langlois, étalon de l'État, né chez M. Luc le Sage, en 1844, élevé par M. Forcinal, à Saint-Aubin, par *Hercule* et fille d'*Impérieux,* née chez M. Gérard Rouvray, à Ferrières, et issue d'une *Jaggard, Vidvid,* normande d'ancienne race.

Léandre, ex-*Macdonald,* étalon de l'État, né chez M. Grégoire, à Almenêches, en 1844, par *Y. Emilius* et fille de *Dangerous.* Elevé par M. Basly.

Léda, née chez M. le comte de Narbonne, à La Roche en 1827, par *Tigris* et *Etincelle,* par *Kurde.*

Léda, née chez M. le comte de Narbonne, à La Roche, vers 1835, par *Napoléon* et *Léda,* par *Tigris.*

Léger, étalon de l'État, né chez M. Pâton, à Coudehard en 1810, par *King* et jument qu'on déclara être anglaise, mais qui était fille du vieux *Renard* et d'une jument anglaise.

Le vieux Léger, étalon inconnu, appartenant à l'État avant 1790.

Fille du vieux Léger, à M. Brard, du Merlerault, née chez lui vers 1800, par le vieux *Léger* et normande inconnue.

La Légère, née chez M. Neveu, à Nonant, en 1825, par *Léger* et la *Meunière,* par le jeune *Highflyer.*

Fille de Léger, née chez M. Cotterel la Saussaye, à Saint-Léonard, en 1820, par *Léger* et fille de *King,* issue d'une normande inconnue.

Léopold, étalon de l'Etat, né chez M. Neveu, à Médavy, en 1825, par *Massoud* et fille de *Y. Rattler-Docteur*. Elevé par M. Le-Conte, à Montrond.

Lilly, née chez M. Gaillet, à Aunou, en 1812, par *Statesman* et la *Pontmesnil*, par *Docteur*.

Limaçon, né chez M. Le Conte, à Montrond, en 1826, par *Snail* et fille de *Y. Morwick*, de M. Binet (1810).

Lisbeth, née chez M. Fleury, à Saint-Léger, en 1812, par *Emule* et *Fanchette*, par *Pretender*

Fille de Léger, née chez M. Brard, au Merlerault, en 1815, par *Léger* et fille de *Champion*.

Lisette, née chez M. de La Rocque, à Echauffour, en 1825, par *D. I. O.* et *Amice*, par *Lattitat*.

Lisette, née chez M. Neveu, à Médavy, en 1825, par *Y. Rattler* et la *Panachée*, par *D. I. O.* Elevée par M. de La Rocque, à Echauffour.

Lise, née chez M. Chagrin de Saint-Hylaire, à Courtomer, en 1832, par *Impérieux* et fille d'*Hamilton*.

Locomotif, ex-*Fousset*, étalon de l'Etat, né chez M. Fleury, à Saint-Léger, en 1845, par *Emule* et fille d'*Eylau*.

Fille de Lodgick, née chez M. de Villereau, à Marchemaisons, en 1835, par *Lodgick* et fille d'*Highflyer*. — Cédée à M. Valluet à Marchemaisons. — *Lodgick*, étalon de l'Etat, d'origine anglaise et d'espèce de chasse.

Fille de Lottery, née chez M. Bassière, à Courmesnil, en 1835, par *Lottery* et *D. I. O.* Vendue à M. Esnault, à Marchemaisons.

Louise, née chez M. Jacques Godichon, au Mesnil - Erreux, en 1831, par *Impérieux* et fille de *Vidvid*, issue de la *Bachale*, de M. Buisson des Authieux. Vendue à M. Daupeley, puis à M. Cenery Forcinal, à Saint-Léonard-des-Parcs.

Louise, anglaise de chasse, appartenant à M. Gabriel Corbin, à Marchemaisons, puis à M. Fleury, à Saint-Léger.

La Louve, née chez M. Ratthier, à Saint-Léger, en 1835, par *Chasseur* et fille de *Valient*.

Lucain, étalon de l'Etat, né chez M. Paul Paysant (vallée d'Auge), en 1845, par *Eylau* et la sœur de *Désirée*, par *Talma* et *Victoria*, par *Jaggard*.

Fille de Lucain, née chez M. Morin, à Saint-Germain-de-Clairefeuille, en 1851, par *Lucain* et fille d'*Impérieux*, issue de la fille de *Railleur*.

Lucholl, étalon anglais, appartenant à l'Etat en 1826 (race de *Trotteurs*).

Fille de Lully, née chez M. Deforges à Saint-Germain-de-Clairefeuille, en 1858, par *Lully* et fille de *Chesterfield junior*.

Lycomède, étalon de l'Etat, né chez Mme Chartel, au Merlerault, en 1851, par *Sylvio* et la *Railleuse*, par *Railleur*. Elevé par M. Deshayes de la Grimonnière

Lysimaque, étalon de l'Etat, né chez M. Guitton à Roullée, en 1845, par *Doyen* et fille d'*Hamilton*, issue d'une normande ayant peu de sang. Elevé par M. Fleury, à Saint-Léger.

M

Mademoiselle-de-Champigny, pur sang, née chez MM. Benoist, à Coupigny.

Magenta, pur sang, né chez M. Lavignée, du Sap.

Mameluck, étalon de pur sang, appartenant à l'Etat en 1837.

Maryland, étalon de pur sang, né au Haras du Pin.

Massoud, étalon arabe, appartenant à l'Etat en 1821.

Mastrillo, étalon de pur sang, né au Haras du Pin.

Matamore, pur sang, né chez M. le comte Rœderer, à Bursard.

Mazuline, pur sang, né chez M. de Sérans, à Ecouché.

Mika, pur sang, née chez MM. Benoist, à Coupigny.

Miss-Tandem, pur sang, née chez M. de La Rocque, au Merlerault.

Monsieur-d'Ecoville, pur sang, appartenant à l'Etat, né chez M. Calenge, à Ecoville.

Morok, étalon de pur sang, appartenant à l'Etat, né chez M. Valentin, à Nonant.

Mouche, jument de pur sang, née au Haras du Pin. Vendue à M. Ragon.

Moustique, étalon de pur sang, appartenant à l'Etat, né chez M. le comte d'Hédouville.

Muséum, pur sang, né chez M. le comte Rœderer, à Busard.

Mustachio, étalon de pur sang appartenant à l'Etat en 1827.

Macdonald, ex-*Léandre*. -- *Voir* ce nom.

Mademoiselle-de-Bouveuches, née chez M. Rathier, à Saint-Léger, en 1842, par *Solide* et *Ulysse*, par *Tipple-Cider*.

Mademoiselle-des-Rouges-Terres, née chez M. C. Forcinal, à Saint-Léonard, en 1856, par *Romulus*, ou *Rousseau*, et *Herminie*, par *Wildfire*.

Mahomet, étalon de l'Etat, né chez M. Héron, au Merlerault, par Y. *Rattler* et fille d'*Highflyer*. Elevé par M. Tillard de Blainville.

Mademoiselle-de-Cerizay, né chez M. Esnault, à Cerizay, en 1859, par *Utrecht* et fille de *Schamyl*, issue de *Californie*, par *Hercule*.

Fille de Mahomet, de M. Lamy Godichon, de Larré, née chez M. le comte de Narbonne, à la Roche, en 1834, par *Mahomet* et fille de Y. *Rattler*, issue d'une *Highflyer*.

Fille de MAHOMET, de M. Lalignel, du Mesnil-Erreux, née chez M. Le Roux, à Cerizay, en 1831, par *Mahomet* et fille de *Dagout*.

Fille de MAMELUKE, de M. Chappey, de Nonant, née chez M. de Flers, à Villebadin, en 1841, par *Mameluke* et fille de *Y. Rattler*, issue d'une *Serviteur* et normande inconnue, de M. Ragon.

MANCIA, née chez M. le marquis de Falcrète, à Lignères, en 1843, par *Royal* et fille de *Pickpocket*.

La MAL-JUGÉE, née chez M. Guerrie, à Bernay, en 1854, par *Rob-Roy* et une jument anglaise.

MARCA, née chez M. Vienne, à Nonant, en 1848, par *Jugurtha* et *Emilie*, par *Y. Emilius*. Vendue à M. le marquis de Chamoy, à Charbonnières.

MALACCA, étalon, né chez M. de Bourgeauville, au Mesnil-Erreux, en 1845, par *Faliéro* et *Zoë*, par *Eclatant*.

MALTHUS (ex-*Séduisant*), étalon de l'Etat, née en 1846, chez M. Delacour, à Cerizay, par *Harlequin* et fille de *Prétender*.

MARENGO, né chez M. Jardin, à Nonant, en 1843, par *Marengo* (pur sang, fils de *Napoléon*) et une jument du *Cotentin*, par *Martagon* et fille de *Snap* Elevé par M. Fleury, à Saint-Léger.

La MARQUISE, née en 1823, chez M. Barrier de la Genevraye, par *Y. Rattler* et fille d'*Hylactor*. Vendue à M. Souchey, du Merlerault; revendue au roi Louis-Philippe; revendue à M. Souchey; revendue à M. Lavigne-Berthaume, du Merlerault.

MARQUISE, trotteuse fameuse, d'origine anglaise, appartenant à M. Montfort, dans la vallée d'Auge.

MARMOT, étalon de l'Etat, né au Haras du Pin, en 1827, par *Massoud* et *Miss-Stephens*, jument anglaise demi-sang.

MASCARILLE, jument arabe tartare, née chez le prince Gallitzin, en Russie, morte chez M. Le comte de Semallé, à la Gastine, en 1811.

MARTINETTE, née chez M. le Conte, à Montrond, en 1824, par *Tigris* et fille de *Streat-Lam-Lad*.

MARTAGON, étalon de l'Etat, né chez M. Lecœur, à Echauffour, en 1845, par *Royal-Oak* et une fille de *Dart*, issue de la fille d'un cheval percheron donné à une fille de *Buffalo*, à laquelle on trouvait trop de sang.

Fille de MASSOUD, de M. Vienne, de Nonant, née chez M. le marquis de Flers, à Villebadin, en 1829, par *Massoud* et jument demi-sang, du Cotentin. Elevée par M. le marquis de Tamisier, au bourg Saint-Léonard.

La MASSOUD, née chez M. le marquis de Roncherolles, en 1822, élevée par M. Daupeley, à Echauffour, par *Massoud* et jument arabe de M. de Roncherolles.

La Massoud, née chez M. Daupeley, à Echauffour, en 1825, par *Massoud* et la jument arabe de M. le marquis de Roncherolles. Elle a été vendue, dans un âge assez avancé, à M. Vincent Cosnard, à Brucourt (Eure), chez lequel elle a fondé une race magnifique.

La Massoud, née chez M. Gaillet, à Aunou, en 1825, par *Massoud* et une fille d'*Highflyer*, issue de *Lilly*, par *Statesman*. Vendue à M. Levesque, à Essay.

Y. Mastrillo, cheval d'obstacles, né chez M. Chabaret, à Coulonges, en 1857, par *Mastrillo* et fille de *Chasseur*. Elevé par Ph. Forcinal, à Saint-Aubin d'Appenay.

Matador, étalon de l'Etat, né chez M. Gaillet, de Boissey, en 1801, par l'*Aleyrion* et une fille du *Parfait*.

Le petit Matador, étalon, né chez M. Neveu, en 1812, par *Highflyer* et la belle *Matador*. Vendu pour l'étranger.

La première Matador, de M. Landon, née chez lui, à Nonant, en 1806, par *Matador* et une fille de *Glorieux*. Vendue à M. Besnard, à Nonant.

Fille de Matador, née chez M. de Lapallu, à Coupigny, en 1815, par *Matador* et normande d'ancienne race. Vendue à M. Morin, à Exmes.

La seconde Matador, de M. Landon, née chez lui, à Nonant, en 1808, par *Matador* et la fille de *Glorieux*. Vendue à M. Besnard, à Nonant.

La Matador, de M. Beaulavon, née chez lui, à Macé, en 1808, par *Matador* et une descendante de la race fameuse des *Beaulavon*, d'Almenêches.

La petite Matador, née chez Mᵐᵉ Mercier, à Lignères, en 1809, par *Matador* et une normande de très-ancienne race. Elevée par M. Neveu, à Médavy.

La belle Matador, née chez M. Neveu, à Médavy, en 1808, par *Matador* et une fille de *Sommerset*, issue de l'une des deux juments, achetées de M. le comte d'Artois.

La Matador, de M. Grégoire, née chez lui, à Almenêches, en 1809, par *Matador* et une mère très-distinguée, mais de race inconnue.

La Matador, de M. Morin, née chez lui, à Exmes, en 1815, par *Matador* et une fille de *Prince*, issue de *Novice*, de M. l'abbé des Mares, *Prince*, étalon anglais non tracé.

Fille de Matador, née chez M. Lavignée de Sarceaux, en 1806, par *Matador* et une jument anglaise.

Fille de Matador, de M. de Villereau, née chez lui, à Marchemaisons, en 1811, par *Matador* et la *Jonquille*, par *Lancastre*.

9.

MATHILDE, née chez M. Neveu, à Médavy, en 1822, par *Tigris* et fille d'*Highflyer*, issue d'une *Matador*.

MAZAGRAN, né chez M. Erambert, à Godisson, en 1835 par *Fire-Away* et fille de *Jaggard*. Elevé par M. Deshayes, de la Grimonnière et M. Erambert fils.

Le MATADOR, l'un des plus beaux carrossiers qu'ait fait la Normandie, né chez M. le duc de Narbonne, à la Roche, en 1850, par Y. *Tigris* et fille de *Dangerous*, issue d'une carrossière, née également à la Roche.

MÉDÉE, née chez M. Collet, à Cerizay, en 1852, par *Utrecht* et fille d'*Héraclius*.

MÉDICIS, étalon de l'Etat, né chez M. Chabaret, à Saint-Aignan, en 1845, par *Sylvio* et une fille de *Marmot*, issue d'une jument percheronne. Elevé par M. Delacour, à Cerizay.

MEMNON, étalon de l'Etat, né dans le Cotentin, en 1845, par *Carnassier* et jument irlandaise.

MERCURE, étalon de l'Etat, né chez M. Chambay, en 1803, par *Warwick* et normande inconnue.

Fille de MERCURE, née chez M. Chambay, à Valframbert, en 1808, par *Mercure* et fille l'*Arc-en-Ciel*, issue d'une jument anglaise.

MERLERAULT (ex-fils de *Royal-Oak*), étalon de l'Etat, né et élevé chez M. Cenery-Forcinal, à Saint-Léonard, en 1845, par *Royal-Oak* et fille de *Sylvio*.

Fille de MERLERAULT, de M. Le Conte de Montrond, née chez M. Charlotte Férault, à Saint-Germain-de-Clairefeuille, en 1852, par *Merlerault* et fille de *Xercès*.

Fille de MERLERAULT, de M. Deshayes, née chez lui, aux Authieux, en 1855, par *Merlerault* et fille d'*Hector*, issue d'une *Jaggard*, née chez M. Hatton, aux Authieux, en 1831, et dont la mère était une jument d'attelage.

Fils de MERLERAULT, étalon né chez M. Cavé, à la Roche, en 1855, par *Merlerault* et une jument de la vallée d'Auge, par *Cleveland* (carrossier anglais) et normande inconnue. Elevé par M. Forcinal, à Saint-Léonard-des-Parcs. Vendu 12,000 francs pour la Belgique, où il est mort au début de la monte.

La MEUNIÈRE, née chez M. Hainville, à Nonant, en 1820, par le jeune *Highflyer*, de M. Besnard, et la deuxième *Matador*, de M. Besnard, vendue à M. Neveu, à Nonant.

MIGNON, étalon de l'Etat, né au Haras du Pin, en 1783, par le *Glorieux* et jument anglaise.

Le jeune MIGNON, le plus bel étalon dont on ait gardé le souvenir en Normandie, né chez M. Neveu, à Médavy, en 1801, par *Mignon* et la *Lancastre*. Mort dans un incendie arrivé à Médavy, en 1807.

La vieille MIGNONNE, née chez M. Neveu, à Médavy, en 1789, por *Mignon* et une fille de *Sommerset*.

Fils de MIGNON, étalon né chez M. Frettay, au Pin, en 1790, par *Mignon* et normande d'ancienne race. Elevé par M. Neveu, à Médavy.

La seconde MIGNONNE, née chez M. Neveu, à Médavy, en 1805, par le fils de *Docteur* et la fille de *Lancastre*.

La jeune MIGNONNE, née chez M. Neveu, à Médavy, en 1817, par le jeune *Highflyer* (issu de de la seconde *Mignonne*) et la *Séduisante* (1808) par *Séduisant*. Vendue en 1825 à M. le marquis de Mallart, à Montigny, près Verneuil ; revendue à M. Ragon, de Marchemaisons.

Fille du MIGNON, née chez M. Lavignée, à Sarceaux, en 1800, par le *Mignon* et normande d'ancienne race.

Fille du MIGNON, née chez M. Happel la Chesnaye, à O, en 1800, par *Mignon* et normande d'ancienne race.

MILA, née chez M. Langlois, à Coulmer, en 1835, par *Y. Rattler*, *Bacha, Hercule*, percheronne, née chez M. Le Loup, à Saint-Léger.

MINTO, étalon andaloux, appartenant à l'Etat avant 1790.

MINERVE, née chez M. Neveu, à Médavy, en 1816, par le jeune *Highflyer* (issu de la belle *Matador*) et la petite *Matador*. Vendue en 1825 à M. du Hays, puis à M. Neveu, à Nonant.

MIKA, née chez M. René Godichon, à Larré, en 1832, par *Lucain* et *Brillante*, par *Pledge*.

MINOS, étalon de l'Etat, né chez M. Levesque, à Essay, en 1817, par le *Séduisant*, de MM. Vienne, et fille de *Préféré*, issue d'une inconnue.

MISS-SOPHIA, carrossière anglaise, vendue par M. Valentin de Nonant, à M. Esnault de Marchemaisons.

La MODE, née chez M. Ratthier, à Saint-Léger, en 1861, par *Fitz-Pantaloon* (étalon de pur sang), et fille de *Y. Superior*, issue d'une *Emule, Voltaire*, inconnue. — *Superior*, étalon anglais de demi-sang.

MON-ESPÉRANCE, née chez M. Le Conte, à Neuville, en 1857, par *Tipple-Cider* et *Amaryllis*, par *Hector*.

Fille de Y. MORWICK, née au Haras du Pin, en 1815, par *Y. Morwick* et la *Morwick*, jument du Mecklembourg. Elevée par M. Erambert, à Godisson. Morte sans avoir produit.

Y. MORWICK, étalon de l'Etat, né en Prusse, en 1808, par *Morwick-Ball* (pur sang) et *Elisa*, anglaise non tracée.

Fille de Y. MORWICK, née chez MM. Chambay, à Valframbert, en 1812, par *Y. Morwick* et fille de *Mercure*.

Le Fils de Morwick, étalon né chez M. Forcinal, à Saint-Aubin-d'Appenay, en 1812, par *Y. Morwick*, et une fille de l'étalon *Saint-Aubin*, issue d'une percheronne.

La Fille de Y. Morwick, née chez M. Neveu, à Médavy, en 1808, par *Y. Morwick* et la fille de *Lancastre*.

Fille de Y. Morwick, née chez Mlle Geneviève Binet, à Montrond, en 1810. Elevée par M. Souchey, au Merlerault, par *Y. Morwick* et fille de *Volontaire, Glorieux*.

La Fille de Y. Morwick, de M. Erambert, de Godisson, née chez M. Binet, à Montrond, en 1811, par *Y. Morwick* et fille de *Volontaire, Glorieux*.

Morock, étalon né chez M. Duval, à Silly, en 1842, par *Napoléon* et *Taglioni*, par *Mameluke*, ou *Sylvio*.

Mouna, née chez M. Schickler, à Paris, en 1828, élevée par M. de La Rocque, au Merlerault, par *Rainbow* et *Mouna*, anglaise non tracée.

Multum-in-Parvo, étalon anglais, race inconnue, appartenant à l'Etat en 1852.

La Mustachio, née chez M. Souchey, au Merlerault, en 1830, par *Mustachio* et fille de *Bacha*. Vendue à M. Le Cœur, à Echauffour.

Mylord, né chez M. Neveu, à Médavy, en 1815, par *Mylord* (anglais non tracé) et la fille de *Séduisant* (la *Colonnelle*).

Mythridate, étalon de l'Etat, né chez M. Levesque, à Essay, en 1818, par *Commodore* (anglais inconnu) et fille de *Fortuné*, issue d'une normande inconnue.

N

Naïm, pur sang, née chez M. le comte de Chamoy, à Charbonnières.

Napoléon, étalon de pur sang, appartenant à l'Etat en 1834.

Nicotine, pur sang, née chez M. le comte Rœderer, à Bursand.

Nuncio, étalon de pur sang, appartenant à l'Etat en 1848.

National-Oak, né chez M. Esnault, à Marchemaisons, en 1847, par *Royal-Oak* et *Miss-Sophia*, anglaise.

Fille de Neptune, née chez M. Godichon, à Larré, en 1810, par *Neptune* et fille du *Docteur*, de MM. Vienne, issue d'une normande inconnue. — *Neptune* (normand), par *Merlin* (mecklembourgeois) et une jument normande.

Fille de Napoléon, née chez M. Héron, au Merlerault, en 1843, par *Napoléon* et fille de *Mahomet, Dart, Highflyer*.

Nanterre, étalon de l'Etat, né chez M. Than, à Almenêches, en 1847, par *Eyla.* et fille de *Windcliffe*. Elevé par M. Basly.

Neptune, étalon trotteur, né chez M. Le Conte, à Montrond, en 1847, par *Secklawy* (arabe) et *Vénus*, par *Impérieux*.

Fille de Napoléon, née chez M. Luc Le Sage, à Saint-Aubin, en 1839, par *Napoléon* et fille d'*Eclatant*.

Fille de Napoléon, née chez M. Le Bâcheur, aux Ventes-de-Bourse, en 1837, par *Napoléon* et fille de *Phaéton*.

Nérac, étalon de l'Etat, né chez M. de Bourgeauville, au Mesnil-Erreux, en 1847, par *Faliero* et *Zoé*, par *Eclatant*.

Néron-Blanc, étalon de l'Etat, né en Prusse, en 1775, par *Morwick* (pur sang anglais) et une jument anglaise, propre sœur d'*Elisa*, mère de *Y. Morwick*.

Néron, bai, étalon de l'Etat, né chez M. de Colombel, à Chambois, en 1844, par *Néron-Blanc* et une jument normande inconnue.

Fille de Néron-Blanc, née chez M. Marchand, à Chenay, en 1812, par *Néron-Blanc* et fille de l'*Aleyrion*, issue d'une fille de *Parfait*.

Fille de Néron-Blanc, née chez M. Erambert, à Godisson, en 1816, par *Néron-Blanc* at une fille de *Y. Morwick*.

Fille de Néron-Bai, née chez M. de Quigny, à Ferrières, vers 1825, par *Néron-Bai* et fille de *Dominant*, inconnue.

Fille de Néron, née chez M. Gaillet, d'Aunou, en 1814, par *Néron-Blanc* et la *Pontmesnil*, par *Docteur*.

Nestor, étalon de l'Etat, né chez M. Deforges, à Nonant, en 1847, par *Hospodar* et *Corinne*, par *Captain-Candid*, issue de *Lisette*.

Neuville, étalon de l'Etat, né chez M. Le Conte, à Neuville, en 1847, par *Sylvio* et *Vénus*.

Nicotine, née chez M. C. Forcinal, à Saint-Léonard, en 1847, par *Sylvio* et fille de *Valient*, de M. Gallant.

Nicolas, étalon de l'Etat, né chez M. Deshayes, de la Grimonnière, en 1847, par *Honorable* et une fille de *Dangerous*.

Nina, née chez M. Vienne, à Nonant, en 1847, par *Introuvable* ou *Incomparable* et *Clematis*, jument anglaise, par *Camel* et *Bombe*, jument non tracée.

Nina, née chez M. Deshayes, de la Grimonnière, en 1835, par *Tandem* et *Punnecott* (anglaise). Vendue pour l'Amérique.

Nonant, étalon de l'Etat, né chez M. le marquis de Falendre, à Lignères, en 1847, par *Sylvio* et *Aika*, par *Marmot*. Elevé par M. Vienné, à Nonant.

North-Star, étalon de l'Etat, né en Angleterre, en 1821. (Race de carrosse.)

Fille de Noteur, née chez M. Delacour, à Cerizay, en 1855. Elevée par M. Esnault, son gendre, par *Noteur* et fille de *Fatibello*.

Notable, étalon de l'Etat, né chez M. Charpentier, à Gasprée en 1847, par *Sylvio* et une fille de *Cancan*, issue d'une normande inconnue. Elevé par M. Forcinal, à Saint-Léonard.

Fille de NOTEUR, née chez M. Esnault, à Larré, en 1851, par *Noteur* et *Miss-Sophia* (anglaise).

NOTEUR, étalon de l'Etat, né chez M. Le Mignier des Forêts, à Champeaubert, en 1847, par *Eylau* et la *Diomède*, de M. Chappey.

Fille de NOTEUR, ou *Cérès*, née chez M. Lamy Godichon, à Larré, en 1951, par *Noteur* et fille d'*Egus*.

Fille de NOTEUR, née chez M. Le Conte, à Neuville, en 1851, par *Noteur*, et la *Ragonne*, par *Railleur*.

NOURRICIER, étalon de l'Etat, né chez M. Beaulavon, à Macé, en 1825, par *Y. Rattler* et fille de *Matador*. Elevé par M. Souchey, du Merlerault.

NOVICE, née au Haras du Pin, en 1780, par *King-Pepin* et une jument de haute race, l'une des poulinières les plus précieuses du Haras du Pin. Offerte par le prince de Lambesc à M. l'abbé des Mares, aumônier de cet établissement, qui l'éleva et la conserva jusqu'à sa mort.

O

OISEAU, étalon oriental, appartenant a l'Etat avant 1780.

OUBLI, étalon de pur sang, appartenant à l'Etat, né chez M. le comte Rœderer à Bursard.

OLGA, née chez M. le comte de Semallé à la Gastine, en 1827, par *Valient* et *Ida*, arabe-russe. Vendue à M. Contencin, à Mamers ; puis à M. Souchey, au Merlerault ; puis à M. Lamarre à Genevraye, qui la fit passer pour anglaise et la vendit comme telle à M. C. Forcinal, à Saint-Léonard.

OLIVIER-CROMWELL, étalon anglais de chasse, appartenant à l'Etat en 1838.

OLYMPIEN, étalon de l'Etat, né chez M. Pontonnier, à Montchevrel, en 1825, par *Dominant* et fille de l'*Aimable*.

OLYMPE, à M. Souchey, né chez lui en 1818, par *Paulus* et fille de Y. *Morwick*.

OMPHALE (depuis *Californie*), née chez M. Delacour, à Cerizay, en 1844, par *Hercule* et la *Ragonne*, par *Railleur*.

OPTIMISTE, étalon de l'Etat, né chez M. Le Conte, à Montrond, en 1825, par *Vidrid* et la fille de *Docteur* de M. Binet.

ORNE, étalon de l'Etat, né chez M. Cenery Forcinal, à Saint-Léonard, en 1847, par *Hospodar* et *Olympe*, par *Valient*.

ORGIE, étalon de l'Etat, né aux environs du Mesle-sur-Sarthe, en 1848, par *Eylau* et fille de *Chasseur*, issue d'une inconnue.

ORDILLIA, née chez M. Marchand, à Chenay, en 1853, par *Kœnisberg* et fille de *Glocester*.

ORIENTAL, étalon de l'Etat, né chez M. Neveu, à Médavy, en 1824, par *Massoud*, et la *Minerve*, par la jeune *Highflyer*.

ORIENTAL, étalon de l'Etat, né chez M. Le Conte, à Montrond, en 1818, par *Secklawy*, arabe, et une jument anglaise de M. Girard, du Mans.

OSCAR, étalon de l'Etat, né au Haras du Pin, en 1821, par *Y. Rattler* et *Soubrette*, par *Bacha*.

Fille d'OSCAR, de M. C. Forcinal, de Saint-Léonard, née chez M. Thubœuf, à Gasprée, en 1839, par *Oscar* et fille de *Jaggard*, issue d'une jument d'attelage de M. Levesque, à Courtomer.

Fille d'OSCAR, de M. Le Cœur, à Echauffour, née chez lui, en 1835, par *Oscar* et une fille de *Snail*, appartenant à M. Chardon de Buillemail, et issue d'une *Néron-Blanc*.

Fille d'OSCAR, née chez M. Lacour-Brissot, à Marmouillé, en 1842, par *Oscar* et une fille de *Railleur*, issue de la fille de *Jaggard*.

Fille d'OSCAR, née chez M. Marchand, à Chenay, en 1829, par *Oscar* et fille de *Snail*. Elevée par M. Duval à Chenay.

OTTOMAN, étalon de l'Etat, né chez M. Marchand, à Montigny, en 1848, par *Faliero* et *Ida*, par *Basly*.

OURICKA, née au Haras du Pin, en 1825, par *Eastham* et *Soubrette*, par *Bacha*. Vendu à M. Ragon, de Marchemaisons.

OUVRIER, étalon de l'Etat, né chez M. Montfort, dans la vallée d'Auge, en 1848, par *Performer* et *Marquise*, anglaise. Elevé par M. Basly.

OUVRIÈRE, née chez M. Bourdon, à Semallé, en 1857, par *William* et fille de *Fire-Away; Sylvio ; Buffalo, Zéphyr ;* normande inconnue. — *Zéphyr* était un étalon normand par *Glorieux*. — Elevée par M. Lindet, à Saint-Léger, cette jument a été vendue pour Paris et a pris le nom de *Clémentine*.

P

PALESTRO, étalon de pur sang, né chez M. Chedeville, à Godisson.

PAPILLON, étalon de pur sang, né chez M. Th. Carter, à la Mortaye.

PAPILLOTTE, pur sang, née chez M. le comte Rœderer, à Bursard.

PAQUERETE, pur sang, née chez M. le comte Rœderer, à Bursard.

PAULINE, pur sang, née chez MM. Benoist, à Coupigny.

PAULUS, étalon de pur sang, appartenant à l'Etat en 1818.

PEDILEKOS, étalon de pur sang, appartenant à l'Etat, né chez M. Le Clerc, au Bourg-Saint-Léonard.

PICKPOCKET, étalon de pur sang, appartenant à l'Etat en 1835.

PIERREFONDS, pur sang, né chez M. le vicomte d'Auger, à La Chapelle.

POLECAT, étalon de pur sang, appartenant à l'Etat en 1848.

PORTHOS, étalon de pur sang, appartenant à l'Etat, né au Haras du Pin.

PRÉDESTINÉE, pur sang, née chez M. Aumont.

PREMIER-AOUT, étalon de pur sang, appartenant à l'Etat, né chez M. Calenge.

PRINCE-COLIBRY, étalon de pur sang, appartenant à l'Etat, né au Haras du Pin.

PALMYRE, née chez M. du Hays, à Saint-Germain-de-Clairefeuille, en 1860, par *Séducteur* et fille de *Secklawy*. Elevée par M. Esnault, à Marchemaisons.

La PANACHÉE, née chez M. Neveu, à Médavy, en 1819, par *D. I. O.* et la belle *Matador*. Vendue pour la maison de S. A. R. Madame la Dauphine en 1825.

PAQUERETTE, née chez M. Forcinal, à Saint-Léonard, en 1848, par *Sylvio* et *Louise*, par *Impérieux*.

PARADIS, étalon, né dans la vallée d'Auge en 1847, par *Lucain* et fille de *Voltaire*, issue d'une normande d'ancienne race.

PAULUS, né chez M. Souchey, au Merlerault, en 1828, par *Eastham* et *Olympe*, par *Paulus*.

Fille de PARADIS, née chez M. Esnault, à Cerizay, en 1856, par *Paradis* et fille de *William*, issue d'une *Castor* ; *Eylau* ; la *Matignonne* (aussi appelée la *Ræderer*), par *Oscar* et une jument d'attelage.

Le PARFAIT, étalon anglais, appartenant à M. Marchand, de Chenay, et venant des écuries de la Reine Marie-Antoinette.

Fille du PARADIS, née chez M. Le Conte, à Lonray, en 1857, par *Paradis* et fille de *Schamyl*.

PALMYRE, née chez M. le comte de Narbonne, à La Roche, en 1823, par *Massoud* et une fille de *Gallipoly*.

Fille de PARFAIT, née chez M. Marchand, à Chenay, en 1794, par le *Parfait* et normande de très-ancienne race. Vendue à M. Gaillet, de Boissey.

PARACELSE, étalon de l'État, né chez M. le comte de Narbonne, à La Roche, en 1849, par *Kœnig* et fille de *Dangerous*.

Fille du PARFAIT, à M. Marchand, née chez lui, à Chenay, en 1795, par *le Parfait* et normande de très-ancienne race. Elle est la tige de toutes les juments de la maison Marchand.

PARTISAN, étalon de l'État, né chez M. Godichon de Cohon, en 1849, par *Harkaway* (anglais demi-sang) et *Hélène*, jument de pur sang.

PARVENU, étalon de l'Etat, né dans la vallée d'Auge, par *Ganymède* et fille de *Performer*, issue d'une *Pickpocket*, née chez M. Mauny, à Almenêches, et issue de *Hersilie*.

PAYSANNE, jument irlandaise, appartenant à lord Seymour ; vendue à M. Ragon, à Marchemaisons, en 1840.

PASSE-PARTOUT, étalon né chez M. Le Mignier des Forêts, à Champeaubert, en 1849, par *Impérieux* et la *Diomède*, de M. Chappey. Élevé par M. Basly.

PAULINE, née chez M. Le Conte, à Montrond, en 1825, par *D. I. O.* et *Olympe*, par *Paulus.*

PÉGASE, étalon de l'État, né chez Mᵐᵉ Gaillet, d'Aunou, en 1827, par *Eastham* et fille de *Y. Rattler* (alezane). Élevé par M. Le Cœur, d'Echauffour.

PÉGRIOTTE, jument d'origine orientale, appartenant à Eugène Sue. Vendue à M. le comte Rœderer, à Bursard ; revendue à M. Lindet, à Saint-Léger.

PERFECTION, étalon de l'État, né chez M. Berthaume-Lavigne, au Merlerault, en 1849, par *Impérieux* et fille de *Friedland*. Elevé par M. Basly.

PERFORMER, étalon anglais du Norfolk, appartenant à l'État en 1844.

Fils de PERFORMER, né chez M. le comte de Narbonne, à la Roche, en 1846, par *Performer* et *Zaïre*, par *Napoléon.*

Fille de PERFORMER (Tamisienne), née chez M. le cᵗᵉ de Narbonne, à La Roche, en 1847, par *Performer* et *Zaïre*, par *Napoléon.*

PETERSTROPH, étalon de l'État, né chez M. Delacour, à Cerizay, en 1839, par *Fortuné* et fille de *Prétender.*

PHAETON, étalon de l'État, né chez M. Le Conte, de Montrond, en 1827, par *Eastham* et fille d'*Highflyer*, issue d'une inconnue.

Fille de PHAETON, née chez M. Ragon, à Marchemaisons, en 1834, par *Phaëton* et fille de *Serviteur*, issue d'une jument d'attelage. Vendue à M. le marquis de Flers.

Fille de PHAETON, née chez M. de Villereau, à Marchemaisons, en 1832, par *Phaëton* et fille de *D. I. O.*, issue de la *Culotte*, par *Neptune*. Vendue à M. Le Bacheur, aux Ventes-de-Boux.

Fille de PHAETON, née chez M. Forcinal, à Saint-Aubin-d'Appenay, en 1832, par *Phaëton* et jument d'attelage.

Fille de PHAETON, née chez M. Forcinal, à Saint-Aubin, 1837, par *Phaëton* et fille de *D. I. O.*

Le PHÉNOMÈNE, étalon anglais, faisant la monte chez M. du Hays, au Mesnil, commune de Saint-Germain-de-Clairefeuille, avant 1780.

PHILOSOPHE, né chez M. Chesnau, à Larré, en 1849, par *Polecat* et *Victoria*, par *Juggard*. Élevé par M. Basly.

PHŒNOMENON, étalon anglais, du Norfolk, appartenant à l'État, en 1849.

Fille de PHŒNOMENON, née chez M. le duc de Narbonne, en 1855, par *Phœnomenon* et fille de *Performer*, issue de *Zaïre.*

Fille de PHŒNOMENON, née chez M. le duc de Narbonne, à La Roche, en 1855, par *Phœnomenon* et *Zaïre*, par *Napoléon*.

· Fille de PICKPOCKET, née chez M. Lacour-Brissot, à Marmouillé, en 1837, élevée par M. Deshayes de La Grimonnière, par *Pickpocket* et fille de *Y. Rattler*.

Fille de PICKPOCKET, née chez M. Souchey, au Merlerault, en 1837, par *Pickpocket* et fille d'*Eastham-Massoud-Bacha*. Vendue pour la vallée d'Auge.

Fille de PICKPOCKET, née chez M. Souchey, au Merlerault, en 1838, par *Pickpocket* et fille de *Talma* (*Désirée*). Vendue à M. Le Mignier des Forêts.

Fille de PICKPOCKET, née chez M. de Sancy, à Montmarcé, en 1838, par *Pickpocket* et *Iris,* par *Colibry*. Vendue à M. Masson, fermier de M. le marquis de Falendre, à Lignières.

Fille de PICKPOCKET, née chez M. Delacour, à Cerizay, en 1839, par *Pickpocket* et fille d'*Impérieux; Séducteur ; Favori*.

Fille de PICKPOCKET, née chez M. le marquis de Flers, à Villebadin, en 1840. Vendue avec sa mère, à M. Ragon, à Marchemaisons, par *Pickpocket* et fille *Phaëton*. Revendue à M. Eleonor Le Sage, à Saint-Aubin-d'Appenay, puis à M. Valluet, à Marchemaisons.

Fille de PICKPOCKET, née en 1839, chez M. Duparc-Mauny, à Almenesches, par *Pickpocket* et *Hersilie,* par *Eastham*. Vendue pour la vallée d'Auge.

PILOTE, étalon de l'État, né chez M. Aubry, à Grandlay, en 1817 ; par l'*Engageant* et une fille de *Séduisant*. Elevé par MM. Le Conte et Maurice, à Montrond.

PILOTT, étalon anglais, appartenant à l'État, en 1827, par *Octavius* (pur sang) et fille d'*Ambrosid*, demi-sang.

La PILOTT, née chez M. Buisson, aux Authieux, en 1828, par *Pilott* et la *Bachate*, issue de la *Dagout*.

PISENOR, étalon de l'Etat, né dans le Merlerault, en 1805, par le *Narcisse* (normand) et une jument normande inconnue.

La PISENOR, née chez M. Pontonnier, à Montchevrel, en 1814, par *Pisenor* et une normande du Merlerault, d'ancienne race.

Fille de PIED-DE-CHÊNE, née chez M. le comte d'Osmond, à Pontchartrain, en 1844, par *Pied-de-Chêne* et jument anglaise non tracée. Vendue à M. Ragon, à Marchemaisons ; revendue à M. Ph. Forcinal, à Saint-Aubin-d'Appenay.

PISISTRATE, étalon de l'Etat, né chez M. le marquis de Falendre, à Lignères, en 1847, par *Boléro* et *Aïka,* par *Marmot*. Elevé par M. Vienne, à Nonant.

PLEDGE, né chez M. Vienne, à Nonant, en 1838, par *The-Juggler* et fille de *Massoud*. Vendu à M. de la Motte, pour les courses d'obstacles.

PLEDGE, étalon de l'Etat, né chez M. Beaudoire, à Marmouillé, en
1845, par *Royal-Oak* et fille de *Y. Rattler.* Elevé par M. Basly.

PLACET, étalon de l'Etat, né chez M. C. Forcinal, à Saint-Léonard,
en 1849, par *Impérieux* et une fille de *Dangerous.*

Fille de PLEDGE, née chez M. du Hays, à Saint-Germain-de-
Clairefeuille, en 1853, par *Pledge* et fille d'*Impérieux*, issue
d'une *Sylvio.* Elevée par M. Lalouet, à Montigny.

PLAISANTE, née chez M. Esnault, à Cerizay, en 1862, par *Utrecht*
et *Précieuse*, par *Novateur.*

PLAISANTE, née chez M. Delacour, en 1860, aujourd'hui à M. Esnault,
de Cerizay, son gendre, par *Utrecht* et *Précieuse*, par *Noteur.*

Fille de POLECAT, de M. Godichon, de Godisson, née chez M. Talabot, à Viroflay, en 1848, par *Polecat* et jument de chasse anglaise.

POLYEUCTE, étalon de l'Etat, né chez M. Ragon, à Bursard, en 1849,
par *Voltaire* et la belle *Eastham*, par *Eastham.* Elevé par
M. Godichon, de Cohon.

Fille de PONTCHARTRAIN, née chez M. Ragon, à Coulonges,
en 1849, par *Pontchartrain* et une fille de *Pied-de-Chêne.*
Elevée par M. Forcinal, à Saint-Aubin.

La PONTONNIÈRE (ou fille de *Jaggard*), née chez M. Pontonnier, à
Montchevrel, en 1831, par *Jaggard* et fille de *Fortuné*, issue de
la fille d'*Aimable.* Vendue à M. Erambert, à Godisson.

La PONTMESNIL, née chez M. Pontmesnil, à Nonant, en 1805, par
Docteur et une normande issue de la jument du marquis de
Narbonne. Vendue à M. Gaillet, d'Aunou.

POSTULANTE, née chez M. Grégoire, à Almenêches, en 1853, par
Sylvio et fille de *Xercès.* Vendue pour cause de stérilité.

PORPHYRION, étalon de l'Etat, né chez M. Hardouin, à Marchemaisons, en 1849, par *Kepy* et fille de *Xercès.* Elevé par M. Le
Conte, à Montrond.

PRÉCIEUSE, née chez M. Delacour, à Cerizay, en 1854, par *Noteur*
et fille d'*Hercule*, Elevée par M. Esnault, gendre et successeur
de M. Delacour.

PRÉFÉRÉ, étalon, né chez MM. Vienne, à Cerizay, en 1800, par
Docteur et fille de *Glorieux.* Ce cheval est aussi connu sous le
nom du jeune *Docteur* (*voir* ce nom).

Le jeune PRÉFÉRÉ, étalon, né chez MM. Vienne, à Cerizay,
en 1820, par *Préféré* (fils de *Docteur*) et la fille de *Dagout.*

Petite-fille du PRÉFÉRÉ, née chez MM. Vienne, à Cerizay, en 1824,
par le jeune *Préféré* et fille de l'*Engageant.*

Fille du PRÉFÉRÉ, ou petite-fille du *Docteur*, née chez
MM. Vienne, à Cerizay, en 1818, par *Préféré* (fils du *Docteur*)
ou le jeune *Docteur*, et fille de *Dagout* (*voir* petite-fille de
Docteur).

Prévoyant, étalon de l'Etat, né chez M. Barrier, à la Genevraye, en 1828, par *Talma* et la *Barrière*, par *Y. Rattler*. Elevé par M. Souchey, au Merlerault.

Président, étalon de l'Etat, né chez M. Neveu, à Médavy, en 1825, par *Y. Rattler* et la *Minerve* par le jeune *Highflyer*.

Prétender, étalon anglais, appartenant à l'Etat, en 1829, par *Holme* (pur sang) et fille de *King-of-the-Country*, demi-sang.

Fille de Prétender, née chez M. François Godichon, à Larré, en 1832, par *Prétender* et fille de *Snail ; Highflyer ;* normande inconnue.

Fille de Prétender, née chez MM. Vienne, à Cerizay, ne 1832, par *Prétender* et fille d'*Habile*.

Fille de Prétender, née chez M. Marchand, à Chenay, en 1834, par *Prétender* et fille d'*Ardrossan*, issue d'une *Snail*.

Prince, étalon de demi-sang anglais, appartenant à l'Etat avant 1790.

Prince, étalon de l'Etat, né dans le Cotentin, en 1849, par *Don-Quichotte* et une fille de *Marengo*, d'une très-bonne famille.

Prince, étalon anglais de chasse, né en 1835, appartenant à M. le comte de Béthune-Sully, par *Actéon* et jument de chasse. Vendu à M. Ragon, à Marchemaisons ; revendu à M. Forcinal, à Saint-Aubin.

Princess-Olga, née chez M. Ph. Forcinal, à Saint-Aubin-d'Appenay, en 1847, par *Prince* et fille de *Chasseur*, issue d'une fille d'*Eclatant*, *D. I. O.*

Fille de Prince, née chez M. Forcinal, à Saint-Aubin, en 1849, par *Prince* et fille de *Chasseur*, issue d'une fille d'*Eclatant*.

Fille de Prince, née chez M. Ragon, à Marchemaisons, en 1842, par *Prince* et jument anglaise, nommée *Séhenticle*. Vendue à M. Forcinal.

Prince-Noir, né chez M. C. Forcinal, à Saint-Léonard, en 1856, par *Stocker* et *Nicotine*, par *Sylvio*.

Printemps, étalon de l'Etat, né chez M. Le Muet, à Mahéru, en 1849, par *Kudmor* et fille de *Friedland*. Elevé par M. Ch. Ratthier, de Saint-Léger.

Professeur, étalon de l'Etat, né chez M. de Bonnechose, à la Barre (Eure), en 1847, par *Performer* et une trotteuse anglaise. Elevé par M. Basly.

Punnecott, anglaise, nontracée, ayant appartenu successivement à M. le marquis de Mallart et à M. Ragon.

Q

Quadrilatère, étalon de pur sang, appartenant à l'Etat, né chez M. Buisson, à Nonant.

Quine, étalon de pur sang, appartenant à l'Etat, né chez M. de Sérans, à Ecouché.

Quasimodo, étalon de l'Etat, né chez M. de Bourgeauville, au Mesnil-Erreux, en 1850, par *William* et *Trompeuse* par *Sylvio.*

Québec, étalon de l'Etat, né chez M. Hubert, à Larré, en 1828, par *Oscar* et fille d'*Alexandre*, deuxième.

Québec, étalon de l'Etat, né dans la vallée d'Auge, en 1850, par *Ganymède* et fille de *Voltaire;* normande inconnue, de M. de La Place.

Quercitron, étalon de l'Etat, né chez M. Ratthier, à Saint-Léger, en 1850, par *Tiple-Cider* et *Cybèle,* par *Chasseur.*

Quillebeuf, étalon de l'Etat, né chez M. Ragon, à Godisson, en 1850, par *Kramer* et *Easthamine*, par *Eastham.* Elevé par M. Herbinière, à Godisson.

Quimperlé, étalon de l'Etat, né chez M. Lamy-Godichon, à Larré, en 1850, par *William* et *Vendetta*, par *Eylau.*

Quintescence, étalon appartenant à l'Etat, né chez M. Hardouin, à Marchemaisons, en 1850, par *Tipple-Cider* et fille de *Voltaire.*

Quirinius, étalon de l'Etat, né chez M. C. Forcinal, à Saint-Léonard, en 1850, par *Impérieux*, ou *Kœnig*, et une fille de *Mahomet*, issue d'une normande inconnue, née chez M. Pavard, à Semallé.

Quotidien, étalon de l'Etat, né chez M. Le Conte, à Montrond, en 1850, par *Kramer* et *Vénus*, par *Impérieux.*

R

Rabelais, étalon de pur sang, appartenant à l'Etat, né chez M. Forcinal, à Saint-Aubin d'Appernay, en 1848.

Y. Rachel, jument de pur sang, née au Haras du Pin, en 1845.

Ramsay, étalon de pur sang, appartenant à l'Etat, né au Haras du Pin, en 1845. Elevé par M. Basly.

Y. Reveller, étalon de pur sang, appartenant à l'Etat, né au Haras du Pin, en 1830.

Rosas, étalon de pur sang, appartenant à l'Etat, né chez M. Buisson, à Nonant.

Rob-Roy, étalon de pur sang, né chez M. de Mallevoue, à Saint-Germain d'Aulnay.

Royal-Oak, étalon de pur sang, appartenant à l'Etat, en 1845.

Royal-Quand-Même, étalon de pur sang, appartenant à l'Etat, élève de M. Aumont.

Radical, étalon de l'Etat, né chez M. Hardouin, à Marchemaisons, en 1851, par *Tipple-Cider* et fille de *Voltaire.* Elevé par M. Delacour, à Cerizay.

La RAGONNE, née chez M. Ragon, à Marchemaisons, en 1834, par *Railleur* et *Ouricka*, par *Eastham*. Vendue à M. Delacour, à Cerizay. Depuis elle a appartenu à M. Le Conte, de Neuville, son gendre.

RAILLEUR, étalon de l'Etat, né au Haras du Pin, en 1828, par *Y. Rattler* et l'*Aigle*, par *Highflyer*.

RAILLEUR, étalon, né chez M. V. Lindet, à Saint-Léger, en 1856, par *Mastrillo* et fille de *Railleur*. Vendu à M. Delaville.

La RAILLEUSE, née chez M. de Sancy, à Montmarcé, en 1834, par *Railleur* et *Iris*, par *Colibry*. Elevée par M. Chartel, au Merlerault.

Fille de RAILLEUR, née chez M. Morin, à Saint-Germain-de-Claircfeuille, en 1834, par *Railleur* et fille de *Valient*.

Fille de RAILLEUR, née chez M. V. Lindet, à Saint-Léger, en 1842, par *Railleur* et fille de *Sylvio*.

Fille de RAILLEUR, née chez M. René Lindet, à Saint-Léger, en 1843, par *Railleur* et fille de *Bacha*, issue de l'*Aigle-Blanche*. Vendue à M. le comte de Romanet.

RAPHAEL, étalon de l'Etat, né chez M. Buisson des Authieux, en 1848, par *Iena* et la *Pilott*, par *Pilott*. Elevé par M. Basly.

Y. RATTLER, étalon anglais, appartenant à l'Etat, né en 1811, par *Rattler* et une *Snap-mare*. — *Rattler* était lui-même issue d'une *Snap-mare*.

RATISBONNE, étalon né chez M. Valluet, à Marchemaisons, en 1852, par *Kepy* et fille de *Lodgick*. Elevé par M. Ratthier, à Saint-Léger. Vendu à M. le marquis de Falendre, à Mahéru.

RATTLER-FILLY, née chez M. Neveu, à Médavy, en 1821, par *Y. Rattler* et fille de *Docteur*. Vendue à l'Etat, pour la jumenterie du Pin, en 1825.

RATTLER-FILLY, née chez M. le marquis de Falendre, à Lignères, en 1852, par *Bolero* et la fille de *Y. Rattler*.

La RATTLER, élevée, je crois, chez M. Ragon, à Marchemaisons, et née dans la vallée d'Auge, vers 1829, par *Y. Rattler* et normande inconnue, déclarée être une jument du Merlerault, par *Séduisant*, mais devant être d'excellente race. Vendue à M. Masson, fermier de M. le marquis de Falendre, à Lignères, et devenue ensuite la propriété de M. de Falendre.

Y. RATTLER, né chez M. le comte de Narbonne, à la Roche, en 1823, par *Y. Rattler* et *Emilie*, par *Piccadilly*.

Fille de Y. RATTLER, née chez M. le comte de Narbonne, à la Roche, en 1829, par *Y. Rattler* et la fille d'*Highflyer*, achetée de M. Besnard.

Fille de Y. RATTLER (baie), née chez M. Gaillet, à Aunou, en 1831, par *Y. Rattler* et fille d'*Highflyer*.

Fille de Y. RATTLER, née chez M. Brissot, à Marmouillé, en 1828, par *Y. Rattler* et fille d'*Highflyer*.

Fille de Y. RATTLER (alezane), née chez M. M. Gaillet, à Aunou, en 1828, par *Y. Rattler* et fille d'*Highflyer*.

Fille de Y. RATTLER, née chez M. Lacour-Brissot, à Marmouillé, en 1829, par Y. RATTLER et fille de *Volontaire*.

Fille de Y. RATTLER, née chez M. Bassière, à Courmesnil, en 1829, par *Y. Rattler* et fille de *Bacha*.

Fille de Y. RATTLER, née chez M. Happel La Chesnaye, à O, en 1826, par *Y. Rattler* et fille d'*Héraclius*, issue d'une normande d'ancienne race.

Fille de Y. RATTLER, née chez M. Neveu, de Médavy, en 1821, par *Y. Rattler* et fille de *Docteur*. Vendue à M. Le Cœur, à Echauffour.

Fille de Y. RATTLER, de M. Beaudoire, à Marmouillé, née chez M. Aumont, dans la vallée d'Auge, en 1830. Elevée par M. Basly et vendue par lui à M. le comte de Narbonne, à la Roche, par *Y. Rattler* et une fille de *Cleveland*.

Fille de Y. RATTLER, née chez M. Neveu, à Médavy, en 1824, par *Y. Rattler* et fille de *Bacha* ; *Zéphyr*. Vendue à M. Labbé, au Merlerault.

La RATTLER, de M. Chappey, de Nonant, née chez M. Hainville, à Nonant, en 1826, par *Y. Rattler* et la *Meunière*, par le jeune *Highflyer*.

La RATTLER, de M. Nau, née chez M. Neveu, à Nonant, vers 1830, par *Y. Rattler* et la fille de *Bacha*, *Y. Morwick*.

RÉCOLLET, étalon de l'Etat, né chez M. Le Cœur, à Echauffour, en 1851, par *Boléro* et fille de *December*.

REGRETTÉ, étalon de l'Etat, né chez M. le comte de Narbonne, à la Roche, en 1829, par *Y. Rattler*, et une jument anglo-mecklembourgeoise, de demi-sang.

REGRETTÉ, né chez M. Marchand, à Chenay, en 1840, par *Regretté* et fille de *Prétender*. Elevé par M. Marion.

REGNIER, étalon de l'Etat, né chez M. Delacour, à Cerizay, en 1849, par *Noteur* et fille de *Pickpocket*, *Impérieux*, etc.

REMUS, étalon de l'Etat, né chez M. Charlotte-Férault, en 1845, par *Merlerault* et fille *Xercès*. Elevé par M. Vienne, à Nonant.

Fils de REMUS, né chez M. le duc de Narbonne, en 1860, par *Remus* et fille de *Phœnomenon*, issue de *Zaïre*. Vendu à Mme la marquise de Béthizy.

Le vieux RENARD, étalon anglais, inconnu, appartenant à l'Etat avant 1775.

La Fille du vieux RENARD, née chez M. Beauvalon, à Almenèches, vers 1775, par le vieux *Renard* et une jument de haute race. Vendue à M. Neveu, de Médavy, vers 1780.

Le RENARD, étalon de l'Etat, né chez M. Neveu de Médavy, en 1813, par *Highflyer* et la fille de *Lancastre*

THE-REPELLER, étalon anglais, appartenant à l'Etat, en 1851.

Fille de THE-REPELLER, née chez M. Saillard. au Merlerault, en 1852, par *The-Repeller* et une jument anglaise, non tracée. Elevée par M. L. Godichon, au Mesnil-Erreux.

Fille de Y. REVELLER, née chez M. Delouche, à Laleu, en 1839, par *Y. Reveller* et fille d'*Hamilton, Eclatant, D. I. O.*, normande inconnue.

Fille de Y. REVELLER, née chez M. Fleury, à Saint-Léger, en 1843, par *Y. Reveller* et *Louise*, de M. Gabriel Corbin.

RHÉTEUR, étalon de l'Etat, né chez M. Jacques Godichon, au Mesnil-Erreux, en 1829, par *Impérieux* et une fille du vieil *Emilius*. Elevé par M. Basly.

ROMÉO, étalon de l'Etat, né chez M. Ratthier, à Saint-Léger, en 1851, par *Tipple-Cider* et la *Louve* par *Chasseur*.

ROLLAND, né chez M. Morin, à Exmes, élevé par M. Souchey, au Merlerault, en 1817, par *Héraclius* (anglais demi-sang) et fille de *Prince*, issue de *Novice*, par *King-Pékin*.

ROMULUS, né chez M. Cotterel la Saussaye, à Saint-Léonard, en 1857, par *Phœnomenon* et une jument d'origine inconnue.

ROMULUS, étalon né chez M. Forcinal, à Saint-Léonard, en 1851, par *Kramer* et fille d'*Oscar-Jaggard*.

ROMULUS, étalon de l'Etat, né chez M. Jules Delahaye, à Chailloué, en 1851, par *Merlerault* et fille d'*Epaminondas*. Elevé par M. Basly.

ROUGE-TERRE, née chez M. C. Forcinal, à Saint-Léonard, en 1847, par *Hospodar* et fille d'*Oscar*, ou la *Dangerous*.

ROUSSEAU, étalon de l'Etat, né chez M. Le Cœur, à Echauffour, en 1851, par *Merlerault* et *Berthe*, par *Eylau*.

ROYAL, étalon de l'Etat, né chez M. Trotté, à Hauterive, en 1830, par *Oscar* et une jument anglaise. Il n'a laissé qu'un produit, le *Trotteur*, et mourut après sa première saillie.

ROYAL, étalon né chez M. de Quigny, à Ferrières, en 1834, par *Buffalo* et fille de *Néron* bai. Elevé par M. Souchey, chez lequel il fit la monte.

Fille de ROYAL, à M. Deshayes, du Merlerault, née chez lui en 1841, par *Royal* et fille de *Marmot*, née à Macé, d'une normande inconnue.

Fille de ROYAL-OAK, née chez M. Morin, à Saint-Germain-de-Clairefeuille en 1847, par *Royal-Oak* et fille d'*Impérieux*, issue de la fille d'*Emule*.

Fille de ROYAL-OAK, de M. Le Royer, à Aulnay, née chez M. Ragon, à Coulonges, en 1840, par *Royal-Oak* et *Paysanne*, irlandaise.

Fille de ROYAL-OAK, née. chez M. Beaulavon, à Almenêches, en 1845, par *Royal-Oak* et une jument percheronne. Vendue à M. Montreuil, à Alençon.

RUBINI, étalon de l'Etat, né chez M. Esnault, à Marchemaisons, en 1851, par *Voltaire* et *Miss-Sophia*, anglaise.

RUBIS, étalon de l'Etat, né chez M. Le Conte, à Montrond, en 1851, par *Kramer* et *Vénus*, par *Impérieux*.

S

SCHAMYL, étalon de pur sang, appartenant à l'Etat en 1851.

SECKLAWY 2e, étalon arabe, appartenant à l'Etat en 1847.

SNAIL, étalon de pur sang, appartenant à l'Etat en 1819.

SOUVENIR, étalon de pur sang, loué par l'Etat en 1865.

STATESMAN, étalon de pur sang, appartenant à l'Etat en 1811.

STOCKER, étalon de pur sang, appartenant à l'Etat en 1852.

STREAT-LAM-LAD, étalon de pur sang, appartenant à l'Etat en 1818.

SURPRISE, jument de pur sang, née chez M. le marquis de Falendre, à Lignères.

SYLVIO, étalon de pur sang, appartenant à l'Etat en 1834.

SAINT-AUBIN, étalon anglais de chasse, ramené d'Angleterre, en 1802, par M. de Saint-Aubin, à Saint-Aubin-d'Appenay.

Le jeune SAINT-AUBIN, étalon, appartenant à M. Forcinal, de Saint-Aubin-d'Appenay, par *Saint-Aubin* et une percheronne.

SAINT-AUBIN-JUNIOR, étalon, frère du précédent, appartenant à M. Forcinal, de Saint-Aubin, par *Saint-Aubin* et une percheronne.

SANDEAU, étalon de l'Etat, né dans la vallée d'Auge en 1852, par *Lucain* et fille de *Voltaire*, issue d'une race excellente, appartenant à M. Goupil, de Pont-Fol.

SCAPIN, étalon de l'Etat, né chez M. de Bourgeauville, au Mesnil-Erreux, en 1852, par *Noteur* et *Trompeuse*, par *Sylvio*.

SAUMON, étalon de l'Etat, né chez M. Chollet, à Marchemaisons, en 1827, par *Hamilton* et fille du vieil *Emilius*.

SCETY, jument arabe, appartenant aux écuries de Napoléon en 1804. Achetée par M. Nau de Silly en 1806.

Fille de SCHAMYL, née chez M. Delacour, à Cerizay, en 1854, par *Schamyl* et *Californie*, par *Hercule*. Elevée par M. Le Conte, à Montrond.

Fille de SCHAMYL, née chez M. Le Conte, à Louray, en 1853, par *Schamyl* et fille de *Faliéro*, issue d'une normande inconnue.

Fille de SCHAMYL, née chez M. Chappey, à Nonant, en 1853, par *Schamyl* et fille de Xercès. Vendue à M. Le Mignier des Forêts.

Fille de Secklawy, née chez M. Roch. Morand, à Gisnay, en 1848, par *Secklawy* et fille de *Friedland,* issue d'une fille de *Swift,* qui est issue de *Arab,* jument de pur sang. — *Swift,* anglais demi-sang, par *Thornthon* et fille de *Julius-Cæsar.*

Fille de Secklawy (*Arabia*), née chez M. du Hays, à Saint-Germain-de-Clairefeuille, en 1848, par *Secklawy* et fille de *Sylvio, Jaggard.* Vendue à M. Le Royer, à Aulnay, en 1861.

Séducteur, étalon de l'Etat, né chez M. Aubry, à Granlay, en 1815, par *Highflyer* et fille de *Volontaire* (mère d'*Impérieux*). Elevé par M. Neveu, de Médavy.

Séducteur, étalon de l'Etat, né chez M. Delacour, à Cerizay, en 1852, par *Noteur* et fille de *Futibello.* Elevé dans les Parcs-Binet, chez M. Le Conte, à Montrond.

Fille de Séducteur, née chez MM. Vienne, à Cerizay, en 1831, par *Séducteur* et fille de *Favori.*

Fille de Séducteur, née chez M. Cenery Monnier (dans l'herbage du Petit-Saussay, à Saint-Germain-de-Clairefeuille), en 1857, par *Séducteur* et fille de *Voltaire.*

Serviteur, étalon de l'Etat, né chez M. Morin, à Exmes, en 1821, par *Y. Rattler* et fille de *Matador* (celle de M. de Lapallu).

Séduisant, étalon, né chez M. Neveu, à Médavy, en 1813, par *Séduisant* (prussien) et une fille de *Lancastre.* Vendu 25,000 fr. pour la Prusse en 1818.

Fille de Séduisant, née chez M. Brissot, à Marmouillé, en 1808, par *Séduisant* (prussien) et fille de *Docteur.*

Séduisant, étalon, né chez MM. Vienne, à Cerizay, en 1813, par *Préféré* et une fille de *Glorieux.*

Fille de Séduisant, née chez M. Neveu, à Médavy, en 1815, par *Séduisant* (prussien) et la belle *Matador.*

Séduisant, étalon de l'Etat, né en Prusse, en 1800, par *Muphty* (turc) et une jument anglaise.

Fille de Séduisant, née chez M. Aubry, à Grandlay, en 1812, par *Séduisant* (prussien) et fille de *Volontaire.*

Fille de Séduisant, née chez M. Neveu, à Médavy, en 1812, par *Séduisant* (prussien) et la vieille *Mignonne.*

Séduisant, étalon de l'Etat, né dans la vallée d'Auge, en 1852, par *Ramsay* et une fille de *Voltaire.*

Fille de Séduisant, née chez M. Neveu, à Médavy, en 1812, par *Séduisant* (prussien) et la *Lancastre.*

La Séduisante (ou la *Colonelle*), née chez M. Neveu, à Médavy, en 1808, par *Séduisant* et une *Lancastre,* qui n'eut que ce produit, et qui était fille de l'une des juments de M. le comte d'Artois. Enlevée par la réquisition, elle fut rachetée, plus tard, par M. Neveu.

La Séduisante, née chez M. Neveu, à Médavy, en 1815, par *Séduisant* (prussien) et la seconde *Mignonne*. Vendue à S. A. R. Mme la Dauphine.

Sémiramis, née chez M. Le Conte, à Montrond, en 1820, par *Streat-Lani-Lad* et fille de Y. *Morwick*, de M. Binet.

Sinople, étalon de l'Etat, né chez M. Charlotte Férault, à Saint-Germain-de-Clairefeuille, en 1852, par *Chesterfield-Junior*, ou *Kramer*, et fille de *Voltaire; Aï*. Elevé par M. Forcinal, à Saint-Aubin-d'Appenay.

Fille de Snail, à M. Le Conte de Montrond, née chez M. de la Boderie, à Quigny, près Argentan, en 1819, par *Snail* et une fille de *Matador*, issue d'une normande d'ancienne race.

Y. Snail, né chez M. Souchey, au Merlerault, en 1820, par *Snail* et fille de *Bacha*.

Snail, né chez M. le comte de Narbonne, à la Roche, en 1821, par *Snail* et *Emilie* par *Piccadilly*.

Fille de Snail, née chez M. Le Roux, à Cerizay, en 1825, par *Snail* et fille de *Dominant*, issue de la fille de *Dagout*.

Fille de Snail, née chez M. Marchand, à Chenay, en 1825, par *Snail* et fille de *Séduisant*.

Fille de Séduisant, née chez M. Marchand, à Chenay, en 1819, par le *Séduisant*, de M. Vienne, et une fille d'*Aleyrion*, issue d'une fille du *Parfait*.

Solide, étalon de l'Etat, né en 1852, par *Nestor* et fille de *Jaggard*, issue d'une normande inconnue. La mère de *Solide* a donné plusieurs autres étalons de mérite.

La Solide, à M. de Château-Thierry, de Marchemaisons, née chez M. Trotté, à Hauterive, en 1832, par *Oscar* et fille de *D. I. O.*, issue d'une normande d'ancienne race, par le vieil *Emilius*. Vendue, dans un âge avancé, à M. Bourdon à Saint-Aubin-d'Appenay.

Sommerset, étalon anglais, appartenant à l'Etat avant 1790.

Petit-fils de Sommerset, étalon, né chez M. Le Cœur, à Courtomer, en 1800, par le *Sommerset* de M. Beaulavon, et normande inconnue.

Fils de Sommerset, étalon, né chez M. Beaulavon, à la Motte, vers 1792, par *Sommerset* et la fille du *Renard*.

Fille de Sommerset, née chez M. Neveu, à Médavy, vers 1792, par *Sommerset* et une jument anglaise, de haute race, venue des écuries de M. le comte d'Artois.

Soubrette, née chez M. Le Loup, à Saint-Léger-sur-Sarthe, en 1814, par *Bacha* et l'*Aigle-Bai*. Achetée par l'Etat, pour la jumenterie du Pin.

Sterling, étalon anglais demi-sang, appartenant à l'Etat en 1806.

Fille de STERLING, née chez MM. Vienne, à Cerizay, en 1810, par *Sterling* et fille de *Glorieux*.

Fille de STATESMAN, née chez Mlle Geneviève Binet, à Montrond, en 1813, par *Statesman* et une fille de *Volontaire*, de M. Binet, née en 1806.

Fille de STATESMAN, née chez M. le comte de Narbonne, à la Roche, en 1812, par *Statesman* et fille de *Jupiter*.

Le STERLING, étalon, né chez M. Neveu, à Médavy, en 1808, par *Sterling* et la seconde *Mignonne* par le fils de *Docteur*, de M. Neveu.

Fille de STREAD-LAM-LAD, née chez M. Le Conte, à Montrond, en 1819, par *Stread-Lam-Lad* et une fille de *Statesman*, de Mlle Geneviève Binet.

Fille de STOCKER, née chez M. Godichon, à Godisson, en 1854, par *Stocker* et *Inès* par *Pickpocket*.

Fille de STOCKER, née chez M. Charlotte Férault, à St-Germain-de-Clairefeuille, en 1854, par *Stocker* et fille de *Volontaire-Glocester*.

Fils de STOCKER, étalon, né chez M. Léonor Forcinal, au Merlerault, en 1854, par *Stocker* et une fille de *Prince*, issue de la *Xercès* de M. Cotterel La Saussaye. Élevé par M. C. Forcinal, à Saint-Léonard; vendu pour l'étranger.

SUCCÈS, étalon de l'État, né chez M. Londe, dans la vallée d'Auge, en 1852, par *Telegraph* et fille de *The-Jaggler*, issue d'une fille de Y. *Topper*. Élevé par M. Basly.

SULTAN, étalon de l'État, né dans la vallée d'Auge en 1852, par *Tipple-Cider* et fille de *Dupleix*, issue de la *Pickpocket* de M. Souchey.

SUPÉRIOR, étalon, né chez M. Ph. Forcinal en 1854, par Y. *Superior* (anglais demi-sang), ou *Wanderer*, et *Princess-Olga*, par *Prince*.

Fille de SYLVIO, de M. Chappey, née chez lui, à Nonant, en 1849, par *Syvio* et fille de *Xercès*.

Fille de SYLVIO, née chez M. Happel, à O, en 1848, par *Sylvio* et fille d'*Hamilton*, issue de sa *Rattler*.

Fille de SYLVIO, de M. Le Roux, à Cerizay, née chez M. Chappey, à Nonant, en 1853, par *Sylvio* et fille d'*Hospodar*.

SYLVIO, de M. le marquis de Croix, né chez M. Fleury, à Saint-Léger, en 1840, par *Sylvio* et fille de *Valient*, issue de la *Tigris*. Vendu à M. Erambert, à Godisson, puis à M. Morin, à Caen, puis à M. le marquis de Croix.

Fille de SYLVIO, de M. du Hays, née chez M. Poulain, à Boitron, en 1841, par *Sylvio* et une fille de *Jaggard*. Morte en 1856.

Fille de SYLVIO, née chez M. Deshayes de la Grimmonière, en 1836, par *Sylvio* et fille d'*Eastham*.

Fille de Sylvio, née chez M. Charlotte Férault, à Saint-Germain-
de-Clairfeuille, en 1848, par *Sylvio* et fille d'*Aï*. Morte en pou-
linant en 1852.

Fille de Sylvio, de M. Léonor Forcinal, au Merlerault, née chez
M. Chartel, au Merlerault, en 1857, par *Sylvio* et la *Railleuse*,
par *Railleur*.

Fille de Sylvio, née chez M. le comte de Narbonne, à la Roche,
en 1851, par *Sylvio* et fille d'*Aï*.

La Sylvio (ou la mère de *Merlerault*), née chez M. C. Forcinal, à
Saint-Léonard, en 1841, par *Sylvio* et une fille de *Friedland*,
née chez lui, issue d'une fille de *Napoléon*, née chez M. Neveu,
à Nonant, et issue de son *Eastham* baie. Vendue en 1847 au
roi Louis-Philippe, qui la donna à S. A. R. le duc de Montpensier, dont elle est encore le *hack* favori.

La Sylvio de M. Herbinière, née chez lui à Godisson, en 1846, par
Sylvio et *Easthamine*, par *Eastham*.

Fille de Sylvio, née chez M. V. Lindet, à Saint-Léger, en 1835,
par *Sylvio* et fille de *Valient*.

Fille de Sylvio, née chez M. Duval, à Chenay, en 1835, par *Sylvio*
et une fille d'*Oscar*.

Fille de Sylvio, de M. Le Bacheur, née chez lui aux Ventes-de-
Bourse; par *Sylvio* et fille de *D. I. O.*, issue d'une inconnue née
chez M. Froc, à Coulonges.

Fille de Sylvio, née chez M. Cenery Forcinal, à Saint-Léonard,
en 1846, par *Sylvio* et la fille de *Valient*, de M. Gallant, ou la
fille de *Dangerous*.

T

Tambour-Battant, pur sang, né chez M. le vᵗᵉ d'Auger, à la Chapelle.

Télégraphe, pur sang, né chez MM. Benoist, à Coupigny. Élevé
chez MM. Aumont et le comte Rœderer, à Bursard.

Tigris, étalon de pur sang, appartenant à l'Etat.

Tipple-Cider, étalon de pur sang, appartenant à l'Etat.

Tippler, étalon de pur sang, appartenant à l'Etat, né chez M. Forcinal, à Saint-Aubin-d'Appenay.

Taconnet, étalon de l'Etat, né chez M. le comte de Narbonne, à la
Roche, en 1853, par *Idalis* et fille de *Faust*, jument du Cotentin.

Taglioni, née chez M. Duval, à Silly, en 1838, par *Mameluke*, ou
Sylvio, et une jument anglaise, de course, à lord Seymour. —
Taglioni, vendue à M. Le Bourgeois de Longpré, près Falaise
lui a donné l'étalon *Longpré*.

Talma, étalon anglais, demi-sang, appartenant à l'Etat en 1827.

Tarquin, étalon de l'Etat, né chez M. Neveu, à Médavy, en 1811
par *Highflyer* et normande inconnue.

10.

Fille de TALMA, née chez M. Bunouf, du Bourg, dans l'herbage du Longchamp, à La Cochère, en 1833, par *Talma* et une jument très-distinguée, par *Cléveland* et une inconnue.

Fille de TALMA, de M. Hainville, de Saint-Germain-de-Clairefeuille, née chez M. Le Conte, à Montrond, en 1833, par *Talma* et la fille de *Snail*.

Fille de TALMA (sœur de *Désirée*), née chez M. Souchey, au Merlerault, en 1834, par *Talma* et *Victoria*, par **Jaggard**. Vendue à M. Paul Paysant (voir *Désirée*).

Fille de TALMA, née chez M. Eugène Godichon, à Larré, en 1837, par *Talma* et fille de *Prétender*, *Snail*, *Highflyer*, normande inconnue.

TANCRÈDE, étalon de l'État, né chez M. Lamy-Godichon, à Larré, en 1853, par *The-Roué* (étalon pur sang) et *Vendetta*, par *Eylau*.

THÉRÉZA, née chez M. Le Conte, à Neuville, en 1862, par *Solide* et *Chesnut*, par *Tipple-Cider* et normande inconnue.

TELEGRAPH, alezan, étalon anglais du Norfolk, appartenant à l'État en 1850.

THÉSÉE, étalon de l'État, né dans la vallée d'Auge, en 1833, par *Gainsborough* et fille de *Xercès*, issue d'une normande du Merlerault.

THORIGNY, étalon de l'Etat, né chez M. Le Conte, à Montrond, en 1850, par *Merlerault* et *Amaryllis*, par *Hector*.

DE THOU, né chez M. V. Lindet, en 1846, par *Eylau* et une fille d'*Habile*, née chez M. Cosme, à Laleu, issue d'une *Jaggard*, qui, elle-même, était issue d'une jument d'attelage, sans origine. — *Habile* est un normand de la vallée d'Auge, par *Voltaire* et une fille de *Railleur*.

La THORNTHON, née chez M. Besnard, à Nonant, 1818, vendue à M. le comte de Narbonne, par *Thornthon* et la première *Matador* de M. Landon. *Thornthon* était un étalon anglais de chasse, fort distingué.

Fils de TIGRIS, né chez M. Gaillet, d'Aunou, en 1822, par *Tigris* et fille de *Néron*.

Fille de TIGRIS, née chez M. Marchand, à Chenay, en 1822, par *Tigris* et fille de *Néron-Blanc*, issue d'une fille d'*Alyerion*.

Fille de TIGRIS, née chez M. Chambay, à Valframbert, en 1822, par *Tigris* et fille d'*Highflyer*, issue d'une *Arc-en Ciel*.

Fille de TIGRIS, née chez M. Ruel, à Roullée, en 1825, par *Tigris* et normande d'ancienne race, dont la mère était fille de l'*Aleyrion*, ou du *Parfait*.

Y. TIGRIS, né chez M. le comte de Narbonne, à La Roche, en 1830, par *Tigris* et la *Camertonne*, par *Camerton*.

Tic-Tac, étalon de l'Etat, né chez M. Hardouin, à Marchemaisons, en 1850, par *Tipple-Cider* et fille de *Xercès*. Elevé par M. Basly.

Fille de Tipple-Cider, née chez M. Le Conte, à Montrond, en 1857, par *Tipple-Cider* et *Amaryllis*, par *Hector*.

Fille de Tipple-Cider, de M. V. Lindet, née chez lui, à Saint-Léger, en 1850, par *Tipple-Cider* et fille de *Sylvio*.

Fille de Tipple-Cider, née chez M. Chappey, à Nonant, en 1850, par *Tipple-Cider* et fille de *Hospodar*. Élevée par M. Le Roux, à Cerizay.

Fille de Tipple-Cider, née chez M. Duchemin, à Canteloup (vallée d'Auge), en 1854, par *Tipple-Cider* et l'*Aigle*, par *Voltaire*.

Fille de Tipple-Cider, née chez M. Ratthier, à Saint-Léger, en 1850, par *Tipple-Cider* et fille d'*Eylau*. Vendue à M. Ph. Forcinal, à Saint-Aubin-d'Appenay.

Fille de Tipple-Cider, née chez M. Fossey, à Laleu, en 1850, par *Tipple-Cider* et fille de *Gradivus*.

Fille de Tipple-Cider, née chez M. Maine, à Saint-Paul, en 1850, par *Tipple-Cider* et fille d'*Henry*, *Hamilton*.

Y. Topper, étalon anglais, appartenant à l'Etat en 1820 (race des *Trotteurs*).

Trimm, étalon de l'Etat, né chez M. Grégoire, à Almenêches, en 1844, par *Impérieux* et fille de *Dangerous*. Elevé par M. Basly.

Traveller, étalon, né chez M. Monnier, à Laleu, 1852, par *Stocker* et fille de *Valient*. Elevé par M. Delacour, à Cerizay.

Le Trotteur (depuis *Genetœus*), étalon de l'Etat, né chez M. Daupelay, à Echauffour, en 1835, par *Royal* (fils d'*Oscar*) et fille d'*Impérieux*. Elevé par M. Le Conte, à Montrond.

Troarn, étalon de l'Etat, né dans la vallée d'Auge, en 1853, par *Ganymède* et fille de *Y. Rattler*, issue d'une fille de *Y. Topper*.

Trompeuse, née chez M. Delaplace, à Coustranville (vallée d'Auge), en 1840, par *Sylvio* et normande d'ancienne race. Achetée par M. de Bourgeauville.

Troubador, étalon de l'Etat, né chez M. Brissot, à Marmouillé, en 1831, par *Y. Rattler* et fille d'*Highflyer*. Elevé par M. Vienne, à Nonant.

Troublou, étalon de l'Etat, né chez M. Beaulavon, à Macé. en 1820, par *Snail* et fille de *Matador*. Elevé par M. Souchey, du Merlerault.

Tulipe, né chez M. Neveu, à Médavy, en 1820, par *D. I. O.* et jument anglaise, non tracée. Vendue au prince de Salms.

U

Ulysse, née chez M. Ratthier, à Saint-Léger, en 1854, par *Tipple-Cider* et fille d'*Eylau*, issue de *la Louve*.

UKASE, étalon de l'Etat, né chez M. Chollet, à Marchemaisons, en
1832, par *Hamilton* et fille du *Vieil-Emilius*.

UTRECKT, étalon de l'Etat, né chez M. Lamy-Godichon, à Larré,
en 1853, par *Prince* (1849) et *Vendetta*, par *Eylau*.

Fille d'UKASE, née chez M. Huet, à Sainte-Colombe, en 1837, par
Ukase et normande d'ancienne race. Vendue à M. Lainé, à
Gasprée.

UMBER, étalon de l'Etat, né chez M. Godichon, à Godisson, en 1853,
par *Pledge* et fille de *Polecat*.

URANUS, étalon de l'Etat, né chez M. Le Conte, à Montrond, en
1853, par *Noteur* et une fille de *Secklawy*, née également à
Montrond, en 1848, issue de la fille d'*Infortuné* surnommée la
Fesse-Caille.

Fille d'UTRECKT, née chez M. Lalouet, à Montigny, en 1850, par
Utreckt et fille de *Pledge; Impérieux; Sylvio.*

V.

VALBRUANT, pur sang, née chez Mme Latache de Fay.

VAMPYRE, étalon de pur sang, appartenant à l'Etat, en 1827.

VAN-TROMP, pur sang, né chez M. de Sérans, à Ecouché.

VAUTRIN, pur sang, né au Haras du Pin. Elevé par M. Basly.

VENTRE-SAINT-GRIS, étalon de pur sang, né chez M. de Moloré, à
Exmes.

VÉRA-CRUZ, pur sang, née chez M. le comte Rœderer, à Bursard.

VERMOUT, pur sang, né chez M. le comte Rœderer, à Bursard.

VERTUGADIN, pur sang, né chez M. le comte Rœderer, à Bursard.

VOLONTAIRE, étalon de pur sang, né en Angleterre, en 1790, par
Eclipse. Acheté en 1805, sur une voiture de place de Paris.

VOLCANO, étalon de pur sang, appartenant à l'Etat, en 1849.

VA-DE-BON-CŒUR, étalon de l'Etat, né chez M. le comte de Narbonne, à la Roche, en 1845, par *Performer* et *Zaïre* par *Napoléon*. Elevé par M. Delacour, à Cerizay.

VA-DE-BON-CŒUR, né chez M. Fossey, à Laleu, en 1847, par
Prince-Colibry et fille de *Gradivus*.

VALENCIA, née chez M. Le Conte, à Montrond, en 1830, par *Tigris*
et une fille de *D I. O.*

VALIENT, étalon de l'Etat, né en Angleterre, en 1822, par *Equator*
et fille de *Stamford's-old-George*. Entré au Pin en 1828.

Fille de VALIENT, de M. Lindet, née chez M. Leloup, à Saint-Léger,
en 1832, par *Valient* et fille de *D. I. O.*

Fille de VALIENT, de M. Gallant, de Saint-Léger, née chez M. Leloup, au même lieu, en 1838, par *Valient* et fille de *D. I. O.*
Vendue à M. Ragon, puis à M. C. Forcinal.

Fille de Valient, de M. Fleury, née chez lui, à Saint-Léger, en 1830, par *Valient* et fille de *Tigris*.

Fille de Valient, née chez M. Fleury, à Saint-Léger, en 1830, par *Valient* et *Emilie* par *Y. Rattler*.

Fille de Valient, de M. Ratthier, née chez lui, à Saint Léger, en 1831, par *Valient* et une fille d'*Eclatant*.

Fille de Valient, née chez M. Desprès-Taillis, à Boitron, en 1832, par *Valient* et fille de *Dominant*, issue de normande inconnue.

Fille de Valient, de M. Monnier, née chez lui, à Laleu, en 1830, par *Valient* et une fille de *D. I. O*.

Fille de Valient, de M. Morin, de Saint-Germain-de-Clairefeuille, née chez M. Le Conte, à Barville, en 1833, par *Valient* et normande demi-sang inconnue.

Vautour, étalon de l'Etat, né chez M. A. Neveu, à Médavy, en 1829, par *Y. Rattler* et fille du *Vieux-Lattitat*.

Vendetta, née chez M. Lamy-Godichon, à Larré, en 1841, par *Eylau* et une fille de *Mahomet*, issue d'une *Rattler*.

Vestris, étalon de l'Etat, né chez M. Masson, à Lignères, en 1842, par *Vestris* (étalon de pur sang) et une fille d'*Impérieux*. Elevé par M. Basly.

Le Veneur, étalon de l'Etat, née chez M. Gaillet, de Boissey, vers 1805, par *Highflyer* et fille du *Parfait*.

Vénus, née chez M. Le Conte, à Montrond, en 1835, par *Impérieux* et *Victoria* par *Jaggard*.

Vidvid, étalon anglais, appartenant à l'Etat, en 1820, par *Vagabond* (pur sang) et une jument non tracée.

Fille de Vidvid, née chez M. Happel La Chesnaye, à O, en 1826, par *Vidvid* et fille de *Mignon*.

Fille de Vidvid, de M. Neveu, née chez lui, à Nonant, en 1822, par *Vivid* et la petite *Matador*, par *Matador*.

Fille de Vidvid, de M. Jacques Godichon, du Mesnil-Erreux, née chez M. Buisson, des Authieux, en 1828, par *Vidvid* et fille de *Bacha, Dagout*.

Fille de Vidvid, de M. Jaques-Godichon, au Mesnil-Erreux, née chez M. Héron, au Merlerault, en 1825, par *Vidvid* et fille de *Bacha*. Vendue pour Paris.

Fille de Vidvid, de M. Ratthier, de Saint-Léger, élevée par M. Touchard, à Chenay, en 1823, par *Vidvid* et normande inconnue, appartenant à M. Chambay, de Valframbert, et issue de la race de M. Neveu, de Médavy.

Visitandine, née chez M. Grégoire, à Almenèches, en 1852, par *Sylvio* et fille de *Xercès*.

Fille de Vidvid, née chez M. Souchey, en 1826, par *Vidvid* et slane, par *Aslan*.

La Villerotte, née chez M. de Villereau, à Marchemaisons, en 1822, par *Y. Rattler* et fille de *Matador*. Vendue à M. Marchand, à Chenay.

Visir, étalon de l'Etat, né chez M. Esnault, au Merlerault, en 1833, par *Y. Rattler* et *Durzie*, arabe. Elevé par M. Deshayes, de la Grimonnière.

Visir, étalon né dans la vallée d'Auge, par *Visir* et normande inconnue. — *Visir* était fils de *Mignon* et d'une normande inconnue.

Vivaldi, étalon de l'Etat, né à Pervenchères, en 1819, par l'*Engageant* et fille de *Volontaire*, issue d'une normande inconnue. Elevé par M. Le Conte, à Montrond.

Victoria, née chez M. Souchey, au Merlerault, en 1827, par *Jaggard* et l'*Aslane* par *Aslan*. Vendue en 1842, à M. Chesnau, à Larré.

Vittoria, née chez M. Fleury, à Saint-Léger, en 1817, par *Voltaire* et fille de *Prétender*.

Volante, née chez M. Fleury, à Saint-Léger, en 1845, par *Eylau* et *Louise*, irlandaise, de M. Gabriel, à Corbin.

Volontaire, étalon de l'Etat, né chez M. le comte de Narbonne, à la Roche, en 1833, par *Y. Rattler* et normande d'attelage de la vallée d'Auge.

La Volontaire, née chez M. Aubry, à Grandlay, en 1807, par *Volontaire* (pur sang) et une fille de *Docteur*.

Fille de Volontaire, née chez M. Brissot, à Marmouillé, en 1807, par *Volontaire* et fille de *Docteur*.

Fille de Volontaire, née chez M. Binet, à Montrond, en 1886, par *Volontaire* et fille de *Glorieux*, issue de la *King-Pépin* de M. le Prevost de Fourches.

Fille de Volontaire, née chez M. Binet, à Montrond, en 1807, par *Volontaire* et fille de *Docteur*. Vendue à M. Souchey, du Merlerault.

Voltaire, étalon de l'Etat, né chez M. Buisson, aux Authieux, en 1833, par *Impérieux* et la *Pilott*, par *Pilott*. Elevé par M. Basly

Fille de Voltaire, née chez M. Charlotte Férault, à Saint-Germain-de-Clairefeuille, en 1817, par *Voltaire* et fille de *Glocester*.

Fille de Voltaire, dite la petite *Voltaire*, née chez M. Charlotte Férault, à Saint-Germain-de-Clairefeuille, en 1847, par *Voltaire* et fille d'*Aï*.

Fille de Voltaire, de M. Cenery-Monnier de Montmarçay, née chez M. Leclerc, au Bourg-Saint-Léonard, en 1850, par *Voltaire* et fille de *Décember*, issue de *Cochlea*. jument de pur sang, née au Haras du Pin.

Fils de VOLTAIRE, étalon né chez M. Fleury, à Saint-Léger, en 1850, par *Voltaire* et *Lisbeth*, par *Emule*. Vendu à deux ans pour la Russie.

Fille de VOLTAIRE, née chez M. Hardouin, à Marchemaisons, en 1839, par *Voltaire* et fille d'*Eclatant*.

W

WAGRAM, étalon de pur sang, appartenant à l'Etat, né chez M. Doray, au Haras du Pin.

WILLIAM, étalon de pur sang, appartenant à l'Etat en 1847.

WINDCLIFF, étalon de pur sang, appartenant à l'Etat en 1835.

WIXEN, jument d'obstacles de pur sang anglais.

WALDEMAR, étalon de l'Etat, né chez M. C. Forcinal, à Saint-Léonard, en 1854, par *Pledge* et fille d'*Oscar*, *Jaggard*.

WANDERER, étalon anglais demi-sang, appartenant à l'Etat en 1853.

WARWICK, étalon anglais, non tracé, appartenant à l'Etat avant 1790.

Fille de WARWICK, jument, née dans la plaine d'Alençon vers 1805, élevée par M. le marquis de Marescot, à Saint-Léger, et cédée par lui à M. Fleury ; par *Warwick* et normande inconnue.

WATERLOO, né chez M. Cenery Forcinal, à Saint-Léonard, en 1855. par *Phœnomenon* et fille de *Kramer*, issue de la *Dangerous*.

WILDFIRE, trotteur anglais, du Norfolk, appartenant à l'Etat en 1850.

Fille de WILLIAM, née chez M. Eugène Godichon, à Larré, en 1848, par *William* et fille de *Talma*.

Fille de WILLIAM, née chez M. Le Roux, à Cerizay, en 1857, par *William* et fille de *Tipple-Cider*.

WINDCLIFF, né chez M. de Château-Thierry, à Marchemaisons, en 1837 par *Windcliff* et fille d'*Impérieux*, de M. Chollet. Elevé par M. Delacour, à Cerizay.

Fille de WINDCLIFF, née chez M. Fleury, à Saint-Léger, en 1837, par *Windcliff* et fille de *Valient*, issue d'*Emilie*. Vendue à M. Than, d'Almenêches.

WITCH, jument d'obstacles, née chez M. Lamy-Godichon, à Larré, en 1857, par *William* et fille de *Noteur*. Vendue à M. Herbin, à Sées, puis à M. Forcinal, à Saint-Léonard.

WLADIMIR, étalon de l'Etat, né chez M. le duc de Narbonne, à la Roche, en 1855, par *Sylvio*, et la *Cochère*, par *Impérieux*.

X

XERCÈS, étalon de l'Etat, né chez M. Ragon, à Marchemaisons, en 1834, par *Y. Rattler* et la jeune *Mignonne*, par un fils d'*Highflyer*.

Fille de Xercès, née chez M. Charlotte Férault, à Saint-Germain-de Clairefeuille, en 1846, par *Xercès* et fille de *Glocester*. Vendue pour Paris.

Fille de Xercès, née chez M. le comte de Narbonne, à la Roche, en 1844, par *Xercès* et *Zaïre* par *Napoléon*.

Fille de Xercès, née chez M. Chappey, à Nonant, en 1840, par *Xercès* et fille de *Captain-Candid*.

Fille de Xercès, née chez M. Grégoire, à Almenêches, par *Xercès* et fille de *Dangerous*. Vendue pour Paris.

Fille de Xercès, née chez M. Hardouin, à Marchemaisons, en 1843, par *Xercès* et fille de *Voltaire*.

Fille de Xercès, née chez M. Ph. Forcinal, à Saint-Aubin, en 1842, par *Xercès* et fille de *D. I. O.*, ou la fille d'*Eclatant*, issue de la *D. I. O.* Vendue à M. Cotterel la Saussaye, à Ferrières.

Fille de Xercès (*Sémiramis*), née chez M. Jacques Godichon, au Mesnil-Erreux, en 1842, par *Xercès* et fille d'*Hamilton*.

Z

Zerline, jument de pur sang, née chez M. Talabot.

Zaïre première, née chez M. le comte de Narbonne, à la Roche, en 1825, par *Eastham* et la *Thorthon*, par *Thornthon*.

Zéphyr, né chez M. Barrier, à la Genevraye, en 1824, par *D. J. O.* et *Biche*, par *Gallipoly*. Elevé par M. de La Rocque, à Echauffour.

Zaïre deuxième, née chez M. le comte de Narbonne, à la Roche, en 1839, par *Napoléon* et la *Camertonne*, par *Camerton*.

Zoé, née chez Mme la comtesse de Semallé, à la Gastine, en 1825, par *Eclatant* et *Ida*, arabe. Vendue à M. de Bourgeauville, au Mesnil-Erreux.

Zéphyr, étalon, né chez M. Landon, à Nonant, vers 1798. — Il était propre frère de *Glorieux*.

Zéphyr, étalon de l'Etat, né chez M. Beaulavon, à Amenêches, en 1809, par *Hercule* (prussien) et une normande inconnue.

Zèbre, étalon de l'Etat, né chez M. Neveu, à Médavy, en 1817, par *Y. Morwick* et fille d'*Highflyer*, issue de la belle *Matador*.

ille de Zéphyr, née chez M. Brissot, à Marmouillé, vers 1804, par le *Zéphyr*, de M. Landon, et normande d'ancienne race.

ADDITIONS ET RECTIFICATIONS

DESTIN, étalon de l'Etat, né en 1859, chez M. Duchemin, dans la vallée d'Auge; élevé par M. Basly. Il est par *Usité* et une fille de *Troarn; Tipple-Cider;* l'*Aigle* par *Voltaire.* — *Usité* est un étalon de l'Etat, né dans la vallée d'Auge, par *Eperon* et une fille de *Mahomet*.

ESTAFETTE, étalon de l'Etat, né dans la vallée d'Auge, en 1861; élevé par M. Basly. Il est par *Ottoman* et une fille de *Telegraph.*

FRANÇAIS, étalon de l'Etat, né chez M. Le Roux, à Cerizay, en 1861; élevé par M. Basly. Il est par *Abrantès* et la fille de *Tipple-Cider,* née chez M. Chappey, de Nonant.

GIBOYER, étalon de l'Etat, né en 1861, chez M. Thibault, à Talonnay; élevé par M. Le Conte, à Montrond. Il est par *Pledge* et une fille de *Chesterfield-Junior,* issue d'une *Québec,* qui elle-même était issue d'une percheronne de M. Belhomme, de Saint-Léonard.

GLORIEUX, étalon de l'Etat, né en 1861, chez M. Herbinière, à Godisson; élevé par M. Buisson, des Authieux. Il est par *Thésée* et une fille de *Chesterfield-Junior.* Ce cheval avait été, par erreur, inscrit au *Stud-Book* sous le nom de *Giboyer.*

MONTEREAU. — IMPRIMERIE DE L. ZANOTE.

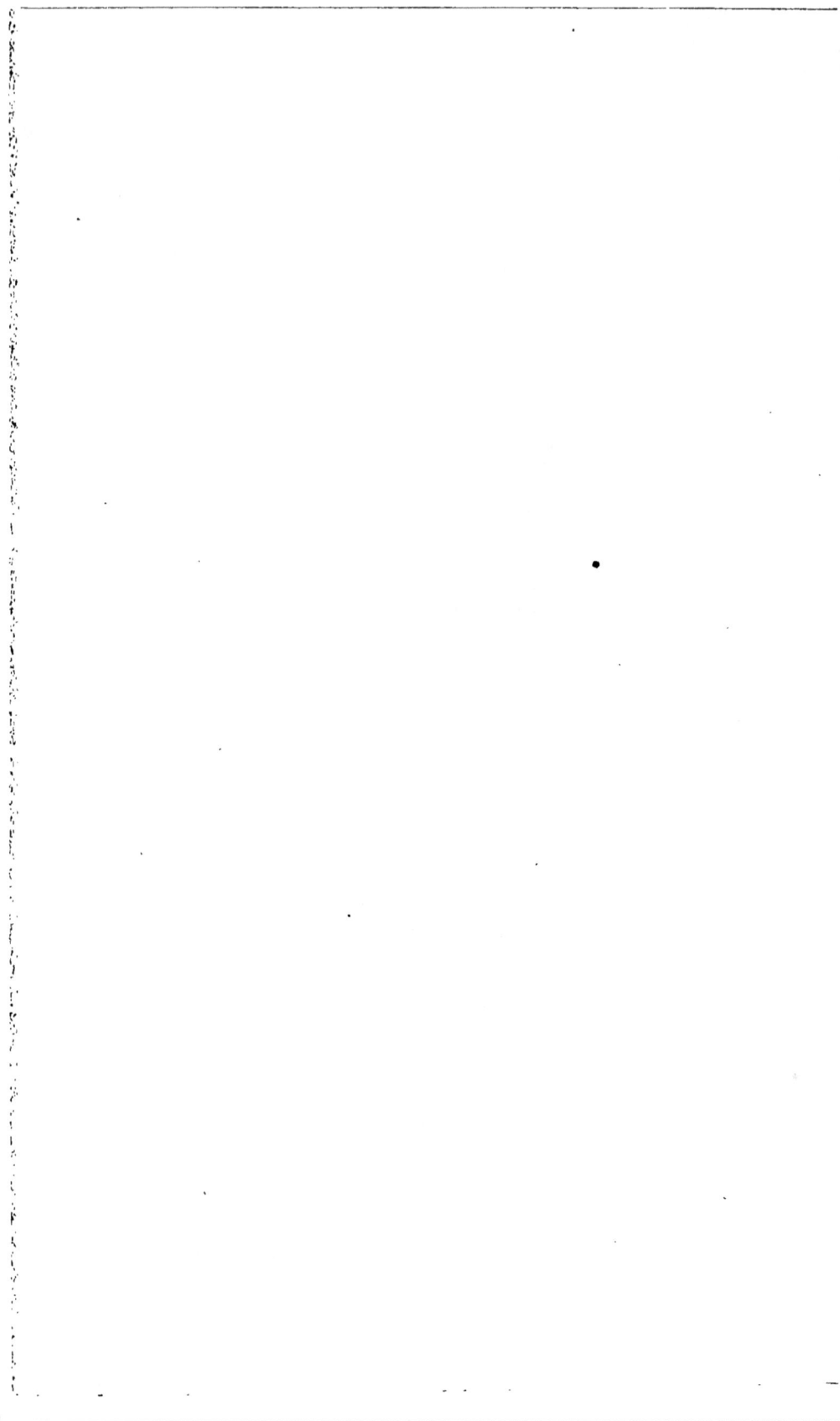

CATALOGUE

DE LA

LIBRAIRIE AGRICOLE

DE

LA MAISON RUSTIQUE

RUE JACOB, 26, A PARIS

DIVISION DU CATALOGUE

OCTOBRE 1865.

CE CATALOGUE ANNULE LES CATALOGUES PRÉCÉDENTS

AVIS IMPORTANT

Toute commande de livres publiés à Paris, si elle est faite par un abonné du *Journal d'Agriculture pratique*, de la *Revue horticole*, ou de la GAZETTE DU VILLAGE, et accompagnée du prix de ces livres en un mandat sur Paris, ou, ce qui est plus sûr, en un bon de poste dont on garde la souche, qui sert de quittance, est expédiée sur tous les points de la *France*, de l'*Algérie*, de l'*Italie*, de la Belgique, et de la Suisse *franco*, au prix marqué dans les catalogues, c'est-à-dire au même prix qu'à Paris.

Les commandes de plus de 50 fr., faites dans les mêmes conditions, sont expédiées *franco* et sous déduction d'une remise *de dix pour cent*.

Quel que soit le chiffre de la commande, la remise est toujours de *dix pour cent* pour les abonnés, lorsque, au lieu d'expédier par la poste les ouvrages demandés, la *Librairie agricole* les livre au comptant à *Paris*.

Le catalogue de la *Librairie agricole* est expédié *franco* à toute personne qui le demande *franco*.

On ne reçoit que les lettres affranchies.

ABRÉVIATIONS.

B. J.,	lisez *Bon Jardinier.*	Jard., J.,	lisez *Jardinier.*
Bibl., B.,	— *Bibliothèque.*	Pag., p.,	— *pages.*
Col.,	— *coloriées.*	Pl.,	— *planche.*
Cult., C.,	— *Cultivateur.*	T.,	— *tome.*
M. R.,	— *Maison Rustique.*	V.,	— *voir.*
Grav., gr.,	— *gravure.*	Vol., v.,	— *volume.*

Montereau. — Imp. L. ZANOTE.

—

MAISON RUSTIQUE DU 19ᴱ SIÈCLE

CINQ VOLUMES GRAND IN-8 A DEUX COLONNES

ÉQUIVALANT A 25 VOL. IN-8 ORDINAIRES, AVEC 2,500 GRAVURES

REPRÉSENTANT

LES INSTRUMENTS, MACHINES, ANIMAUX, ARBRES, PLANTES,
SERRES, BATIMENTS RURAUX, ETC.,

publiés sous la direction de

MM. BAILLY, BIXIO & MALPEYRE.

Table des principaux Chapitres de l'Ouvrage

TOME Iᵉʳ. — AGRICULTURE PROPREMENT DITE

Climat.	Labours.	Conservation des ré-coltes.	Plantes-racines.
Sol et sous-sol.	Ensemencements.		Plantes fourragères.
Amendements.	Arrosements.	Voies de communica-tion.	Maladies des végé-taux.
Engrais.	Irrigations.		
Défrichement.	Récoltes.	Céréales.	Animaux et insectes nuisibles.
Desséchement.	Clôtures.	Légumineuses.	

TOME II. — CULTURES INDUSTRIELLES; ANIMAUX DOMESTIQUES

Plantes oléagineuses.	Vigne.	Animaux domestiques	Cheval, âne, mulet.
— textiles.	Houblon.	Pharmacie vétérinaire	Races bovines.
— économiques.	Mûrier.	Maladies des animaux	Races ovines.
— potagères.	Arbres olivier.	Anatomie.	Races porcines.
— médicinales.	— noyer.	Physiologie.	Basse-cour.
— aromatiques.	— de bordures.	Elevage et engraisse-ment.	Lapin, pigeon.
— tinctoriales.	— de vergers.		Chiens.

TOME III. — ARTS AGRICOLES

Lait, beurre, fromage.	Vers à soie.	Lin, chanvre.	Résines.
Incubation artificielle	Abeilles.	Fécule.	Meunerie.
Laine.	Vins, eaux-de-vie.	Huiles.	Boulangerie.
Conservation des viandes.	Cidres, vinaigres.	Charbon, tourbe.	Sels.
	Sucre de betterave.	Potasse, soude.	Chaux, cendres.

TOME IV. — FORÊTS; ÉTANGS; ADMINISTRATION; CONSTRUCTION

Pépinières.	Empoissonnement.	Administration.	Constructions.
Arbres forestiers.	Législation rurale.	Choix d'un domaine.	Attelages.
Culture des forêts	Droits de propriété.	Estimation.	Mobilier.
Exploitation.	Bail, Cheptel.	Acquisition.	Bétail, engrais.
Abattage.	Biens communaux.	Location.	Systèmes de culture.
Estimation.	Police rurale.	Améliorations.	Ventes et achats.
	Aménagement.	Capital.	Comptabilité.
Pêche, étangs.	Plantation.	Personnel.	

TOME V. — HORTICULTURE

Terrain, engrais.	Semis-greffes.	Jardin fruitier.	Plans de jardins.
Outils, paillassons.	Pépinières.	— fleuriste.	Calendrier du Jardi-nier.
Couches, bâches.	Taille.	— potager.	
Terres.	Arbres à fruits.	Culture forcée.	— du forestier.
Orangerie.	Légumes.	Fleurs.	— du magnanie.

Prix des cinq volumes (ouvrage complet). **39 50**

Chaque volume pris séparément. **9**

Il n'y a pas d'agriculteur éclairé, pas de propriétaire qui ne consulte assidûment
la *Maison Rustique du 19ᵉ siècle*; ce livre, expression la plus complète de la science
agricole pour notre époque, peut former à lui seul la bibliothèque du cultivateur;
2,500 gravures réparties dans le texte parlent aux yeux et donnent aux description
lune grande carte.

4

AGRICULTURE — ÉCONOMIE RURALE.

Agriculture (Traité d'); par Mathieu DE DOMBASLE. 5 vol.. 30 »

Agriculture au coin du feu; par Victor BORIE. 1 vol. in-12 de 290 pages. . . . . 3 »

Agriculture provençale (Essai d'un traité d'); par GUILLON. 2 vol. in-18 ensemble de 300 pages. . . . . 5 »

Agriculture provençale (Vade mecum de l'); par GUILLON. 1 vol. in-18 de 136 pages. . . . . 2 »

Agriculture (Cours d'); par DE GASPARIN, membre de l'Académie des Sciences, ancien ministre de l'Agriculture. Six vol. in-8 et 233 gr. 39 50

TOME 1er. — Analyse des terres. — Propriétés physiques des terres. — Géologie agricole. — Classification des terrains agricoles. — Évaluation des terrains. — Amendements. — Engrais.
TOME II. — Météorologie. — Architecture rurale.
TOME III. — Mécanique agricole. — Culture. — Cultures spéciales.
TOME IV. — Suite des cultures spéciales.
— Plantes fourragères. — Arboriculture.
TOME V. — Assolements. — Systèmes de culture. — Économie rurale. — Administration de la propriété.
TOME VI. — Nutrition des plantes. — Habitation des plantes. — Appendice. — Tables analytiques des matières et des gravures contenues dans les six volumes.

C'est un Traité complet d'agriculture au point de vue théorique et pratique. Le cultivateur y trouve classée dans un ordre méthodique la solution de tous les problèmes agricoles. Amendements, engrais, instruments, cultures. analyse chimique des plantes, des sols et des engrais, économie rurale, toutes les questions sont traitées avec autorité par l'illustre écrivain. 233 gr. accompagnent le texte et ajoutent aux descriptions une démonstration matérielle. Le sixième volume, publié en 1860, est terminé par une table analytique et alphabétique des matières contenues dans l'ouvrage complet.

Agriculture (Cours d'), et chaulages de la Mayenne, 2e édition; par JAMET, président du comice de Craon, ancien représentant. 400 pages in-12. . . . . 3 50

Agriculture (Cours complet d') ou nouveau Dictionnaire d'agriculture, d'économie rurale et de médecine vétérinaire; par MIREL DE MOROGUES, etc. 19 vol. grand in-8 à 2 col., avec 500 grav. . 50 »

Agriculture des terrains pauvres; par LAVERGNE, ancien représentant du peuple, 1 vol. in-18 de 200 pages. . . . . 3 »

Agriculture (Éléments d'); par BODIN. 4e édition. 1 vol. in-18 de 360 pages. 1 75

Agriculture française (Enquête sur l'), par une réunion de députés. 1 vol. in-8 de 244 pages. . . . . 2 fr 50

Agriculture (Mélanges d'); par GIRARDIN. 2 vol. in-12. . 10 »

Agriculture (Manuel populaire d') à l'usage des cultivateurs d'Argentan; par DE VIGNERAL. 92 pages in-8. . . . . 1 25

Agriculture et Population; par L. DE LAVERGNE, membre de l'Institut. 1 vol. in-18 de 412 pages. 3 50

Agriculture proprement dite. 576 pages in-4 et 776 grav. 9 »
Ferme le premier volume de la *Maison Rustique*.

Allemande (L'Agriculture), ses écoles, son organisation, ses mœurs et ses pratiques ; par Royer, inspecteur général de l'agriculture. 1 vol. grand in-8 de 542 pages. 7 50

Almanach du Cultivateur ; par les Rédacteurs de la *Maison Rustique*. 188 pages in-18 et 80 gravures.. . . . . 0 50

> Une nouvelle édition de cet Almanach est publiée chaque année.

Alucite des céréales, ses ravages et moyens de les faire cesser ; par Doyère. 110 pages in-4, gravures et 3 planches. 3 50

Animaux de la ferme ; par Victor Borie. voir p. 34.

Annales de Roville ; par Mathieu de Dombasle. 9 vol. in-8 . 61 50

Annales de l'Institut agronomique de Versailles. 1 vol. in-4 de 418 pages, avec 4 planches.. . . . . 3 50

Assolements et systèmes de culture ; par Heuzé. 1 vol. in-8 de 536 pages avec nombreuses gravures sur bois . . . . 9 »

Avenir de l'agriculture par l'enseignement agricole ; par Magnier. 1 brochure. 0 40

Betteraves (Traité pratique de la culture des) ; par Sarrazin. 1 vol. in-8 avec planches.. . . . . 2 »

Blé et pain (Liberté de la Boulangerie) ; par Barral. 1 vol. in-12 de 692 pages et 11 gravures. . . . . 6 »

Blé (La Question du) ; par Ed. Lecouteux. Br. de 32 pages. . 1 »

Bibliothèque du Cultivateur, publiée avec le concours du ministre de l'Agriculture. 27 volumes in-18 à 1 fr. 25 le volume, savoir :

TRAVAUX DES CHAMPS ; par Victor Borie, 188 pages et 121 gravures . . 1 25
AGRICULTEUR COMMENÇANT (Manuel de l') ; par Schwerz, traduit par Villeroy. 5ᵉ édit., 332 pages.. . . . . 1 25
CULTURE GÉNÉRALE ET INSTRUMENTS ARATOIRES ; par Lefour. 1 vol. in-18 de 160 pages et 132 gravures. 1 25
CHAMPS ET PRÉS (Les) ; par Joigneaux, 140 pages 1 25
FERMAGE (estimation, plan d'amélioration, baux) ; par de Gasparin, membre de l'Institut, ancien ministre de l'Agriculture. 3ᵉ édit., 384 pages. . 1 25
MÉTAYAGE (contrat, effets, améliorations) ; par de Gasparin. 2ᵉ édit. 166 p.. 1 25
SOL ET ENGRAIS ; par Lefour. 180 pages et 54 gravures 1 25
FUMIERS DE FERME ET COMPOSTS ; par Fouquet. 2ᵉ édit., 200 p. et 19 grav. 1 25
LIÈVRES, LAPINS ET LÉPORIDES ; par Eug. Gayot, 216 pag. et 15 grav. 1 25
MÉDECINE VÉTÉRINAIRE (Notions usuelles de) ; par Sanson. 1 vol. de 180 p. 1 25
NOIR ANIMAL (Le). Analyse, emploi, vente ; par Bobierre. 156 p. et 7 grav. 1 25
PLANTES RACINES ; par Ledocte. 1 vol. de 230 pages et 24 gravures. . 1 25
PRAIRIES ; par De Moor. 1 vol. in-18 de 210 pages et 67 gravures. . . 1 25
CHOUX ; Culture et Emploi ; par Joigneaux. 1 vol. in-18 de 180 p. et 14 gr. 1 25
HOUBLON ; par Erath, traduit par Nicklès. 136 pages et 22 gravures. . 1 25
RACES BOVINES ; par Danpierre. 2ᵉ édition, 196 pages et 28 gravures. . 1 25
BÊTES A CORNES (Manuel de l'Éleveur de) ; par Villeroy. 300 pages et 60 gravures. 1 25
VACHES LAITIÈRES (Choix des) ; par Magne. 144 pages et 39 gravures. . 1 25
ANIMAUX DOMESTIQUES ; par Lefour. 1 vol. in-18 de 162 pages et 57 gr. 1 25
CHEVAL, ANE ET MULET ; par Lefour. 1 vol. de 162 pages et 300 grav. 1 25
ENGRAISSEMENT DU BŒUF ; par Viat. 1 vol. in-18 de 180 pag. et 12 grav. 1 25

Cette série de petits Traités spéciaux, ornés d'un grand nombre de gravures, est publiée avec le concours du ministre de l'Agriculture; c'est assez dire que la rédaction en a été confiée à des écrivains dont le nom connu en agronomie était une garantie de la valeur du livre. Ces Traités, écrits simplement et sagement, sont indispensables à tous les hommes pratiques.

Ouvrage contenant : le calendrier détaillé — le tableau des foires de chaque département — des tables usuelles pour la détermination du poids du bétail et pour les principaux besoins de l'agriculture — les travaux agricole de chaque mois pour toutes les parties de la France — les distilleries — féculeries — brasseries et autres industries annexées aux exploitations rurales — la mécanique agricole complète, avec description et gravure des meilleurs instruments aratoires, machines, etc.

Une nouvelle édition du *Bon Fermier* est publiée tous les ans.

Ce livre, divisé en quatre parties, contient : 1° des *proverbes* et *maximes* agricoles; 2° des *causeries* sur l'économie rurale; 3° les *travaux du mois* indiquant, pour chaque mois, les travaux des champs à accomplir : labours, défrichements, cultures, etc.; les travaux de la ferme, les travaux spéciaux, forestiers, viticoles, horticoles; les soins à donner aux animaux domestiques, etc.; 4° sous le titre *Variétés*, il donne une étude complète sur les diverses races bovines de l'Europe, un exposé du système décimal, etc., etc.

Registres de comptabilité.
La main de 24 feuilles in-folio avec couverture. . . . 2 50
—   in-quarto   —   1 25

Comptabilité agricole (Agenda de); par JOUDERT. In-4. 3 »

Comptabilité agricole (Notions pratiques de); par DUGUÉ. Une
brochure in-8º de 32 pages 1 25

Comptabilité agricole (Manuel de); par SAINTOIN-LEROY. 2ᵉ édit.
1 vol. grand in-8 et tableaux. . . . . 3 »

Registres dressés pour l'application de la comptabilité de M. Saintoin-Leroy :
1º Mémorial de l'agriculteur, 1 vol. in-4 oblong. . . . . 4 »
Comptabilité simplifiée agricole et commerciale, 1 vol.
grand-8º de 96 pages . . . . 2 »
2º Livre de caisse   — 2 50
3º Journal   — 2 50
4º Grand-Livre   —   . . . . 5 »
5º Cahier quadrillé avec instructions . . . . 2 »
6º   —   sans instructions 1 25
7º Registre unique du cultivateur pour l'appliquation de la
méthode simplifiée. 1 petit vol. in-4º oblong. . . . . . 2 »
8º Livre de caisse du marchand   —   . . . . . 2 »
9º Livre de caisse des artisans   —   . . . . . 2 »
On vend séparément chaque registre et chaque cahier.

Comptabilité de la petite culture; par LE MÊME. 1 vol. . . 1 25

Conseils aux Agriculteurs sur l'art d'exploiter le sol avec profit;
par DEZEIMERIS, ancien député. 3ᵉ édit. 1 vol. in-12 de 654 pag. 3 50

Coton en Algérie (Culture du); par ADOLPHE KAINOLEP. Une brochure in-18. . . . . 1 »

Crédit agricole (Projet de); par RONDEAU, ancien représentant du
peuple. 1 vol. in-18 de 236 pages. . . . . 2 »

Crédit agricole en France; par BRETON. 100 pages in-8. . . 1 »

Culture améliorante (Principes de la); par E. LECOUTEUX,
ancien directeur des cultures à l'Institut agronomique de Versailles.
2ᵉ édition. 1 vol. in-12 de 400 pages. . . . . 3 fr. 50

Culture (Traité des entreprises de grande), ou principes d'é-
conomie rurale; par LECOUTEUX. 2 vol. in-8, formant ensemble 1,136
pages. . . . . 15 »

Culture et fécondation artificielle des céréales, système
Hooibrenk; par ROCHUSSEN. 1 vol. in-8 de 54 pages, avec 3 planches. 1 50

Défrichement (Manuel théorique et pratique du); par BRETON.
1 vol. in-8 de 400 pages. . . . . 4 »

Desséchement des Moëres, par Cobergher, en 1622. Notice
par BORTIER. 8 p. in-8, portrait de Cobergher et carte des Moëres. . 1 »

Écoles d'arts et métiers ; par MATHIEU DE DOMBASLE. 1 brochure in-18 de 106 pages. . . . . 1 fr.

Économie politique et agricole, par MATHIEU DE DOMBASLE. 1 vol. in-18 de 194 pages. . . . . 1 fr. 50

Économie agricole (Cours d') et de culture usuelle ; par GAU-CHEBON. 1 vol in-18 de 210 pages 1 25

Économie rurale de la France depuis 1789 ; par L. DE LAVER-GNE, membre de l'Institut. 1 vol. in-12 de 490 pages. 3 50

Économie rurale de la Bretagne ; par P. MÉHEUST. 1 vol. in-18 de 220 pages. 2 50

Économie rurale (Essai sur l') de l'Angleterre, de l'Écosse et de l'Irlande ; par L. DE LAVERGNE. 3e édit. 1 vol. in-12. . . . . 3 50

Économie rurale (Essai sur l') de la Belgique ; par ÉMILE DE LA-VELEYE. 1 vol. in-18 de 304 pages. 3 50

Économie rurale (Leçons publiques d'), par MÉHEUST. 1 vol. in-18 de 68 pages. . . . . 1 »

Ensilage ; par DOYÈRE, professeur d'histoire naturelle à l'École centrale des arts et manufactures. In-18 de 48 pages. 0 75

Enseignement agricole (Réforme de l') ; par LOUIS LÉOUZON, une brochure in-8 de 28 pages. . . . . 1 »

Enseignement agricole (Entretien sur l') en France ; par CARPENTIER. 1 brochure 0 40

Fécondation artificielle des céréales ; par DANIEL HOOÏBRENK Une brochure in-8° de 24 pages. 0 60

Fécondation naturelle et artificielle des végétaux et hybridation ; par H. LECOQ. 1 vol. in-8° de 428 pages et 106 grav. . . . 7 fr. 50

Ferme (La), Guide du jeune Fermier ; par STOCKHARDT. 2 vol. in-18, formant ensemble 616 pages. . . . . 7 »

Froments, nouvelles variétés ; par A. BAZIN. 8 p. in-4 et 13 gr. . 0 50

Grains (Moyens infaillibles de prévenir la pénurie des) et leur cherté excessive en France ; par BRETON. in-8 de 32 pages. 0 50

Grammaire agricole, Cours d'Agriculture professé à l'école de Voreppe (Isère) ; par A. DURAND-LAINÉ. 1 vol. in-18 de 432 pages. 2 50

Grêle (Moyens d'en combattre les effets) ; par LATERRADE Une brochure in-8 de 64 pages. 1 25

Guide pratique du Fermier et de la Fermière. La routine vaincue par le progrès ; par Mme MILLET-ROBINET. 1 vol. in-18 de 500 p. 3 50

Hanneton. Ses ravages, moyens de le détruire ; par Gustave D. 1 brochure in-8 de 16 pages. . . . . 75 c.

Histoire de l'Agriculture ; par CANCALON. 1 vol. in-8 de 474 p. 6 »

Igname de la Chine (Notice sur la pomme de terre et l') par FRILET. In-8 de 24 pages. 0 5

Industrie agricole (Débouchés de l'). V. Maison Rustique, t. I

Inondations (Moyens de réparer les ravages des); par Moll professeur d'agriculture au Conservatoire. 10 pages in-4. . . . 0 50

Insectes et animaux nuisibles. Voir *Maison Rustique*, t. I et IV.

Institut agronomique de Versailles. Voir *Annales*, page 5.

Jeudis de M. Dulaurier (les), cours élémentaire d'agriculture; par Victor Borie. 2 vol in-18 de chacun 126 pages et 40 gravures. 1 50
Le même ouvrage cartonné. . . . . 2 »

PREMIER VOLUME. — Différentes espèces de terre, amendements, fumiers, drainage, irrigations, jachère, organisation des plantes, chimie agricole, échenillage, animaux utiles et animaux nuisibles, les fourrages, les labours, les instruments agricoles, etc.	SECOND VOLUME. — Assolement, semailles, semoirs, le blé, la mouture, la farine, les moulins, les rivières, les poissons. Culture du seigle, de l'orge et de l'avoine, des betteraves, des prairies, de plantes industrielles, moisson, fenaison, etc.

Journal d'agriculture pratique. V. p. 29.

Labours. Voir *Maison Rustique*, t. I.

Laiterie. Voir page 21.

Législation des Céréales (Délibérations des sociétés et comices agricoles sur la). 1859, 1 vol. in-8 de 240 p. 2 50

Lettre sur l'Agriculture moderne, par le baron Justus de Liebig. Traduites par le docteur Théodore Swarts. 1 v. in-18 de 244 pag. 3 50

Lois rurales de la France; par Fournel. 2 vol. in-12, renfermant 1108 pages. 3 50

Maïs. Voir *Maison Rustique*, t. I.

Maison Rustique des Dames. Voir page 21.

Maladies des Végétaux (Origine des) et des animaux herbivores, moyens de les prévenir par le drainage; par Alliot. 92 p. in-8. 1 50

Monographie du paysan du département du Gers, par Acée Durrieux. 1 vol in-18 de 260 pages. 3 50

Métayage (du) et des moyens de le remplacer; par le vicomte de Dreuille. 1 vol. in-18 de 104. pages 1

Œuvres de Jacques Bujault, 3e édition. 1 vol. in-8º de 540 pages et 33 gravures. . . . . 6 »

Œuvres de François Arago (Notice chronologique sur les), par J. A. Barral. 1 vol. in-8 de 264 pages. . . . . . 5 »

Pavot (Culture du); par Heuzé. 1 vol. in-18 de 44 pages. . 0 75

Plantes économiques. Batate, Betterave, Chicorée, Tabac. Voir *Maison Rustique*, t. II, et *Bon Jardinier*.

Plantes fourragères; Graminées, Légumineuses. Voir *Maison Rustique*, t. I, et *Bon Jardinier*.

Plantes fourragères (Traité des); par Henri Lecoq. 2ᵉ édition. 1 vol. in-8 de 506 pages et 40 gravures. 7 50

Plantes fourragères; par Heuzé. 3ᵉ édition. 1 vol. in-8 de 582 p. avec 42 vignettes sur bois et 20 gravures coloriées. .   . . . 10 ,

Plantes industrielles; par Heuzé. 2 vol. in-8 de 896 pages, avec les vignettes sur bois et 20 gravures coloriées. . . . . 18 »

Plantes légumineuses. Fèves, Haricots, Pois, Lentilles. Voir *Maison Rustique*, t. I, et *Bon Jardinier*.

Plantes médicinales. Guimauve, Réglisse, Pavot, Rhubarbe, Mélisse Menthe, Sauge, Absinthe, Tamarin, Camomille, Scille, Sureau, Tilleul, Houblon, Moutarde, etc. Voir *Maison Rustique*, t. II.

Plantes nuisibles en agriculture. Voir *Maison Rustique*, t. I.

Plantes potagères. Artichauts, Asperges, Choux, Courges, Potirons. Voir *Maison Rustique*, t. II, et *Bon Jardinier*.

Plantes propres aux usages de sparterie. Stippe, Jonc, Liglé. Massept, Scirp. Voir *Maison Rustique*, t. II, et *Bon Jardinier*.

Plantes textiles. Lin, Chanvre, Cotonnier, Phormium, Orties, Genêt. Agave, Apocin, Mauve, Abutilon, Alcée. Voir *Maison Rustique*, t. II

Plantes tinctoriales. Garance, Safran, Pastel, Indigotier, Gaude, Tournesol, Carthame, Morelle, Orcanette. Voir *Maison Rustique*, t. II.

Plantes utiles dans divers arts. Chêne, Myrte, Sumac, Roscau. Maclava, etc. Voir *Maison Rustique*, t. II, et *Bon Jardinier*.

Plantes, arbres, arbustes (Manuel général des). Voir p. 27.

Plantes et arbres oléagineux. Colza, Choux, Navette, Cameline, Moutarde, Julienne, Pavot oléifère, Radis, Soleil, Sésame, Ricin, Euphorbe, Pistache, Olivier, Noyer, etc. Voir *M. R.*, t. II, et *Bon Jard*.

Plantes et arbres propres à donner des liqueurs vineuses. Pommier, Poirier, Cormier, Sorbier, Cerisier, Prunier, Framboisier, Sureau, Arbousier, Caroubier, Dattier, Bouleau, Érable, Agave, etc. Voir *Maison Rustique*, t. II, et *Bon Jardinier*.

Plantes (Maladies des). Voir *Maison Rustique*, t. I.

Police rurale (Manuel de); par Thiroux. 1 vol. in-32 de 40 pages. . . . . 2 „

Pommes de terre. Voir *Maison Rustique*, t. I.

Prairies. Voir *Maison Rustique*, t. I.

Prairies. Voir *Bibliothèque du Cultivateur*, p. 5.

Prairies (Irrigation des). Voir page 16.

Prairies artificielles (Essai sur les) : Luzerne, Trèfle ordinaire. Trèfle printanier, et Sainfoin ou Esparcette; par Machard. In-18. . 1 ,

Problèmes agricoles (300) ; par LEFOUR. Une brochure in-18 de 36 pages.. . . . . 0 50

Racines. Navets, Raves, Turneps, Rutabagas, Carottes, Panais, Topinambours. Voir *Maison Rustique*, t. I, et *Bon Jardinier*.

Récoltes. Transport et conservation des fourrages, céréales, racines. — Hottes, Brouettes, Charrettes, Meules, Fenils, Granges, Greniers, Silos, etc. Voir *Maison Rustique*, t. I.

Réunions territoriales, création de chemins d'exploitation. Étude sur le morcellement en Lorraine ; par F. P. 48 pages in-8.. . . . 0 75

Revue agricole illustrée, guide du Châtelain ; par LEROY. 1 vol. in-4 de 148 pages et de 115 gravures.. . . . . 5 »

Riz. Voir *Maison Rustique*, t. I, et *Bon Jardinier*.

Silos. — Ensilage. Voir *Maison Rustique*, t. .

Sol. Classification, degré de fertilité, façons. Voir *Maison Rustique*, t. I.

Sologne (Agriculture de la) ; par CH. JOUBERT et Isaac CHEVALIER, cultivateurs. 1 vol. in-8 de 500 pages. . . . . 4 »

Sorgho sucré (Culture du) comme plante industrielle et comme plante fourragère ; par H. LEPLAY. 36 pages in-8. . . . . 1 »

Sorgho sucré et Igname de Chine ; par VILMORIN. 8 pages. 0 25

Statistique agricole du Canton de Wissembourg ; par RIGAUT, juge au tribunal de Wissembourg. 392 pages gr. in-4.. 15 »

Cet ouvrage a été couronné par la Société impériale et centrale d'Agriculture et par l'Académie nationale Agricole de Paris.

Statistique agricole et industrielle de l'arrondissement de Valenciennes ; par BONNIER. 1 vol. in-8 de 178 pages. . 3 50

Tabac (Culture du) ; par PETIT-LAFFITTE. 104 pages in-12. 2 »

Tabacs en Algérie (Question des) ; par PAPIER. In-8 de 88 p. 2 »

Table décennale du Correspondant des justices de paix et des tribunaux de simple police ; par BOST. 1 vol. in-8, de 184 pages. 4 »

Taupier (Art du) ; par DRALET. 16ᵉ édition. In-12 de 66 pages. 1 »

Voyage agricole en France, Allemagne, Hongrie, Bohême et Belgique ; par le comte DE GOURCY. 1 vol. in-12 de 432 pages.. . . . . . 3 50

Voyages en France pendant les années 1787, 1788, 1789 ; par Arthur YOUNG, traduit par Lesage. 2 vol. in-18. . 7 »

CONSTRUCTIONS — INSTRUMENTS — ARTS AGRICOLES.

AMENDEMENTS — ENGRAIS — CHIMIE — PHYSIQUE.

Amendements (Traité des). Marne, Chaux, diverses espèces d'Amendements; par Puvis. 2ᵉ édit. 1 vol. in-12 de 440 pages. . . . 3 50

Cet ouvrage contient le mode d'emploi des Chaux, Phosphates et Hydrochlorates de chaux, Marne, Plâtre, Coquilles, Os moulus, Noir animal, Sel, Cendre; Engrais de mer, Tourbe, Argile brûlée, Sels ammoniacaux, Sulfates de soude de fer, etc., etc., l'emploi simultané des Engrais et Amendements, Ecobuage

Amendements calcaires(Emploi et dosage des). 296 p. 2 50

Désinfection des villes, engrais complet dit engrais atmosphérique; par Okorski. 1 brochure in-8, de 24 pages et 3 tableaux. 1 »

Atmosphère (L'), le sol, les engrais; par Boiterre. 1 vol. in-12 de 632 pages. . . . . 5 »

Chaux (La), son emploi en agriculture; par Piérard, ingénieur en chef des mines. 36 pages in-12. . . . . 0 75

Chimie agricole (Précis élémentaire de); par le docteur Sacc. 2ᵉ édition. 1 vol. in-12 de 454 pages et 3 gravures. 5 50

Chimie agricole; par Isidore Pierre, professeur de chimie à la Faculté de Caen. 4ᵉ édition. 1 vol. in-12 de 532 pages et 23 grav.. 4 »

Chimie usuelle appliquée à l'agriculture et à l'industrie; par Stöckhardt, traduite par Brustlein. 1 volume in-18 de 524 pages et 225 gravures.. . . . . 4 50

Conservation des bois (Leçons sur la); par Payen, de l'académie des sciences. Une brochure in-8, de 40 pages. . . . . 1 »

Coquilles animalisées, leur emploi en agriculture, par Bortier. 1 »

Étude de terres arables; par Petit-Lafitte. 1 vol. in-18 de 160 pages. 1 50

Fumures (Formules des); par G. Heuzé. 1 brochure in 8 de 12 pages . . . . 1 »

Marne et Chaux employées en agriculture (Mémoire sur les avantages comparés) par Masure. . . 1 brochure in-8° de 108 pages 1 50

Matières fertilisantes; par Heuzé. 4ᵉ édition. 1 vol. in-8 de 708 pages. . . . . 9 »

Nouvelle méthode pour la fabrication économique des engrais; par Pierre Jauffret. 1 broch. in-8 de 56 p. et 1 pl. 3 »

Phosphates de chaux (Fabrication et emploi des), en Angleterre; par A. Ronna, ingénieur. 1 vol. in-18 de 162 pages . . . . . 1 »

ABEILLES — MURIERS — SOIE — VERS A SOIE.

DRAINAGE – IRRIGATION – ETANGS – PISCICULTURE.

Drainage des terres arables ; par Barral. 2ᵉ édition. 2 vol. in-12 formant ensemble 960 pages et contenant 443 grav. et 9 pl..   7   »

Ouvrage couronné par l'Académie des sciences en 1863, comme étant, avec le *Journal d'agriculture pratique*, celui qui a fait faire les plus grands progrès à l'agriculture française pendant ces dix dernières années.

Drainage (Traité pratique de); par Leclerc, ingénieur, chef du service du Drainage en Belgique. 1 vol. in-12 de 354 p., 127 gr.   3 50

Drainage (Moyen d'obtenir du) tout son effet utile; par Nivière, ancien directeur de l'école de la Saulsaie. In-12 de 56 pages.. . .   0 75

Drainage (Faits de), débit des terres drainées, position des plans d'eau souterrains ; par Delacroix. 84 pages in-18 et 4 gravures.   1 25

Drainage dans les prés et les herbages; par d'Angleville. 30 p. in-8.   1   »

Drainage rendu facile ; par Virebent. 40 p. in-8 et 3 planches.   1 25

Drainage appliqué à l'agriculture des landes ; par Martres. 70 p. .   1   »

Drainage (Le) et l'Irrigation ; par Midy. 25 pages in-8. . .   0 50

Drainage (Philosophie et Art du) ; par Thackeray. 96 p..   2 50

Drainage (Système de); par Benoit. In-8, 24 pages et une pl.   1   »

Drainage radié (Le) ou sans tuyaux; par Midy. 48 pages in-8. .   0 75

Draineur (Guide pratique du); par Stéphens, traduit de l'anglais par D'Omalius. 1 vol. in-12 de 296 pages et 88 gravures. . . .   1 75

Eaux pluviales, par Barral; avec un rapport d'Arago. 92 p. in-4.   1 75

Inondations (Études expérimentales sur les); par Jeandel, ancien élève de l'École forestière. 1 vol. in-8 de 146 pages. . .   2 50

Irrigation dans les contrées montagneuses, par Sers. Une brochure in-8, de 24 pages.. . . . .   0 75

Irrigations, engrais liquides et améliorations foncières permanentes ; par Barral. 1 v. in-12 de 846 p. et 120 gr..   7 50

Irrigations. Voir *Maison Rustique*, t. I.

Irrigations. Commentaire de la Loi du 29 avril 1843; par Henri PELLAULT, docteur en droit. In-12 de 374 pages. 3 50

Irrigations (Code des), suivi des rapports de MM. DALLOZ et PASSY, et de la législation étrangère; par BERTIN, avocat, rédacteur en chef du journal le *Droit*. 1 vol. in-8 de 182 pages. . . . . 3 »

Irrigations en Italie et en Allemagne (Législation des); par MONNY DE MORNAY, chef de la division de l'agriculture au ministère de l'Agriculture. 1 vol. in-8 de 166 pages. 3 50

Législation du drainage, des irrigations et autres améliorations foncières permanentes; par BARRAL. 1 vol. in-12 de 664 pages.   7 50

Marais (Desséchement des). Voir *Maison Rustique*, t. 1.

Montagnes (Moyens de les reverdir par l'irrigation et de prévenir les inondations); par LAMBOT-MIRAVAL. 66 pages   2 »

Pisciculture et culture des eaux; par JOIGNEAUX. 1 vol. in-18 de 358 pages et 61 gravures. 3 50

Poissons observés (Diagnose des). Ichthyologie des côtes et de l'intérieur de la France; par DESVAUX, 176 pages. 2 50

Poissons. Éducation, Causes de destruction, Engraissement. Voir *Maison Rustique*, t. IV.

Puits et puisards. Voir *Maison Rustique*, t. 1.

Viviers (Construction des). Voir *Maison Rustique*, t. IV

VIGNE — BOISSONS — DISTILLATION — SUCRE.

Ampélographie universelle, ou Traité des cépages les plus estimés ; par le comte ODART. 5e édition. 1 vol. in-8 de 620 pages. .   7 50

Bière (Fabrication de la) ; par ROHART, ancien brasseur. 2 vol. in-8, avec 120 gravures et projet de brasserie modèle. . . . . . . 15 »

Distillation agricole de la Pomme de terre, des Topinambours, etc., etc. par le comte DE LEUSSE. 1 vol. in-18 de 154 pages. . . . . 2 »

Distilleries agricoles de Betteraves. Pommes de terre, topinambours, grains (système Leplay). 1 brochure de 54 pages. . 50 c.

Échalas (Plus d'). Échalas, paisseaux et lattes remplacés par des lignes de fil de fer mobiles ; par A. MICHAUX, de l'Institut. 18 p. et 1 pl. 0 40

Soufrage de la Vigne (Instruction pratique sur le), par DE LA VERGNE. 1 vol. in-18 de 82 pages et une planche. 1 50

Vigne (Taille de la) à cordons ; vignes et vins étrangers ; par LALIMAN, 1 brochure in-8 de 52 pages. 1 25

Vigne (Culture de la) et Vinification ; par le Dr JULES GUYOT. 2e Édit. 1 vol. in-12 de 400 pages et 30 gravures. 3 50

PRINCIPAUX CHAPITRES

Sols favorables à la vigne.	Vendange, égrappage.
Culture en lignes.	Sucrage des jus.
Taille-pinçage.	Cuvaison, pressurage.
Choix des cépages.	Vins mousseux.

Vigne. Nouveau mode de culture et d'échalassement ; par COLLIGNON D'ANCY. 1 vol. in-8 de 200 pages et 3 planches. . . . . 3 »

Vigne (la) ; par Carrière, 1 vol. in-18 de 396 pages et 121 grav. 3 50

Vigne (Perfectionnement de la plantation de la) ; par JOBARD-BUSSY. 1 vol. in-8 de 102 pages et 1 planche. 1 50

Vigne (La), ses produits ; par le Dr ARTAUD. 1 vol. in-8 de 364 p. 5 »

Vigneron (Manuel du) ; par le comte ODART. 3e édition. 1 vol. in-12 de 360 pages. 4 50

Vigne (Théorie pour l'amélioration de la culture de la) ; par GARNIER. 1 vol. in-8 de 192 pages. . . . . 2 fr.

Vins du Gers ; par SEILLAN. 11 pages in-4 et 1 carte. . . . . 1 »

Vins (Pourquoi nos) dégénèrent ; par TERREL DES CHÊNES, 1 brochure in-8 de 48 pages. . . . . 1 »

Viticulture dans la Charente-Inférieure ; par le docteur GUYOT. 1 volume in-8 de 60 pages. 2 50

Viticulture du sud-ouest de la France ; par le docteur GUYOT, 1 vol. in-8 de 248 pages et 89 gravures. 4 50

Viticulture dans l'est de la France, par le docteur GUYOT. 1 vol. in-18 de 204 pages et 46 gravures. 3 50

ANIMAUX DOMESTIQUES — MÉDECINE VÉTÉRINAIRE.

Âge des animaux (Connaissance de l'). Voir *Maison R.*, t. II.

Anatomie et Physiologie des animaux. Voir *Maison R.*, t. II.

Âne. Voir *Maison Rustique*, t. II.

Animaux de la Ferme; par Victor BORIE.— ESPÈCE BOVINE en cours de publication, forme vingt livraisons. Chaque livraison renferme 2 ou 3 aquarelles et 16 pages de texte grand in-4°, édition de luxe. Sept livraisons sont en vente : *Race Flamande, race Normande, race Bretonne, race Parthenaise, race Charolaise, races Limousine et Mancelle, race Comtoise.* Le prix d'une livraison prise séparément est de 4 fr. Le prix des 20 livraisons, payées à l'avance, est de 60 »

Animaux utiles (Acclimatation et Domestication des ; par I. GEOFFROY SAINT-HILAIRE. Président de la Société d'Acclimatation. 4ᵉ édition. 1 beau vol. in-8, de 554 pages et 47 gravures. . . . . 9 »

Animaux domestiques; par BIXIO, BOULEY, RENAULT, YVART. 1 volume in-4 de 568 pages et 350 gravures, tome II de la *Maison Rustique*, 9 »

Animaux morts. Voir *Maison Rustique*, t. III.

Basse-Cour et Lapins. Voir *Bibliothèque du Cultivateur*, page 6.

Bétail gras (Le) et les Concours d'Animaux de boucherie ; par Eugène GAYOT. 1 vol. in-8 de 204 pages. 3 50

Bétail (Économie du). par SANSON. 1 vol. in-18 de 404 pages et 59 gravures. 3 50

Bœuf. Conformation, âge, hygiène, maladies, engraissement, multiplication, races, croisement. Voir *Maison Rustique*, t. II.

Cheval. Extérieur, Hygiène, Maladies, Âge, Multiplication, Races, Croisement, Harnachement, Ferrure. Voir *Maison Rustique*, t. II.

Chevaline (La France); par Eug. GAYOT, ancien directeur des haras. 1ʳᵉ partie : *Institutions hippiques*, contenant l'histoire de l'administration des haras, étalons approuvés et autorisés, étalons départementaux, primes à la production et à l'élève; courses au trot, au galop; steeple-chasses. 4 vol. in-8. . . . . 26 »

2ᵉ partie : *Études hippologiques* traitant de toutes les questions de science qui aboutissent à la production et à l'élève des chevaux. Étude physiologique de toutes les races du pays et de leurs transformations. 4 vol. 26 »

Chevaline (De l'Espèce) en France; par le général DE LAMORICIÈRE. 1 vol. in-4 de 512 pages et 5 cartes coloriées. 3 50

Chevaline (Émancipation de l'industrie); par JUILLET. 1 brochure in-8 de 48 pages.. . . . . 1 fr. 50

Chevaux (Manuel de l'éleveur de); par Félix VILLEROY. 2 vol in-8, avec 121 gravures. (Types des principales races.) . . . . 12 »

Anatomie et physiologie du cheval.	Éducation du cheval.
Des races de chevaux.	Nourriture des chevaux.
Des divers emplois du cheval.	Maladies des chevaux.

Chèvres. Voir *Maison Rustique*, t. II.

Chiens. Voir *Maison Rustique*, t. II.

Chirurgie vétérinaire. Voir *Maison Rustique*, t. II.

Conformation des animaux domestiques. Voir *Maison Rustique*, t. II.

Écuries. Voir page 12.

Hygiène des animaux domestiques. Voir *Maison Rustique*, t. II.

Inoculation du bétail, pour prévenir la péripneumonie; par le docteur DE SAIVE. 100 pages in-8.. . . . . 2 50

Lapins (Nouveau Traité pratique de l'éducation des diverses espèces de); par SEGOUIN. 58 pages in-12.. . . . . . 0 50

Lapins. V. *Bibliothèque du Cultivateur*, p. 6.—V. *Maison Rustique*, t. II.

Mouton. Hygiène, Élève, Multiplication, Engraissement, Races, Maladies, Croisement. Voir *Maison Rustique*, t. II.

Médecine vétérinaire. Voir *Maison Rustique*, t. II.

Médecine vétérinaire (Manuel de); par VERHEYEN. 2 vol. de 592 pages. 2 50

Mouton (Le); par LEFOUR, ancien inspecteur général de l'agriculture. 1 vol. in-18 de 390 pages et 76 gravures. . . . . 3 fr. 50

Caractères zoologiques du mouton.	Alimentation du mouton.
Mouflon.	Entretien et nourriture.
Mouton domestique.	Utilisation du mouton.
Reproduction de l'espèce.	Maladies du mouton.

Oiseaux de basse-cour, Poules, Dindes, Oies, Canards, Pintades, Faisans, Pigeons. Voir *Maison R.*, t. II.— Voir *Bibl. du Cultivateur*, p. 6.

Pharmacie vétérinaire. Voir *Maison Rustique*, t. II.

Porc. Hygiène, Élève, Multiplication, Engraissement, Races, Maladies, Croisement. Voir *Maison Rustique*, t. II.

Poulailler (Le); par Ch. JACQUE. 2e édit. 1 vol. in-12 et 120 grav. 3 50

Cet ouvrage est divisé en sept parties : 1° Aménagement, 2° Incubation, élevage et alimentation, 5° Races françaises et étrangères, 4° Croisement, 5° Engraissement, 6° Maladies, 7° Utilisation et commerce des produits.

Races bovines, chevalines, porcines, ovines. Voir *Maison Rustique*, t. II, et *Bibliothèque du Cultivateur*.

Race bovine du Limousin (Amélioration de la): par DAIGNAUD. 1 vol. in-18 de 106 pages. . . . . , ... 1 50

Sportsman (Guide du) ou traité de l'entraînement; 1 vol in-18 de 376 pages avec 12 gravures par EUG, GAYOT, 4e édition . . 3 50

Typhus de l'espèce bovine; par DELAFOND, professeur à l'École vétérinaire d'Alfort. 20 pages in-8 et 5 gravures. 0 75

Vaches laitières (Guide des propriétaires dans le choix des); par Eug. Tisserand. Deuxième édition, 1 vol. in-18 de 396 pages et 19 gravures. . . . . 4 »

Vétérinaires (Nécessité d'encourager l'établissement des) dans les campagnes. 56 pages in-18, par RAUCH.. . . . . 0 50

Vices rédhibitoires. Voir *Maison Rustique*, t. II.

ÉCONOMIE DOMESTIQUE — CUISINE.

Bréviaire des Gastronomes. Aide-mémoire pour ordonner les repas. 1 vol. in-16 cartonné de 186 pages. 2

Bon domestique (Le); par Mme MILLET-ROBINET. 1 v. in-12 de 200 p. 2

Boissons économiques (Fabrication des). Voir *M. R.*, t. III.

Caisse d'épargne et de prévoyance. Lettres à un jeune laboureur; par Louir LECLERC. 3e édit. In-12 de 60 pages. 0 25

Conseils aux Jeunes Femmes; par Mme MILLET-ROBINET. 1 vol. in-18 de 284 pages et 30 gravures. . . . . 3 fr. 50

Cuisinière de la campagne et de la ville (La); par L. E. A. 1 vol. in-12 avec figures. 42e édition. . . . . 3 »

Fromages (Fabrication des). Voir *Maison Rustique*, t. III.

Fromages dits de Géromé (Fabrication des); par M. VACCA, professeur de chimie. Brochure in-8°. 0 50

Lait et Laiterie. Voir *Maison Rustique*, t. III.

Laiterie, Beurre et Fromages; par F. VILLEROY. 1 vol. in-18 de 390 pages et 59 gravures. 3 50

Cet ouvrage est divisé en cinq parties :

PREMIÈRE PARTIE
Production du lait, traite des vaches, rendement du lait, composition du lait, altérations et falsifications du lait.

DEUXIÈME PARTIE
Laiterie et ustensiles de laiterie.

TROISIÈME PARTIE
Richesse du lait en beurre, fabrication du beurre, barattes, conservation du beurre.

QUATRIÈME PARTIE
Fabrication du fromage en France et en Angleterre, détails de fabrication, conservation des fromages, fruitières.

CINQUIÈME PARTIE
Commerce du lait, du beurre et des fromages.

Maison rustique des Dames; par Mme MILLET-ROBINET. 2 vol. in-12, avec 250 gravures. 6e édition. 7 75

Cet ouvrage est divisé en quatre parties :

TENUE DU MÉNAGE
Travaux — Repas.
Comptabilité — Dépenses.
Mobilier — Linge.
Conserves — Blanchissage.

CUISINE
Potages — Sauces.
Viandes — Poissons — Gibier.
Légumes — Fruits — Purées.
Entremets — Desserts — Bonbons.

MÉDECINE DOMESTIQUE
Pharmacie — Hygiène.
Maladies des Enfants.
Médecine et Chirurgie.
Empoisonnement — Asphyxie.

JARDIN — FERME
Jardins, Potagers, Fruitiers, Fleurs, etc.
Ferme, Travaux des champs.
Basse-cour, Vacherie, Laiterie.
Bergerie, Porcherie.

Viandes (Conservation des), Salaisons, Boucanage. Voir *Maison Rustique*, t. III.

Vie (La) à bon marché; par DELAMARRE, député de la Somme. Le pain, la viande, les transports. 2e édit. 1 vol. in-12 de 708 pages. 3 50

BOIS — FORÊTS — CHARBON.

Aménagement des forêts (Cours d'); par Nanquette, professeur d'économie forestière. 1 vol. in-8 de 356 pages. . . . . 6 »

Arbres forestiers (Conduite et taille des); par le vicomte DE Courval 1 brochure in-8 de 110 pages et 15 planches. . . . . . 5 »

Assolements forestiers (Utilité des); par d'Arbois de Jubainville. Une brochure in-8 de 48 pages. . . . . 2 »

Balivage (règlement du) dans une forêt particulière; par d'Arbois de Jubainville, 1 brochure in-8° de 64 pages . . . . 2 »

Bois (Exploitation, débit et estimation des); par Nanquette, professeur d'économie forestière. 1 vol. in-8 de 420 pag. et 15 pl. 7 50

Bois (Traité général de la culture et de l'exploitation des); par Thomas. 2 vol. in-8 . . . . 10 »

Charrue forestière, travaux de reboisement exécutés dans le Blésois; par Dubois. 1 brochure in-8 de 84 pages. . 2 fr.

Chêne de marine (Principes de culture du); par Burger. 1 brochure in-8 de 64 pages. 1 50

Conifères de pleine terre (86 variétés); par M. P. DE M... Une brochure in-8 de 24 pages. 1 50

Défrichement des forêts (Manuel du); par d'Arbois de Jubainville, 1 vol. in-8° de 184 pages. 4 50

Économie forestière (Études sur l'); par Jules Clavé. 1 vol. in-18 de 380 pages. 3 50

Études de Maître Pierre sur l'agriculture et les forêts; par Antonin Rousset. 1 vol. in-18 de 92 pages. . . . . 1 »

Forêts de l'état (Conserver les) et réaliser le matériel surabondant, par Gurnaud 1 brochure in-8° de 64 pages . . . . . 2 »

Forêts(Mémoire sur la gestation des) par Gurnaud. 1 brochure in-8° de 32 pages. 1 50

Futaies de chêne (Considérations culturales sur les); par Dubois. 1 brochure in-8 de 42 pages. 1 50

Osier (Culture de l'); et art du Vannier, par Moitrier. 60 pages et 4 planches. . . . . 2 »

Pin maritime (Culture du); par Eloi Samanos. 1 vol. in-8 de 150 pages et 4 planches. . . . . 3 »

Provence (La); au point de vue du bois, des torrents et des inondations, par DE Ribbe. 1 vol. in-8 de 200 pages. . . . . 5 »

Reboisement de la France (Du); par Joubert. In-8. . . 1 50

Reboisement des montagnes de France; par Grandvaux. 1 vol. in-8 de 50 pages 0 75

HORTICULTURE — ARBORICULTURE — BOTANIQUE.

Almanach du Jardinier; par les rédacteurs de la *Maison Rustique*. 188 pages et 59 gravures. 0 50
Une nouvelle édition de cet Almanach est publiée chaque année.

Arboriculture (Cours pratique d'); par GAUDRY. 1 vol. in-12 de 304 pages. 2 25

Arboriculture (Manuel pratique d';; par l'abbé RAOUL. 1 vol. in-18 de 264 pages et 10 gravures. 2 50

Arboriculture (Traité élémentaire et pratique d'); par MENET. 1 vol. in-8 de 78 pages et 17 planches. 2 50

Arboriculture (Traité théorique et pratique d'); par PRÉCLAIRE. 1 volume in-8o de 178 pages et 1 atlas in-4o de 15 planches. . 5 »

Arbres fruitiers (Culture des); par BRAVY. 2ᵉ édit. 86 p. in-12. 0 75

Arbres fruitiers (Taille et Greffe des); par HARDY. 6ᵉ édit. 1 vol in-8 et 122 grav. 5 50

Arbres fruitiers (Nouveaux principes de la taille des); par BARON. 1 vol. in-8 de 142 pages et 23 gravures (1858). . . 3 50

Bibliothèque du Jardinier, publiée avec le concours du Ministre de l'Agriculture.

Douze volumes in-12 sont en vente à 1 fr. 25 le vol., savoir :

ARBRES FRUITIERS. Taille et mise à fruit; par PUVIS. 2ᵉ éd. 167 pages. 1 25
JARDINS ET PARCS; par DE CÉRIS. 1 vol. in-18, avec 60 grav. 1 25
DAHLIA; par PIROLLE. 1 vol. in-18 de 148 pages. 1 25
PÉPINIÈRES; par CARRIÈRE. 148 pages et 30 gravures. 1 25
PLANTES DE SERRE FROIDE; par de PUYDT. 157 pages et 15 gravures. 1 25
CONFÉRENCES SUR LE JARDINAGE (LÉGUMES ET FRUITS), 2ᵉ édit.; par JOIGNEAUX. 152 pages. 1 25
POTAGER (LE), jardin du cultivateur par NAUDIN; 187. pages et 51 grav. 1 25
ASPERSE. Culture; par LOISEL. 2ᵉ édition. 108 pages et 8 gravures. . . 1 25
MELON. Culture; par LOISEL. 5ᵉ édition. 108 pages et 7 gravures. . . . 1 25
PELARGONIUM; par THIBAULT. 108 pages et 10 gravures. 1 25
PENSÉE (Culture de la); par le baron de PONSORT. 1 vol. de 108 pages. 1 25
ROSIER — VIOLETTE — PENSÉE — PRIMEVÈRE — AURICULE — BALSAMINE — PÉTUNIA — PIVOINE; par MARX-LEPELLETIER. 108 pages. 1 25

Chacun de ces volumes est vendu séparément.
Cette collection de petits traités, ornés de gravures, est indispensable aux jardiniers.

Bon Jardinier (Gravures du), 22ᵉ édit. 1 vol. in-12 de 600 pag. avec 680 grav. et planches. . . . . 7 »

CONTENANT

1 Principes de botanique.
2º Principes de jardinage, manière de tailler, marcotter, greffer, disposer et former les arbres fruitiers.

3º Construction et chauffage des serres.
4º Instruments et outils de jardinage
5º Composition et ornement des jardins
6º Hydroplasie.

Bon Jardinier (Le), par Poiteau, Vilmorin, Bailly, Decaisne, Neumann, Pépin. 1,650 pages in-12.. . . . . 7 »

PRINCIPAUX CHAPITRES DU BON JARDINIER

Calendrier du Jardinier.	Division des plantes par famille.
Notions de botanique.	Plantes de pleine terre.
Climat et physique horticoles.	Dictionnaire de toutes les plantes, ar-
Bâches, couches.	bres et arbustes connus jusqu'à ce
Serres, abris.	jour avec leur description, le nom de
Multiplication des plantes.	la famille à laquelle ils appartiennent,
Maladies, animaux nuisibles.	l'époque des semis, de la floraison;
Arbres fruitiers et taille.	leur culture et leur emploi dans les
Plantes potagères.	jardins.
— médicinales.	Ce dictionnaire contient le nom vul-
— de grande culture.	gaire et scientifique de chaque plante.

Une nouvelle édition du *Bon Jardinier* est publiée chaque année.

Cet ouvrage a été couronné par la Société impériale d'horticulture.

Ce livre, sans analogue dans notre langue, compte plus de cent éditions. Il a subi récemment une réforme complète. Chaque année, il est modifié de manière à suivre de près les progrès accomplis, quand il ne les précède pas. On y trouve une nomenclature de toutes les plantes de grande culture, de toutes les fleurs, de tous les arbres fruitiers, de tous les légumes, avec les meilleures méthodes de culture et d'entretien : des dessins représentant les instruments nouveaux, des tables raisonnées contenant le nom *usuel* et le nom *scientifique* des plantes, de telle sorte que le lecteur ne soit jamais embarrassé dans ses recherches.

Botanique populaire; par Henri Lecoq, professeur à la Faculté des sciences de Clermont-Ferrand. 1 vol. in-18 de 432 pag. et 215 gr.   3 50

PRINCIPAUX CHAPITRES DE LA BOTANIQUE POPULAIRE

Des végétaux en général.	Des feuilles et des stipules.
Des tissus.	Des organes accessoires.
De l'épiderme et des pores.	De la fleur et de ses accessoires.
De la tige.	Du fruit.
De la racine.	De la graine.
Des tubercules et des bourgeons.	

Cactées (Monographie de la famille des); suivie d'un **Traité complet de culture** et d'une table alphabétique de toutes les espèces et variétés, par Labouret. 1 vol. in-12 de 732 pages. . 7 50

Cet ouvrage a été couronné par la Société impériale d'horticulture.

Camellia; par l'abbé Berlèse. 3ᵉ édition, culture et description de 180 variétés nouvelles. 1 vol. in-8 de 340 pages. . . . . 5 »

Catalogue des arbres à fruits, cultivés dans les pépinières du Chartreux de Paris, en 1775. 1 brochure in-18 de 82 pages, publiée par de Liron d'Airolles. . . . . 2 »

Catalogue raisonné des arbres fruitiers, cultivés chez Jamin et Durand. 56 pages in-8. . . . . 1 50

Catalogue de André Leroy d'Angers. 1 vol. in-8 de 140 p.   1   »

Champignons et Truffes; par Jules Rémy. 1 vol. in-18 de 172 pages
et 12 planches coloriées. . . . . 3 fr. 50

> Champignons comestibles qui croissent en France à l'état sauvage. — Cul-
> ture des champignons de couche. — Procédés de conservation des champignons
> comestibles. — Champignons vénéneux les plus communs. — Essais de multi-
> plication artificielle de la truffe.

Chrysanthème (Culture du); par Lebois. 36 pages in-12. . .   0 75

Culture maraîchère dans le midi de la France ; par Dumas.
1 vol. in-18 de 120 pages. 1 25

Encyclopédie horticole; par Carrière, chef des pépinières au Muséum. 1 vol. in-18 de 720 pages. 3 50

Entretiens familiers sur l'horticulture; par Carrière. 1 vol.
in-12 de 384 pages. 3 50

Fécondation naturelle et artificielle des végétaux et hybridation; par Henri Lecoq, 1 vol. in-8 de 428 pages, et 106 grav. .   7 50

> Fécondation naturelle. — De l'espèce et de ses variations. — De la féconda-
> tion artificielle et des moyens de l'opérer. — Quelques considérations générales
> sur les hybrides.

Flore analytique de Toulouse et de ses environs; par Noulet.
2e édition. 1 vol. in-18 de 368 pages.   5   »

Flore élémentaire des Jardins et des Champs, avec des
Clefs analytiques conduisant promptement à la détermination des Familles
et des Genres, et un Vocabulaire des termes techniques; par Le Maout
et Decaisne, de l'Institut, professeur de culture au Jardin des Plantes de
Paris. 2 vol. petit in-8 de 940 pages.   9   »

> Aucun livre semblable aussi complet n'a été publié jusqu'à ce jour. Il est
> indispensable à tous ceux qui, s'occupant de botanique et de jardinage, veu-
> lent donner à leurs études une bonne direction. C'est un livre élémentaire des-
> tiné aux maisons d'éducation, et c'est en même temps une vaste nomencla-
> ture de toutes les plantes. Grâce à ce livre, un horticulteur inexpérimenté
> peut déterminer rapidement la famille d'une plante quelconque. Le nom des
> auteurs, MM. Decaisne et Le Maout, est une recommandation suffisante.

Flore de Belgique; par François Crépin. 1 vol. in-12 de 236 p. .   5   »

Herbier général de l'amateur, contenant la description, l'histoire,
les propriétés et la culture des végétaux utiles et agréables; par Ch. Lemaire, avec figures d'après nature, par Bessa.
L'ouvrage complet, 5 volumes in-4, reliés, contenant 337 figures coloriées des plantes nouvelles des jardins de l'Europe. . . .   215   »

Horticulture (Cours élémentaire d'); par Boncenne. 2e édition.
2 volumes in-18 brochés 1 50
Le même ouvrage cartonné 2   »

Première année : Organisation des végétaux, culture potagère, culture des
fleurs. 1 vol. in-12 de 152 pages et
48 gravures.

Deuxième année : Organisation des végétaux ligneux, pépinières, multiplication, plantations, taille des arbres à
fruits, culture de la vigne. 1 vol. in-12
de 160 pages et 34 gravures.

Horticulture (Encyclopédie d'); par Bixio et Ysabeau. 2ᵉ édition
1 vol. in-4 de 514 pages, avec 500 gravures. . . . . 9 »
Forme le Vᵉ volume de la *Maison Rustique*.

Indicateur horticole à l'usage des amateurs et des jardiniers; par Ro-
baux. Une brochure in-8. . . . . 1 »

Instruments de jardinage. Voir *Maison Rustique*, t. V.

Jardinage. Voir *Maison Rustique*, t. V.

Jardinier (Manuel complet du); par Louis Noisette. 4 vol. in-8
et un supplément formant ensemble 2710 pages et 25 planches. . 25 »

Jardinage pour tous (Traité de); par Boncenne. 2ᵉ édition.
1 vol. in-12 de 440 pages. 2 50

**Jardinier des fenêtres (Le) des appartements et des
petits jardins**; par J. Rémy. 1 v. in-18 de 300 p. et 52 gr. 4ᵉ éd. 3 50

Première Partie. — Fleurs et Fruits. — Ustensiles. — Arrosage. — Rempotage. — Le jardin sur la fenêtre, sur la terrasse. — Les petits jardins, arbres et fleurs. — Le jardin chez soi, serre portative.	Deuxième Partie. — Aquarium et Poissons — Les plantes et poissons dans l'aquarium. Troisième Partie. — Oiseaux d'appartement. — La fenêtre double. — Volière associée à la serre-fenêtre.

**Jardins (Traité de la composition et de l'ornementation
des).** 6ᵉ édition. 2 vol. in-4 oblong avec 168 planches gravées. 25 »

Jardins fruitiers. Voir *Maison Rustique*, t. V.

Jardins paysagers. Voir *Maison Rustique*, t. V.

Légumes-Racines (Culture des), Betteraves, Carottes, Pommes de
terre, Radis, Topinambours. V. *Maison Rustique*, t. II, et *Bon Jardinier*.

Maison Rustique du 19ᵉ siècle. Voir p. 3.

Maison Rustique des Dames. Voir p. 21.

Maladies. Voir *Arbres fruitiers*. — Voir *Maison Rustique*, t. I et V.

Maladies organiques des arbres fruitiers, des causes et
des moyens de les prévenir; par Lahaye. Une br. in-8 de 44 pag. 1 »

Melon. Voir *Bibliothèque du Jardinier*, p. 23 et *Maison Rustique*, p. 3.

Melon (Monographie complète du); par Jacquin aîné. 1 vol.
in-8 de 200 pages et 33 planches sur acier. Prix. . . . . . . 5 »

Olivier (Taille de l'); par Barles, professeur d'agriculture du département du Var. Une brochure in-8 de 48 pages. . . . . . 1 »

Orangerie. Voir *Maison Rustique*, t. V.

Orchidées (Culture des). Instructions sur leur récolte, expédition et mise en végétation, et liste descriptive de 550 espèces et variétés ; par MOREL, vice-président de la Société impériale d'horticulture. 1 v.   5 »

PRINCIPAUX CHAPITRES DE CET OUVRAGE

Serres à Orchidées.	Mouillage.
Chauffage, ombrage, aération.	Insectes nuisibles.
Culture en pots.	Multiplication.
— en paniers.	Fécondation.
— sur bois.	Floraison.
Rempotage.	

Pêchers en espaliers (Conduite et taille des); par LACHAUME. 1 vol. in-18 de 212 pages et 40 gravures . . . . 2 »

Pêcher (Culture du); par BENGY-PUYVALLÉE. 2ᵉ édition. 1 volume in-18. . . . . 3 50

Pêches et Brugnons (Nomenclature des); par CARRIÈRE. 1 brochure in-18 de 68 pages. . . . . 1 fr.

Pépinières d'arbres fruitiers et d'ornement. Voir *Maison Rustique*, t. V, *Bon Jardinier* et *Bibliothèque du Jardinier*, p. 23.

Plantes, Arbres et Arbustes (Manuel général des). Description et culture de 25,000 plantes indigènes d'Europe ou cultivées dans les serres; par MM. HÉRINCQ et JACQUES, ex-jardinier en chef du domaine royal de Neuilly, pour les trois premiers volumes, et DUCHARTRE, pour le quatrième volume. — 4 vol. petit in-8 à 2 colonnes. . . . 36 »

> C'est un recueil à la fois scientifique et pratique. La botanique et la culture ont été réunies dans cet ouvrage. Les espèces et les variétés anciennes et nouvelles y sont décrites avec la plus scrupuleuse exactitude, leur culture et leur entretien y sont traités avec le même soin. Ce livre convient également aux savants et aux praticiens.

Plantes de collections. Tulipes, Jacinthes, Renoncules, Œillets, Dahlias, Rosiers, Chrysanthèmes, Iris. Voir *Maison Rustique*, t. V.

Plantes d'ornement. Voir *Maison Rustique*, t. V, et *Bon Jardinier*.

Plantes de terre de bruyère. Rhododendrons, Azalées, Camellias, Bruyères, Ipacris, etc.; par Ed. ANDRÉ. 1 vol. in-18 de 388 pages avec 30 gravures 3 50

Plantes potagères à fruits comestibles. Melons, Cornichons, Citrouilles, Fraisiers, etc. Voir *Maison Rustique*, t. V.

Poiriers et Pommiers (Méthode élémentaire pour tailler et conduire les); par LACHAUME. 1 v. in-18 de 285 p. et 46 gr.   2 50

Poiriers (Les) les plus précieux parmi ceux qui peuvent être cultivés à haute tige; par LIRON-D'AIROLLES (DE). 2ᵉ édit. 1 vol. in-8 avec pl.   2 »

Primevère. Voir *Bibliothèque du Jardinier*, p. 23.

Production et fixation des variétés dans les végétaux, par CARRIÈRE, 1 vol. in-8° à 2 colonnes de 72 pages avec 13 gravures sur bois et 2 planches coloriées. 2 50

Quarante poires pour les dix mois, de juillet à mai; par M. P. DE M...
1 vol. in-8 de 128 pages avec figures. 3 50

Reine-Marguerite et ses variétés; par BOSSIN. In-12 de 48 pag.   0 50

Rosier. Voir *Bibliothèque du Jardinier*, p. 23.

Rosier (Prodrome de la Monographie du genre), par THO-
RY. 1 volume in-12 de 190 pages. 1 25

Semis de fleurs (Instructions pour les) de pleine terre, la
formation et l'entretien des gazons; par VILMORIN. In-16. . . . 0 75

Serres (Art de construire et de gouverner les); par NEUMANN.
1 vol in-4 oblong renfermant 23 planches.. . . . . 7 »

Serres froides, chaudes, tempérées, humides. V. *Maison Rustique*, t. V.

Serres (Chauffage des); par RAFARIN. 1 vol. in-8, 26 grav.   3 50

Serres et Orangeries de plein air; par Ch. NAUDIN, 32 pages
in-8. . . . . 0 75

Thermosiphon. Voir *Maison Rustique*, t. V, et *Serres (Chauffage des)*.

**Végétaux (Rôle de l'oxygène dans la respiration et la
vie des)**; par Edouard ROBIN. 60 pages in-8.. . . . . 1 50

Violette. Voir *Bibliothèque du Jardinier*, p. 23.

BIBLIOTHÈQUE DES ÉCOLES RURALES

Jeudis (les) de M. DULAURIER; par VICTOR BORIE. 2 vol. in-18 de chacun 126 pages et 40 grav. . . . . 1 fr. 50

Horticulture (Cours élémentaire d'); par BONCENNE. 2 vol, in-
18, formant ensemble 312 pages avec 85 grav. . . . . . 1 fr. 50

JOURNAUX. PUBLICATIONS PÉRIODIQUES.

JOURNAL

D'AGRICULTURE PRATIQUE

MONITEUR DES COMICES, DES PROPRIÉTAIRES ET DES FERMIERS

Fondé en 1837, par le Dr Bixio

Recueil périodique couronné par l'Académie des sciences en 1863, comme l'ouvrage ayant fait faire les plus grands progrès à l'agriculture française pendant les dix années précédentes.

PUBLIÉ DEPUIS 1850

SOUS LA DIRECTION DE M. BARRAL

MEMBRE DE LA SOCIÉTÉ CENTRALE D'AGRICULTURE DE FRANCE
ancien élève et répétiteur de chimie à l'École polytechnique,
membre des Sociétés d'Agriculture d'Alexandrie, Arras, Caen, Clermont, Dijon, Florence,
Lille, Luxembourg, Lyon, Marseille, Meaux, Metz, Milan, Moscou, Munich, New-York, Pesaro
Poitiers, Rouen, Roveredo, Spalato, Stockholm, Toulouse, Turin, Varsovie,
Vienne (Autriche), etc.,

PAR MM.

BOUSSINGAULT, LÉONCE DE LAVERGNE, MONTAGNE, PAYEN, WOLOWSKI,
membres de l'Institut;
DAILLY, DE DAMPIERRE, GAREAU, GAYOT, DE KERGORLAY, MOLL, ROBINET, YVART,
membres de la Société centrale d'Agriculture;
AYLIES, VICTOR BORIE, BOULEY, DE CÉRIS, DELBET, DU BREUIL,
D'ERLACH, JULES DUVAL, GIRARDIN (de Rouen),
DE GUAITA, JULES GUYOT, JAMET,
VICTOR LEFRANC, EUG. MARIE, MARTINS, MAUBACH, NAVILLE, NIVIÈRE,
PEERS, RIDOLFI, RIEFFEL, RISLER, VIDALIN, VILLEROY, ETC.

Paraissant le 5 et le 20 de chaque mois, par livraisons de 64 pages

FORMANT TOUS LES ANS

DEUX BEAUX VOLUMES ENSEMBLE DE 1,400 PAGES

24 gravures coloriées et 150 belles gravures noires dans le texte

PRIX DE L'ABONNEMENT POUR LA FRANCE, L'ALGÉRIE, L'ITALIE LA BELGIQUE ET LA SUISSE.

UN AN (Janvier à Décembre). . . . . 19 fr.

PORT EN SUS POUR LES PAYS ÉTRANGERS

On souscrit en envoyant *au gérant du Journal*, rue Jacob, 26, le prix de l'abonnement, soit 19 FR. en un bon de poste dont on garde la souche, qui sert de quittance, ou en un mandat à vue sur Paris.

Le *Journal d'Agriculture pratique* a été entrepris après l'achèvement de la *Maison Rustique du 19ᵉ siècle*, avec la conviction que le public agricole ne ferait point défaut à un journal qui, s'abstenant de théories douteuses, obtiendrait la collaboration des agriculteurs les plus éminents, renfermerait dans un même cadre l'enseignement théorique et ses applications pratiques, et ne laisserait rien échapper de ce qui peut survenir en Europe de faits intéressants pour la culture.

Le succès a dépassé toute attente, car le *Journal* a bientôt constitué les véritables annales de l'agriculture, où les savants et les agriculteurs français et étrangers les plus considérables, MM. Arago, Biot, Boussingault, de Cavour, de Gasparin, Lefour, Moll, Payen, Puvis, Ridolfi, Villeroy, Vilmorin, Yvart, etc., sont venus déposer le fruit de leurs travaux et développer les règles certaines de la pratique la plus productive.

La *Maison Rustique du 19ᵉ siècle* avait recueilli tous les faits incontestés qui, au moment où elle a paru, formaient l'ensemble de nos connaissances agricoles.

Le *Journal* a décrit avec clarté les progrès accomplis depuis cette époque, et est ainsi devenu un recueil indispensable aux praticiens, aux propriétaires et à tous les agronomes. Tous ceux qui ont besoin de connaître les faits qui concernent soit l'agriculture proprement dite, soit l'élève du bétail, soit l'une des industries qui emploient comme matières premières les produits du sol ou de l'étable, viennent lui demander des enseignements utiles sur la direction à donner à toute exploitation. Le cultivateur, le fermier, le propriétaire, l'industriel, lisent avec fruit une publication où aucun fait économique n'est passé sous silence, où toute méthode, toute invention nouvelle est décrite avec soin et appréciée avec mesure.

Outre de nombreux articles ou mémoires sur toutes les questions que peuvent présenter la culture de toutes les plantes, l'élève du bétail, la construction des instruments aratoires, les industries annexées aux exploitations rurales, les irrigations, le drainage, etc., le *Journal d'Agriculture pratique* publie :

Tous les quinze jours :

1° Une *Chronique agricole*, rédigée par M. Barral, rapportant les faits nouveaux qui se sont produits dans le monde agricole ;

2° Une *Revue commerciale*, avec une *Table des prix des denrées agricoles*, par M. Georges Barral, où se trouve la seule mercuriale qui, jusqu'à ce jour, s'occupe des marchés de toutes les parties de la France et des principaux marchés étrangers.

3° Un *Bulletin forestier*, par M. Ferlet, contenant les renseignements les plus précis sur les mouvements du commerce des bois, des charbons, des houilles, etc., sur les adjudications des coupes, les changements dans le personnel de l'administration des eaux et forêts. etc.

4° Un *Compte-rendu* des séances de la Société impériale et centrale d'Agriculture de France, par M. Eugène MARIE.

Tous les mois .

1° Une *Revue bibliographique* des publications agricoles, rédigée suivant leur spécialité, par les collaborateurs du Journal :

2° Une *Revue des travaux des Comices et des Sociétés agricoles françaises et étrangères ;* par Eug. MARIE, Maurice BLOCK et Eug. RISLER ;

3° Une *Revue de jurisprudence agricole*, par M. Victor LEFRANC et BOST ;

4° Une *Chronique agricole de l'Angleterre*, par M. DE LA TRÉHONNAIS (de Falmouth);

5° Une *Chronique agricole de la Belgique*, par M. Émile MAURACH:

6° Une *Revue météoroogique agricole* du mois précédent, donnant les observations journalières de la température, de la pluie, du vent, etc., pour vingtp oints choisis sur la surface de la France, et indiquant exactement la situation des récoltes en terres et l'influence exercée sur les plantes par les circonstances météorologiques

7° Une *partie officielle*, contenant les lois. décrets et règlements relatifs aux questions agricoles.

Tous les trois mois :

1° Une *Chronique séricicole*, où MM. ROBINET et Eugène ROBERT racontent les progrès de l'industrie de la soie ;

2° L'analyse des principaux *brevets d'invention* délivrés pour machines agricoles, engrais, systèmes d'irrigation, etc. ;

3° Une *Chronique vétérinaire*, où l'on fait connaître les moyens curatifs imaginés contre les maladies du bétail ;

4° Une *Chronique des courses*, due à M. Eugène GAYOT , qui s'attache à faire profiter l'agriculture des dépenses considérables faites par l'Etat pour l'amélioration de nos races ;

5° Une *Chronique forestière*, où M. DELBET présente le résumé des faits qui intéressent les propriétaires de forêts, les maîtres de forges et le commerce de bois et charbons ;

6° Une *Chronique agricole algérienne*, rédigée par M. Jules DUVAL dans le but de faire connaître à la France les efforts que fait l'agriculture naissante de nos possessions africaines;

7° Une *Chronique agricole des colonies*, par M. Jules DUVAL :

Des articles spéciaux sont consacrés à tous les *Concours régionaux et généraux* d'animaux de boucherie ou reproducteurs. Les grandes expositions industrielles, les Concours des Sociétés d'Agriculture d'Angleterre et de Belgique, sont visités par des collaborateurs qui rendent compte de tous les faits importants qui s'y produisent.

De très-belles et très-nombreuses gravures coloriées et noires représentent les animaux primés dans les Concours, les nouvelles variétés de plantes, les instruments récemment inventés, les systèmes de culture, es plans des exploitations rurales les plus remarquables, etc.

Le *Journal d'Agriculture pratique* est la publication spéciale la plus répandue non-seulement dans toute l'Europe, mais encore dans les autres continents des deux mondes.

REVUE
HORTICOLE

JOURNAL D'HORTICULTURE PRATIQUE

FONDÉ EN 1829 PAR LES AUTEURS DU BON JARDINIER

PUBLIÉ SOUS LA DIRECTION DE M. BARRAL

DIRECTEUR DU JOURNAL D'AGRICULTURE PRATIQUE

Membre des Sociétés impériales et centrales d'Horticulture et d'Agriculture de France,
des Académies ou Sociétés agricoles ou horticoles de Luxembourg, Munich, New-York, Turin, Vienne, etc.

AVEC LE CONCOURS DE MM.

D'AIROLES, ANDRÉ, BONCENNE, CARRIÈRE, DU BREUIL,
DUPUIS, GRŒNLAND, HARDY, DE LAMBERTYE, LECOQ, LEMAIRE, MARTINS,
DE MORTILLET, NAUDIN, PÉPIN, VERLOT, ETC.

Paraît le 1er et le 16 du mois en un cahier de 24 pages in-8, avec deux gravures coloriée et de nombreuses gravures noires.

LA REVUE FORME TOUS LES ANS UN BEAU VOL. IN-8 DE 570 PAGES, 48 GRAVURES COLORIÉES DE FLEURS ET DE FRUITS ET DE NOMBREUSES GRAVURES NOIRES

PRIX de L'ABONNEMENT pour la FRANCE, l'ALGÉRIE, l'ITALIE, la BELGIQUE et la SUISSE.

UN AN (Janvier à Décembre). . . **20 fr.**

SIX MOIS. . . . . **10 fr. 50 cent.**

Port en sus pour les Pays étrangers

On souscrit en envoyant *franco* au gérant de la *Revue*, rue Jacob, 26, le prix de l'abonnement, soit 20 fr. ou 10 fr. 50 en un bon de poste dont on garde la souche, qui sert de quittance en un mandat à vue sur Paris.

La *Revue horticole*, fondée par les auteurs du *Bon Jardinier*, qui ont voulu en faire le complément de cet ouvrage, contient l'application, pour toutes sortes de plantes et dans toutes les circonstances possibles, des principes qui sont développés dans cet important traité de culture Pour être au courant des progrès de la science et de la pratique horticoles, tant en France qu'à l'étranger, il est donc nécessaire de se procurer la dernière édition du *Bon Jardinier* et de recevoir la *Revue horticole*, dont les 24 livraisons, publiées dans l'année, forment un beau volume de 750 pages in-8 avec 48 gravures coloriées et de nombreuses gravures noires.

Les plantes d'ornement sont aujourd'hui extrêmement nombreuses, et tous les jours elles tendent à se multiplier encore; leur distinction, soit générique, soit spécifique, fondée sur la connaissance de leurs caractères botaniques, forme une partie essentielle de la science du jardinier et de l'horticulteur. C'est dans le but de faciliter cette connaissance que la *Revue* décrit avec détail les espèces nouvelles les plus remarquables, et qu'elle donne, pour beaucoup d'entre elles, des figures dessinées avec soin, en même temps qu'elle fait connaître les procédés de leur culture.

Tous les nouveaux procédés de taille des arbres fruitiers sont figurés et décrits par des arboriculteurs; la culture maraîchère, la culture des légumes de primeur, sont l'objet d'études spéciales faites avec le plus grand soin, particulièrement dans les marais si remarquables des environs de Paris et dans ceux des principales villes du Nord ou du Midi. Enfin, la *Revue* donne le dessin, la description, le prix et l'appréciation raisonnée de tous les nouveaux instruments d'horticulture.

Partant de ce principe que les connaissances de tous doivent profiter à tous, la direction de la *Revue* ouvre ce Journal à quiconque veut bien lui adresser ses propres observations. Toutes celles de ces communications qui paraissent utiles sont publiées, en laissant à chacun la responsabilité des faits ou des idées qu'il énonce, le droit de discussion étant d'ailleurs réservé à tous les collaborateurs de la *Revue*.

La publication d'une nomenclature de plantes expérimentées par les abonnés de la *Revue* est une heureuse innovation qui peut servir à mettre les horticulteurs en garde contre les illusions des catalogues et éviter aux lecteurs de la *Revue* des dépenses inutiles et des déceptions fâcheuses.

Une chronique horticole et une revue commerciale tiennent le lecteur au courant de tous les faits qui se produisent soit au sein des sociétés d'horticulture, soit sur les marchés de légumes, de fruits, de fleurs, d'arbustes. Les solennités horticoles de Paris ou des départements y sont signalées, les meilleurs articles publiés dans les journaux horticoles étrangers y sont analysés. Tous les numéros contiennent en outre un compte-rendu des séances de la Société centrale d'horticulture.

La *Revue horticole* est le seul journal d'horticulture qui s'occupe de toutes les parties de la France et se tienne, par la fréquence et la régularité de sa périodicité et par l'abondance de ses renseignements, au niveau du mouvement de l'horticulture.

GAZETTE DU VILLAGE

Publiée sous la direction de M. VICTOR BORIE

PARAISSANT TOUS LES DIMANCHES

Prix d'abonnement, rendu *franco* à domicile : un an . . . 6 fr.
—   —   six mois . . 3 fr. 50

10 centimes le numéro.

Ce journal, contenant 8 pages à deux colonnes, format des journaux littéraires illustrés, publie, chaque semaine, des articles ayant pour but de mettre à la portée de toutes les intelligences les notions élémentaires d'économie rurale, les meilleures méthodes de culture, les inventions nouvelles ; de faire connaître les principales industries et les procédés employés par elles ; de populariser les voyages entrepris dans les contrées lointaines, de raconter la vie des hommes utiles à l'humanité et de tenir enfin les lecteurs au courant de tout ce qui passe d'intéressant dans le monde industriel et agricole.

Il donne, en outre, un grand nombre de faits, recettes, procédés divers utiles aux cultivateurs et aux ouvriers.

Une partie du journal, consacrée aux *lectures du soir*, contient un roman choisi avec la sollicitude la plus scrupuleuse.

Instruire et moraliser sans ennui, tel est le programme de la *Gazette du Village*.

On s'abonne à Paris, rue Jacob 26, en envoyant un mandat de SIX francs sur la Poste. (Les frais de ce mandat ne sont que de 6 centimes.)

ANIMAUX DE LA FERME

PAR M. VICTOR BORIE

L'espèce bovine en cours de publication forme vingt livraisons. Chaque livraison renferme 2 ou 3 aquarelles et 16 pages de texte grand in-4° édition de luxe.

SEPT LIVRAISONS SONT EN VENTE :
- RACE FLAMANDE.
- RACE NORMANDE.
- RACE BRETONNE.
- RACE PARTHENAISE.
- RACE CHAROLAISE.
- RACES MANCELLE ET LIMOUSINE.
- RACE COMTOISE.

Le prix d'une livraison prise séparément est de 4 fr.
Le prix des 20 livraisons payées à l'avance, est de 60 fr.

En préparation :

Les races : **Chevaline, Ovine, Porcine et Galline.**

TABLE ALPHABÉTIQUE DES NOMS D'AUTEURS

L'astérisque indique la répétition du nom de l'auteur dans la même page.

MONTEREAU. — IMPRIMERIE DE L. ZANOTE.

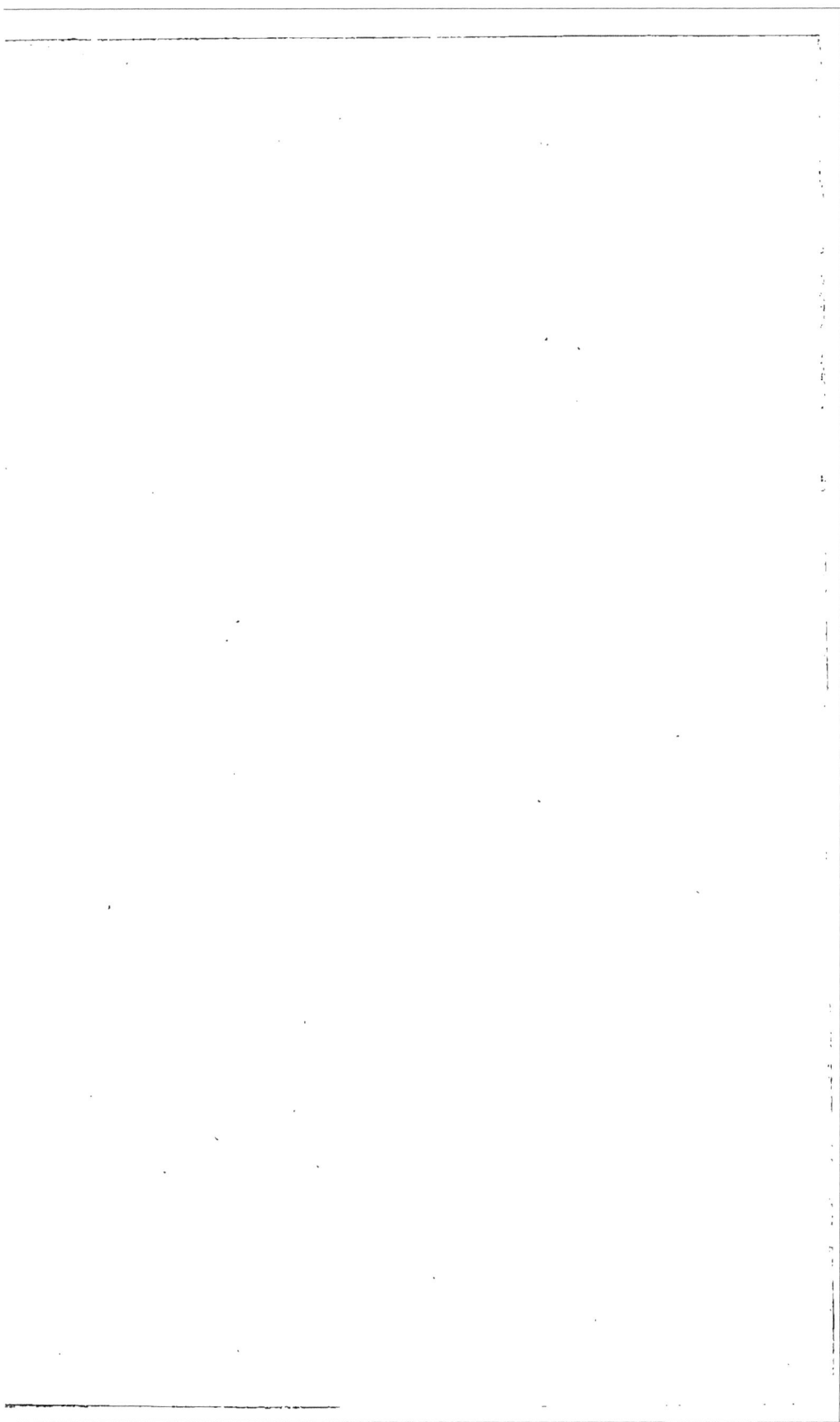

MONTEREAU. — IMP. DE L. ZANOTE.

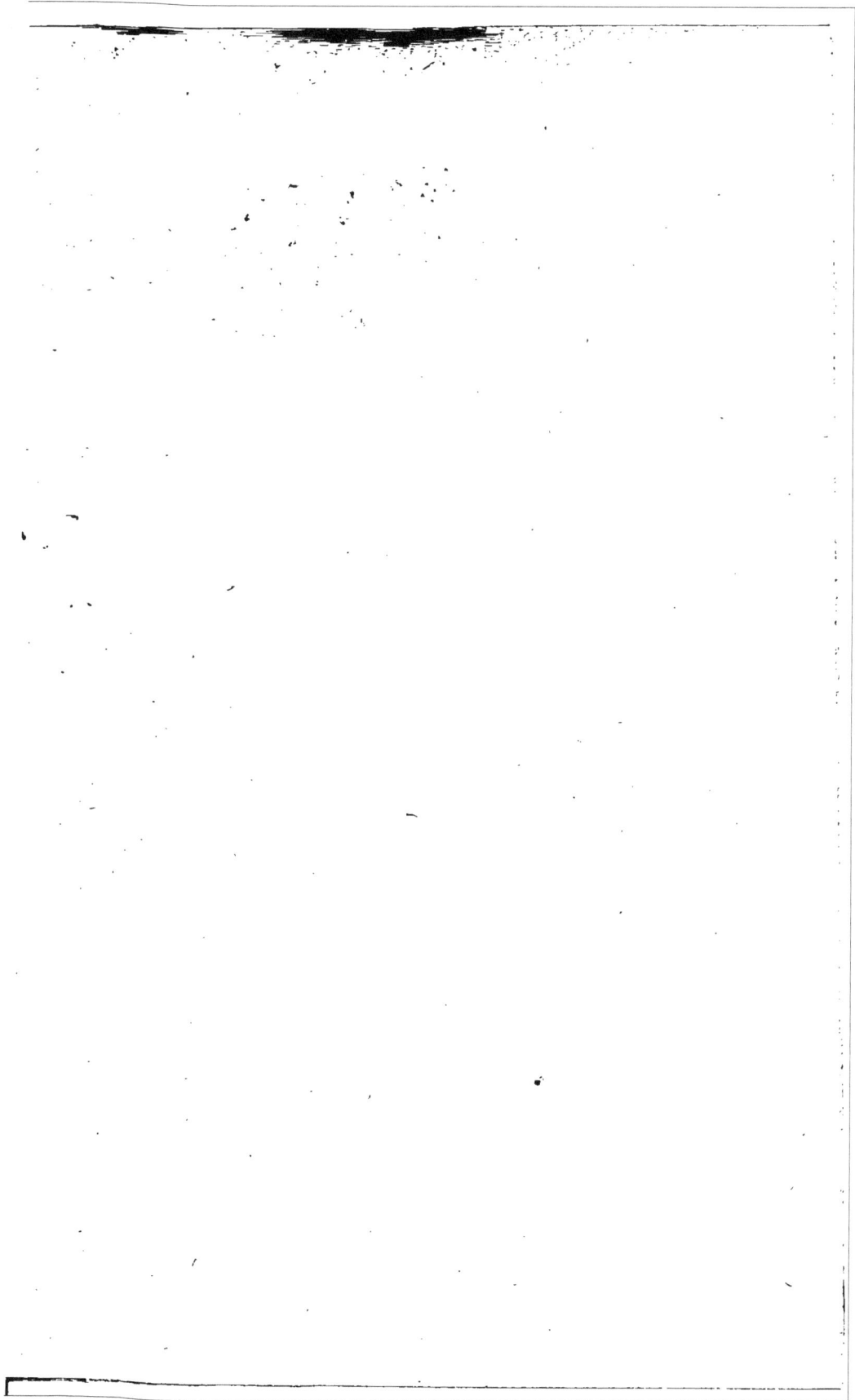

www.ingramcontent.com/pod-product-compliance
Lightning Source LLC
Chambersburg PA
CBHW070507200326
41519CB00013B/2741